高等学校理工科基础课教材

复变函数与积分变换

于慎根　杨永发　张相梅　编著

南开大学出版社

天津

图书在版编目(CIP)数据

复变函数与积分变换 / 于慎根,杨永发,张相梅编著.
—天津：南开大学出版社,2006.9(2017.8重印)
高等学校理工科基础课教材
ISBN 978-7-310-02581-7

Ⅰ.复… Ⅱ.①于…②杨…③张… Ⅲ.①复变函数—高等学校—教材②积分变换—高等学校—教材 Ⅳ.①O174.5②O177.6

中国版本图书馆 CIP 数据核字(2006)第 077768 号

版权所有　侵权必究

南开大学出版社出版发行
出版人：刘立松
地址：天津市南开区卫津路94号　邮政编码：300071
营销部电话：(022)23508339　23500755
营销部传真：(022)23508542　邮购部电话：(022)23502200

*

三河市同力彩印有限公司
全国各地新华书店经销

*

2006年9月第1版　2017年8月第9次印刷
880×1230毫米　32开本　8.875印张　252千字
定价：20.00元

如遇图书印装质量问题,请与本社营销部联系调换,电话：(022)23507125

内容简介

本书是为高等理工科院校编写的"复变函数与积分变换"的教材. 内容包括：复数与复变函数，解析函数，复变函数的积分，解析函数的级数表示，残数理论及其应用，保形映射，含复参数函数的积分，拉普拉斯变换和傅里叶变换.

本书内容丰富，选材适当，重点放在加强基本理论与基本方法以及它们的基本应用上，叙述严谨，并力求做到深入浅出，通俗易懂. 与同类教材比较，本书中增加了"含复参数函数积分"一章，作为推导拉普拉斯变换和傅立叶变换的逆变换的理论基础，使得积分变换的理论更严谨. 本书的另一重要特色是加强了解析函数唯一性定理的应用，把解析函数的唯一性定理应用到解析函数的微分理论和拉普拉斯变换的计算上，使本书的内容更具系统性，体系更科学.

本书可以作为理工科大学"复变函数与积分变换"课程的教材，也可以供工程技术人员参考使用.

前　言

　　本书是编者为高等工理科院校编写的《复变函数》、《积分变换》两书的修订改写本．根据两门课程教学大纲的要求，删去了一些繁难之处，增添和修改了部分内容，使本书更具系统性、科学性和严谨性，把重点放在加强基本理论与基本方法以及它们的基本应用上，并力求做到深入浅出，通俗易懂．

　　与国内同类教材比较，本书中增加了"含复参数函数的积分"一章，作为推导拉普拉斯变换和傅立叶变换的逆变换的理论基础，取代了由傅里叶级数推导傅里叶变换，由傅里叶变换推导拉普拉斯变换的方法，使得积分变换的理论更严谨．本书的另一重要特色是加强了解析函数唯一性定理的应用，把解析函数的唯一性定理应用到解析函数的微分理论和拉普拉斯变换的计算上，使本书的内容体系更具系统性和科学性．

　　全书共分九章，第一章着重介绍复变函数的研究对象与研究方法．第二、第三、第四章，是解析函数的基本理论，分别用一对实二元函数、复闭路积分和幂级数来刻划解析函数的特征，并由此推出了解析函数极为深刻的重要性质．第五、第六两章，是解析函数理论的深入与运用．为处理实际问题时出现的数学问题，提供了有力的工具．第七章是含参数函数的积分理论，它是积分变换的理论基础．第八、九两章介绍积分变换中常见的拉普拉斯变换和傅里叶变换，它们在工程技术中都有着广泛的应用．

　　讲授本书的全部内容，约需 62 学时．略去第七章和积分变换中基本定理的证明以及§5.2 等内容后，约需 50 学时．

　　本书出版过程中，得到了南开大学出版社和河北工业大学的大力支持，南开大学出版社莫建来老师、尹建国老师为本书的出版作了大量艰苦细致的工作,作者对此表示感谢.同时作者也感谢那些曾使用过作者《复变函数》、《积分变换》两种教材的教师和同学,没有他们的热情支持和宝贵建议,就没有本书的今天.我们殷切地希望继续使用本书的读者对本书的内容、体系等不当之处提出批评和建议,以使本书不断完善.

编 者

2006 年 6 月于天津

目 录

第一章 复数与复变函数 ·· 1
§ 1.1 复数及其运算 ··· 1
    1.1.1 复数及其几何表示 ······································ 1
    1.1.2 复数的运算 ·· 4
§ 1.2 复平面上的点集 ·· 10
§ 1.3 复变函数 ·· 15
§ 1.4 复变函数的极限与连续性 ···································· 21
    1.4.1 复变函数的极限 ··· 21
    1.4.2 复变函数的连续性 ····································· 23
§1.5 扩充复平面 ·· 26
    1.5.1 球面投影 ··· 26
    1.5.2 扩充复平面 ·· 28
§ 1.6 习题 ··· 30

第二章 解析函数 ·· 33
§ 2.1 解析函数的概念与柯西-黎曼条件 ························· 33
§ 2.2 初等函数 ·· 43
    2.2.1 指数函数 ··· 43
    2.2.2 三角函数 ··· 46
    2.2.3 对数函数 ··· 48
    2.2.4 一般幂函数与一般指数函数 ······················· 52
    2.2.5 反三角函数 ·· 55
§ 2.3 习题 ··· 56

第三章 复变函数的积分 ·· 59
§ 3.1 积分及其性质 ·· 59

§ 3.2 柯西定理……………………………………………………64
　　3.2.1 单连通区域的柯西定理………………………………64
　　3.2.2 解析函数的原函数……………………………………68
　　3.2.3 多连通区域的柯西定理………………………………71
§ 3.3 柯西公式……………………………………………………73
　　3.3.1 柯西公式………………………………………………73
　　3.3.2 解析函数的高阶导数…………………………………77
§ 3.4 调和函数……………………………………………………83
§ 3.5 习题…………………………………………………………87

第四章 解析函数的级数表示……………………………………90
§ 4.1 复数项级数…………………………………………………90
§ 4.2 复变函数项级数……………………………………………93
§ 4.3 幂级数………………………………………………………98
§ 4.4 泰勒级数……………………………………………………102
　　4.4.1 解析函数的泰勒级数…………………………………102
　　4.4.2 解析函数的零点………………………………………107
§ 4.5 罗朗级数……………………………………………………111
　　4.5.1 圆环内解析函数的罗朗展式…………………………111
　　4.5.2 利用罗朗展开式讨论孤立奇点………………………117
§ 4.6 习题…………………………………………………………123

第五章 残数及其应用……………………………………………127
§ 5.1 残数的一般理论……………………………………………127
　　5.1.1 残数基本定理…………………………………………127
　　5.1.2 残数的计算……………………………………………129
　　5.1.3 函数在无穷点的残数…………………………………132
§ 5.2 利用残数计算实积分………………………………………134
§ 5.3 辐角原理及其应用…………………………………………140
§ 5.4 习题…………………………………………………………149

第六章 保形映射 ························152
§ 6.1 保形映射的概念 ··················152
6.1.1 导数的几何意义 ················152
6.1.2 解析函数与单叶解析函数映射特征 ········154
6.1.3 扩充复平面上的保形映射 ············156
§ 6.2 关于保形映射的黎曼存在定理和边界对应原理 ····157
§ 6.3 线性映射 ····················159
6.3.1 线性映射的特性 ················159
6.3.2 典型区域间的线性映射 ············166
§ 6.4 初等保形映射 ··················171
6.4.1 幂函数 ···················171
6.4.2 指数函数与对数函数 ·············172
§ 6.5 习题 ·····················177

第七章 含复参数函数的积分 ················179
§ 7.1 含复参数函数的定积分 ·············179
§ 7.2 含复参数函数的无穷积分 ············181
§ 7.3 习题 ·····················184

第八章 拉普拉斯变换 ···················185
§ 8.1 拉普拉斯变换的概念及其存在定理 ········185
§ 8.2 拉普拉斯变换的性质 ··············189
§ 8.3 拉普拉斯逆变换 ················197
§ 8.4 卷积 ·····················202
§ 8.5 微分、积分方程的拉普拉斯变换解法 ·······204
§ 8.6 习题 ·····················209

第九章 傅里叶变换 ····················215
§ 9.1 傅里叶变换的概念及其存在定理 ·········215
§ 9.2 傅里叶变换的性质 ···············226

§ 9.3 卷积与相关函数 ………………………………… 231
§ 9.4 δ-函数的傅里叶变换 ………………………… 239
   9.4.1 δ-函数及其性质 ……………………… 239
   9.4.2 δ-函数的傅里叶变换 …………………… 244
§ 9.5 习题 ……………………………………………… 248

附录 I   拉普拉斯变换简表 ………………………………… 251
附录 II 傅里叶变换简表 …………………………………… 258
附录 III 习题参考答案 …………………………………… 262

第一章 复数与复变函数

复变函数的研究对象是解析函数. 研究方法是极限方法, 本章先介绍复数集, 然后介绍复变函数的极限和连续性.

§1.1 复数及其运算

1.1.1 复数及其几何表示

设 x, y 是两个实数, $i^2=-1$, 称形如 $x+iy$ 或 $x+yi$ 的数为一个**复数**, 记为 z, 即

$$z = x+iy \text{ 或 } z = x+yi,$$

其中 i 称为**虚单位**; x 称复数 z 的**实部**, 记为 $\mathrm{Re}\,z$; y 称复数 z 的**虚部**, 记为 $\mathrm{Im}\,z$.

当虚部 $y=0$ 时, 复数 z 就是实数; 当实部 $x=0$ 时, 若虚部 $y\neq 0$, 复数 $z=iy$ 称**纯虚数**; 两个复数 $z_1 = x_1+iy_1$ 与 $z_2 = x_2+iy_2$ 相等当且仅当 $x_1 = x_2$, $y_1 = y_2$.

一个复数由它的实部和虚部, 即由一对有序实数所唯一确定; 而在平面上取直角坐标系后, 在坐标平面上的任一点, 也由一对有序实数所唯一确定. 把复数 $z=x+iy$ (以后在不作特殊声明的情况下, 形如 $z=x+iy$ 的数中的 x 和 y 均指实数)与平面上的坐标为 (x, y) 的点相互对应, 于是在一切复数所组成的集合与平面上的一切点组成的集合之间, 构成一一对应. 一切实数所成的集, 与横轴上一切点组成的集相对应; 一切纯虚数所组成的集, 与纵轴上的一切点(除去原点外)所组成的集相对应. 因此把横轴称为实轴, 纵轴称为虚轴. 实轴在原点右方及左方

的部分,分别称为正实轴及负实轴;在实轴的上方及下方的半平面,分别称为上半平面及下半平面;虚轴的左方及右方的半平面,分别称为左半平面及右半平面;如果用平面上的点表示复数,那么这个平面就称**复平面**,或按照表示复数的字母 $z, w, \ldots$ 称为 z 平面,w 平面等等.

"复数 $z = x + \mathrm{i}y$"与"点 $x + \mathrm{i}y$"用做同义语,"复数集"与"平面点集"也做同义语.

在复平面上,从原点出发到点 $z = x + \mathrm{i}y$ 所引的向量与该复数 $z = x + \mathrm{i}y$ 也构成一一对应(复数零对应着零向量). 因此,有时也把"复数"与"二维向量","复数集"与"向量集"用做同义语. 向量 $z = x + \mathrm{i}y$ 的长度称为复数 $z = x + \mathrm{i}y$ 的**模**,记为

$$|z| = \sqrt{x^2 + y^2}. \tag{1-1}$$

当 $z \neq 0$ 时,实轴的正向与向量 z 之间的夹角称为复数 z 的**辐角**,记为 $\mathrm{Arg}\, z$;显然 $\mathrm{Arg}\, z$ 有无穷多个值,其中每两个相差 2π 的整数倍,但 $\mathrm{Arg}\, z$ 只有一个值 α 满足条件 $-\pi < \alpha \leq \pi$,它称为 z 的辐角主值,记为 $\arg z$. 显然,

$$\mathrm{Arg}\, z = \arg z + 2k\pi \quad (k = 0, \pm 1, \cdots). \tag{1-2}$$

$\arg z$ 与反正切 $\mathrm{Arctan}\, \dfrac{y}{x}$ 的主值 $\arctan \dfrac{y}{x}$ 有如下的关系:

$$\arg_{z \neq 0} z = \begin{cases} \arctan \dfrac{y}{x}, & \text{当}\, z\, \text{在第一象限时}; \\[2mm] \arctan \dfrac{y}{x} + \pi, & \text{当}\, z\, \text{在第二象限时}; \\[2mm] \arctan \dfrac{y}{x} - \pi, & \text{当}\, z\, \text{在第三象限时}; \\[2mm] \arctan \dfrac{y}{x}, & \text{当}\, z\, \text{在第四象限时}. \end{cases}$$

例 1.1 计算复数 $z = -3 + 4\mathrm{i}$ 的模和辐角.

解:$|z| = |(-3) + 4\mathrm{i}| = \sqrt{9 + 16} = 5$,因为 z 在第二象限,故

$$\mathrm{Arg}(-3+4\mathrm{i}) = \arctan\frac{4}{-3} + 2k\pi + \pi$$
$$= (2k+1)\pi - \arctan\frac{4}{3}, \quad k=0,\pm1,\pm2,\cdots.$$

零没有确定的辐角，或者说零没有辐角；零的模为零.

复数 z 的实部和虚部可用它的模和辐角表出：
$$\mathrm{Re}\,z = |z|\cos\theta, \quad \mathrm{Im}\,z = |z|\sin\theta,$$
其中 $\theta = \mathrm{Arg}\,z$，于是 z 本身可表示为
$$z = |z|(\cos\theta + \mathrm{i}\sin\theta), \tag{1-3}$$
这个式子称为 z 的**三角表示式**.

用符号 $\mathrm{e}^{\mathrm{i}\theta}$ 表示 $\cos\theta + \mathrm{i}\sin\theta$，就有
$$z = |z|\mathrm{e}^{\mathrm{i}\theta}, \tag{1-4}$$
它称为 z 的**指数表示式**，或**欧拉(Euler)表示式**.

称复数 $\bar{z} = x - \mathrm{i}y$ 为复数 $z = x + \mathrm{i}y$ 的共轭复数. 显然，z 与 $\bar{z}$ 关于实轴对称(图 1-1). 因此
$$|\bar{z}| = |z|, \quad \mathrm{Arg}\,\bar{z} = -\mathrm{Arg}\,z, \quad \mathrm{Re}\,\bar{z} = \mathrm{Re}\,z, \quad \mathrm{Im}\,\bar{z} = -\mathrm{Im}\,z$$

等式 $\mathrm{Arg}\,\bar{z} = -\mathrm{Arg}\,z$ 应理解为：对于左边 $\mathrm{Arg}\,\bar{z}$ 的任一个值，右边的 $-\mathrm{Arg}\,z$ 必有一对应值使等式成立，反之亦然.

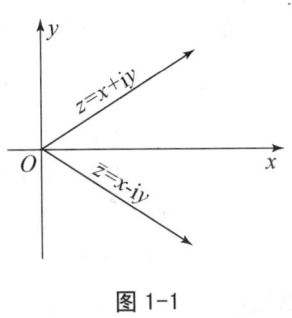

图 1-1

与实数集不同，复数没有定义大小关系. 对复数不定义其大小，不是不为，而是不能. 首先实践中没提出复数要比较大小的问题. 东西有多寡，故自然数有大小. 而整数间的大小关系和实数间的大小关系，是由数的"绝对正负"产生的. 复数 $z = x + \mathrm{i}y$ 与复数 $-z = -x - \mathrm{i}y$ 可以说是一种相对的"互为负"的关系，并没有绝对的正与负之分(如 $-2+3\mathrm{i}$ 和 $2-3\mathrm{i}$ 是互为相反数，但不能说其中哪一个是正数，哪一个是负数). 其次即使单从理论上看，也不能认为复数之间可规定一种大小. 因为不能随便地确定复数的大小关系(这样可能把复数搞

乱),任何方法所规定的复数大小,必须满足一些起码的条件,比如,设 z_1, z_2, z_3 为复数:

(1) 若 $z_1 < z_2$, $z_2 < z_3$,则 $z_1 < z_3$;
(2) 若 $z_1 < z_2$, $z_1 > z_2$,则 $z_1 = z_2$;
(3) 若 $z_1 < z_2$,则 $z_1 + z_3 < z_2 + z_3$;
(4) 若 $z_1 < z_2$, $z_3 > 0$,则 $z_1 z_3 < z_2 z_3$.

我们说,不可以在复数之间规定一种大小同时满足这四个条件. 假如可以规定这样一种大小,可以证明,若 $z \neq 0$,则 $z^2 > 0$,据此有 $1 = 1^2 > 0$,由(3)两边加 -1 得 $0 > -1$,但 $-1 = i^2 > 0$,即 $0 < -1$. $0 > -1$ 与 $0 < -1$ 同时成立,这与(2)矛盾.

1.1.2 复数的运算

两复数 $z_1 = x_1 + iy_1$, $z_2 = x_2 + iy_2$ 的加法和乘法运算由下列等式定义:

$$z_1 + z_2 = (x_1 + iy_1) + (x_2 + iy_2) = (x_1 + x_2) + i(y_1 + y_2), \quad (1-5)$$

$$z_1 z_2 = (x_1 + iy_1)(x_2 + iy_2) = (x_1 x_2 - y_1 y_2) + i(x_1 y_2 + x_2 y_1), \quad (1-6)$$

减法和除法定义为加法和乘法的逆运算,于是有

$$z_1 - z_2 = (x_1 + iy_1) - (x_2 + iy_2) = (x_1 - x_2) + i(y_1 - y_2), \quad (1-7)$$

$$\frac{z_1}{z_2} = \frac{x_1 + iy_1}{x_2 + iy_2} = \frac{(x_1 + iy_1)(x_2 - iy_2)}{(x_2 + iy_2)(x_2 - iy_2)}$$

$$= \frac{x_1 x_2 + y_1 y_2}{x_2^2 + y_2^2} + i\frac{x_2 y_1 - x_1 y_2}{x_2^2 + y_2^2}, \quad x_2 + iy_2 \neq 0. \quad (1-8)$$

可以证明,复数的加减乘除(除数不为零)运算与实数的加减乘除运算满足同样一些法则(如交换律、结合律、分配律).

据式(1-5)可知,复数 $z_1 = x_1 + iy_1$ 及 $z_2 = x_2 + iy_2$ 相加与向量 z_1 及 z_2 相加的规律一致,在力学和物理学中,力、速度、加速度等都可用向量来表示,这说明了复数可用来表示某些实际的物理量. 当非零向量 z_1、z_2 不共线时(图1-2),作起点在原点的向量 z_1 及 z_2,以 z_1 及 z_2 为边

作平行四边形,从原点出发沿对角线所作的向量就表示 z_1+z_2,当 z_1 及 z_2 的方向相同或相反时,z_1+z_2 也容易作出. 由于 $-z_2$ 表示与 z_2 长度相同,方向相反的向量(称 z_2 的反向量),而且 $z_1-z_2=z_1+(-z_2)$,可以仿照 z_1+z_2 的情形作出 z_1-z_2 (图1-2); 显然,复数相减与向量相减的法则也一致.

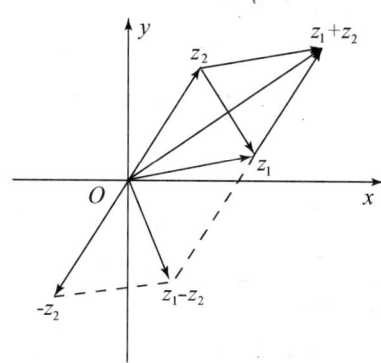

图 1-2

以下导出两复数的和及差的模的几个不等式,如图1-2,从点 z_1 出发到 z_1+z_2 的向量是向量 z_2,于是 $|z_1|$,$|z_2|$ 及 $|z_1+z_2|$ 构成一个三角形的三边,故有

$$|z_1+z_2| \leqslant |z_1|+|z_2|, \tag{1-9}$$

$$|z_1+z_2| \geqslant ||z_1|-|z_2||. \tag{1-10}$$

在式(1-9)及式(1-10)中,用 $-z_2$ 代替 z_2 就得到

$$|z_1-z_2| \leqslant |z_1|+|z_2|, \tag{1-11}$$

$$|z_1-z_2| \geqslant ||z_1|-|z_2||. \tag{1-12}$$

也可直接证明式(1-11)及式(1-12). 其实在图 1-2 中,从点 z_2 出发到点 z_1 的向量就是 z_1-z_2,考虑向量 z_1,z_2 及 z_1-z_2 所构成的三角形,就可推出这两个不等式. 从图 1-2 还可看出:$|z_1-z_2|$ 表示点 z_1 及 z_2 的距离. 此外不难证明,即使向量 z_1,z_2 及 z_1+z_2 共线,式(1-9)及式(1-10)仍然成立.

关于复数 $z = x + iy$ 的模,还有下列关系:

$$|z| \geqslant |\operatorname{Re} z|, \tag{1-13}$$

$$|z| \geqslant |\operatorname{Im} z|, \tag{1-14}$$

$$|z|^2 = z\bar{z}. \tag{1-15}$$

利用复数四则运算,易得下列等式

$$z + \bar{z} = 2\operatorname{Re} z; \tag{1-16}$$

$$z - \bar{z} = 2i\operatorname{Im} z; \tag{1-17}$$

$$\overline{z_1 \pm z_2} = \bar{z}_1 \pm \bar{z}_2; \tag{1-18}$$

$$\overline{z_1 z_2} = \bar{z}_1 \bar{z}_2; \tag{1-19}$$

$$\overline{\left(\frac{z_1}{z_2}\right)} = \frac{\bar{z}_1}{\bar{z}_2} \quad (z_2 \neq 0). \tag{1-20}$$

把非零复数 z_1 及 z_2 写成三角表示式:

$$z_1 = |z_1|(\cos \operatorname{Arg} z_1 + i \sin \operatorname{Arg} z_1),$$

$$z_2 = |z_2|(\cos \operatorname{Arg} z_2 + i \sin \operatorname{Arg} z_2).$$

由乘法定义得

$$z_1 z_2 = |z_1||z_2|[\cos(\operatorname{Arg} z_1 + \operatorname{Arg} z_2) + i \sin(\operatorname{Arg} z_1 + \operatorname{Arg} z_2)]$$

据此得

$$|z_1 z_2| = |z_1||z_2|, \tag{1-21}$$

及

$$\operatorname{Arg}(z_1 z_2) = \operatorname{Arg} z_1 + \operatorname{Arg} z_2. \tag{1-22}$$

式(1-22)应理解为:对于 $\operatorname{Arg}(z_1 z_2)$ 的任一值,一定有 $\operatorname{Arg} z_1$ 及 $\operatorname{Arg} z_2$ 的某一值与之对应,使得等式成立,反之亦然. 其次由除法的定义得

$$\left|\frac{z_1}{z_2}\right| = \frac{|z_1|}{|z_2|} \quad (z_2 \neq 0), \tag{1-23}$$

及

$$\operatorname{Arg}\left(\frac{z_1}{z_2}\right) = \operatorname{Arg} z_1 - \operatorname{Arg} z_2 \quad (z_1 \neq 0, \quad z_2 \neq 0), \tag{1-24}$$

等式(1-24)应与等式(1-22)类似地理解. 由此知:

(1) 两非零复数乘积是一个复数, 其模等于它们模的乘积, 其辐角等于它们辐角的和;

(2) 两非零复数商是一个复数, 其模等于它们模的商, 其辐角等于它们辐角的差.

因此, 当用向量表示复数时, 可以说两非零向量 z_1, z_2 的积 $z_1 z_2$ 是一个向量, 它是由向量 z_1 旋转一个角度 $\operatorname{Arg} z_2$ 并伸长(或缩短)到 $|z_2|$ 倍得到的(图 1-3), 特别是有, 当 $|z_2|=1$ 时, 乘法变成了只是旋转, 如 iz_1 相当于 z_1 逆时针旋转 90°; 又当 $\operatorname{Arg} z_2 = 0$ 时, 乘法变成了仅仅是伸长(或缩短).

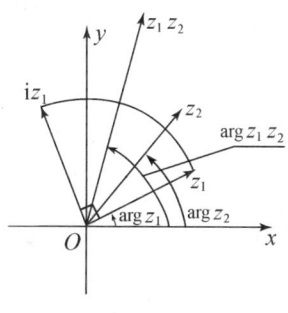

图 1-3

类似地, 可描述两个非零复数商的几何意义.

最后考虑复数的乘幂, 设 $z \neq 0$, n 为正整数, z^n 表示 n 个复数 z 的乘积, 由乘法运算法则得

$$z^n = |z|^n [\cos(n\operatorname{Arg} z) + i\sin(n\operatorname{Arg} z)],$$

若规定 $z^0 = 1$, 这公式当 $n = 0$ 时也成立. 定义

$$z^{-n} = \frac{1}{z^n} = \frac{1}{|z|^n [\cos(n\operatorname{Arg} z) + i\sin(n\operatorname{Arg} z)]}$$

$$= |z|^{-n} [\cos(-n\operatorname{Arg} z) + i\sin(-n\operatorname{Arg} z)].$$

则对任意的整数 m, 有

$$z^m = |z|^m [\cos(m\operatorname{Arg} z) + i\sin(m\operatorname{Arg} z)] \tag{1-25}$$

当 $|z|=1$ 时, 得棣莫佛(De Moivre)公式:

$$z^m = \cos(m\operatorname{Arg} z) + i\sin(m\operatorname{Arg} z). \tag{1-26}$$

设 $n(n \geq 2)$ 为正整数, 定义 $z^{\frac{1}{n}} = \sqrt[n]{z}$ 为满足 $w^n = z$ 的复数 w, 并称

它为 z 的 n 次根. 为求出根 $w = \sqrt[n]{z}$, 令

$$z = |z|(\cos \text{Arg } z + i \sin \text{Arg } z),$$
$$w = |w|(\cos \text{Arg } w + i \sin \text{Arg } w).$$

由

$$w^n = |w|^n [\cos(n\text{Arg } w) + i \sin(n\text{Arg } w)]$$
$$= |z|(\cos \text{Arg } z + i \sin \text{Arg } z),$$

知 $|w| = |z|^{\frac{1}{n}}$, $\text{Arg } w = \dfrac{1}{n}\text{Arg} z$. 设 φ 是 $\text{Arg } z$ 的某一值, 则

$$\text{Arg} w = \frac{1}{n}(\varphi + 2k\pi), (k = 0, \pm 1, \cdots).$$

故有

$$w = z^{\frac{1}{n}} = \sqrt[n]{z}$$
$$= |z|^{\frac{1}{n}} (\cos \frac{\varphi + 2k\pi}{n} + i \sin \frac{\varphi + 2k\pi}{n}), \quad (k = 0, \pm 1, \cdots). \tag{1-27}$$

式(1-27)中, 取 $k = 0, 1, 2, \ldots, n-1$, 可得 n 个相异的根, 分别记为 w_0, $w_1, \ldots w_{n-1}$. 显然 k 还可取其它值, 但得不到不同的新根. 事实上, 设 r, s 是两个不同的整数, 且 $0 \leqslant r \leqslant n-1$, $0 \leqslant s \leqslant n-1$, 则有 w_r, w_s 是其对应的两个根, 因

$$\text{Arg} w_r - \text{Arg} w_s = \frac{\varphi + 2r\pi}{n} - \frac{\varphi + 2s\pi}{n} = \frac{r-s}{n} 2\pi.$$

而 $0 < \dfrac{r-s}{n} < 1$, 故 $\text{Arg} w_r - \text{Arg} w_s \neq 2k\pi$, 从而知 $\text{Arg} w_r \neq \text{Arg} w_s$, 故 $w_r \neq w_s$. 这说明 $w_0, w_1, \ldots w_{n-1}$ 中任二值不相同. 又设 $k = nq + r$, q, r 为整数且 $q \neq 0$, $0 \leqslant r \leqslant n-1$, 则

$$\mathrm{Arg}w_k = \frac{1}{n}(\varphi + 2k\pi) = \frac{1}{n}[\varphi + 2(nq+r)\pi]$$
$$= \frac{1}{n}(\varphi + 2r\pi) + 2q\pi = \mathrm{Arg}w_r.$$

故 $w_k = w_r$,这说明 $\sqrt[n]{z}$ 只有 n 个不同的根 $w_0, w_1, \ldots w_{n-1}$。显然,这 n 个根在复平面上表示为:以原点为中心,$\sqrt[n]{|z|}$ 为半径的圆内接正 n 边形的 n 个顶点。

例 1.2 设 z_1 及 z_2 是两个复数,求证
$$|z_1 + z_2|^2 = |z_1|^2 + |z_2|^2 + 2\mathrm{Re}(z_1\bar{z}_2).$$

证
$$|z_1 + z_2|^2 = (z_1 + z_2)\overline{(z_1 + z_2)}$$
$$= (z_1 + z_2)(\bar{z}_1 + \bar{z}_2)$$
$$= z_1\bar{z}_1 + z_2\bar{z}_2 + z_1\bar{z}_2 + z_2\bar{z}_1$$
$$= |z_1|^2 + |z_2|^2 + z_1\bar{z}_2 + \overline{z_1\bar{z}_2}$$
$$= |z_1|^2 + |z_2|^2 + 2\mathrm{Re}(z_1\bar{z}_2).$$

例 1.3 设 $z = x + \mathrm{i}y$,证明
$$\frac{|x| + |y|}{\sqrt{2}} \leqslant |z| \leqslant |x| + |y|.$$

证 显然 $|z| = |x + \mathrm{i}y| \leqslant |x| + |y|$。故只须证 $|x| + |y| \leqslant \sqrt{2}|z|$。因
$$2|x||y| \leqslant |x|^2 + |y|^2,$$
故
$$|x|^2 + |y|^2 + 2|x||y| \leqslant 2(|x|^2 + |y|^2).$$
从而
$$(|x| + |y|)^2 \leqslant 2(|x|^2 + |y|^2),$$
$$|x| + |y| \leqslant \sqrt{2}\sqrt{|x|^2 + |y|^2} = \sqrt{2}|z|.$$

例 1.4 求 $\sqrt[4]{1+\mathrm{i}}$ 的值。

解 由 $1+\mathrm{i} = \sqrt{2}(\cos\frac{\pi}{4} + \mathrm{i}\sin\frac{\pi}{4})$,得

$$\sqrt[4]{1+\mathrm{i}} = \sqrt[8]{2}[\cos\frac{1}{4}(\frac{\pi}{4}+2k\pi) + \mathrm{i}\sin\frac{1}{4}(\frac{\pi}{4}+2k\pi)]$$

$$= \sqrt[8]{2}[\cos\frac{\pi}{16} + \mathrm{i}\sin\frac{\pi}{16}][\cos\frac{k\pi}{2} + \mathrm{i}\sin\frac{k\pi}{2}], \quad (k=0,1,2,3).$$

于是 $\sqrt[4]{1+\mathrm{i}}$ 的根为 $w_0, \mathrm{i}w_0, -w_0, -\mathrm{i}w_0$,其中 $w_0 = \sqrt[8]{2}[\cos\frac{\pi}{16} + \mathrm{i}\sin\frac{\pi}{16}]$.

还要特别注意,虽有 $\mathrm{Arg}(z_1 z_2) = \mathrm{Arg}\, z_1 + \mathrm{Arg}\, z_2$,但

$$\mathrm{Arg}\, z^2 = \mathrm{Arg}\, z + \mathrm{Arg}\, z \neq 2\mathrm{Arg}\, z.$$

例如,

$$\mathrm{Arg}\,\mathrm{i}^2 = \pi + 2k\pi, \quad (k=0,\pm 1,\cdots).$$

$$2\mathrm{Arg}\,\mathrm{i} = 2(\frac{\pi}{2} + 2k\pi) = \pi + 4k\pi \quad (k=0,\pm 1,\cdots).$$

3π 是 $\mathrm{Arg}\,\mathrm{i}^2$ 的一值,但 3π 不是 $2\mathrm{Arg}\,\mathrm{i}$ 的值,可知 $\mathrm{Arg}\,\mathrm{i}^2 \neq 2\mathrm{Arg}\,\mathrm{i}$.

§1.2 复平面上的点集

满足一定条件的复数 z 的一个集合表示复平面上的一个点集,讨论复变函数及其有关的概念,要涉及一些特殊的点集,本节将介绍这些点集.

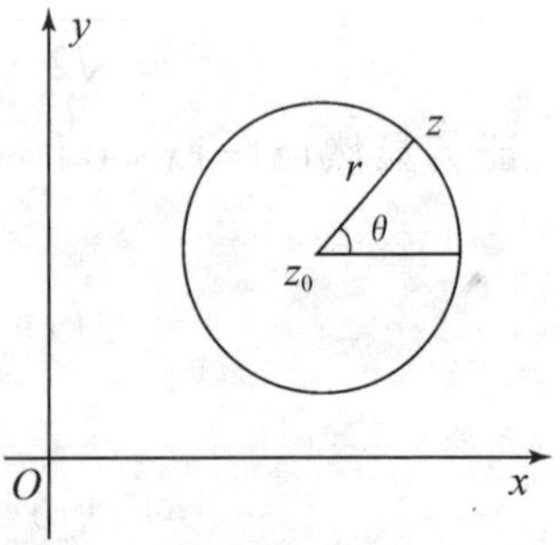

在复平面上,方程 $|z-z_0| = r$ ($r \geq 0$) 表示到定点 z_0 的距离为 r 的点的集合,即 z_0 为中心以 r 为半径的圆周(图 1-4),显然,上述圆周还可表示为

图 1-4

$$z - z_0 = r\mathrm{e}^{\mathrm{i}\theta}, \quad (0 \leq \theta \leq 2\pi).$$

由

$$|z-z_0|=r, \text{即} |z-z_0|^2=r^2,$$

或

$$(z-z_0)(\bar{z}-\bar{z}_0)=r^2,$$

得

$$z\bar{z}+z_0\bar{z}_0-z\bar{z}_0-z_0\bar{z}=r^2.$$

令 $\beta=-z_0$, $\alpha=z_0\bar{z}_0-r^2$, 上式成为

$$z\bar{z}+\beta\bar{z}+\bar{\beta}z+\alpha=0.$$

于是圆周 $|z-z_0|=r(r\geqslant 0)$ 也可用上述这种形式的方程来表示；反之, 上边方程也表示以 $-\beta$ 为中心, 以 $\sqrt{|\beta|^2-\alpha}$ （当$|\beta|^2-\alpha\geqslant 0$时）为半径的圆周.

定义 1.1 满足 $|z-z_0|<\delta(\delta>0)$ 点的全体, 称为点 z_0 的一个 δ**邻域**, 记为 $N(z_0,\delta)$ 或 $N_\delta(z_0)$.

定义 1.2 给定复平面上的点集 E 及一点 z_0, 若 z_0 的任一邻域中至少含有 E 的一个异于 z_0 的点, 则称 z_0 为 E 的一个**聚点**或**极限点**.

由定义看出, 点集 E 的聚点可属于 E, 也可不属于 E, 若 E 的每个聚点都在 E 内, 则称 E 为**闭集**.

定义 1.3 点集 E 中非聚点的点称为 E 的**孤立点**; 若点 z_0 的任一邻域内, 既有 E 中的点, 又有不属于 E 的点, 则 z_0 称为 E 的**边界点**. 点集 E 的全部边界点所组成的集, 称为 E 的**边界**.

由定义看出, 边界点既可属于 E, 也可不属于 E; 边界点可能是聚点, 也可能是孤立点; 孤立点必是边界点, 边界点却不一定是孤立点.

定义 1.4 给定集 E, 若 E 内的点 z_0 的某邻域含于 E 内, 则称 z_0 为 E 的**内点**; 若 E 的每点都是它的内点, 则称 E 为**开集**.

定义 1.5 若对集 E 中任意两点, 总存在连接这两点的折线, 而折线上的点都属于 E, 则称集 E 是**连通集**.

定义 1.6 连通的开集称为**区域**; 区域 D 连同其边界称为**闭区域**, 记为 $\bar{D}$.

定义 1.7 若对集 E，存在实数 $M>0$，使 E 中任一点 z 满足 $|z|<M$，或者说存在 $G：|z|<M$，使 $G \supset E$，则称 E 为**有界集**。非有界集称为**无界集**。如果区域 D 是有界集，那么称它为**有界区域**，否则称它为**无界区域**。

一般区域的边界可能十分复杂，为了研究一般的区域，下边介绍曲线的概念。

定义 1.8 设 $x(t)$ 及 $y(t)$ 是实变数 t 的两个实函数，在闭区间 $[\alpha, \beta]$ 上连续，则由方程组

$$\begin{cases} x = x(t); \\ y = y(t), \end{cases} \quad (\alpha \leqslant t \leqslant \beta)$$

或表示为复数方程

$$z = x(t) + iy(t), \quad (\alpha \leqslant t \leqslant \beta) \tag{1-28}$$

(简记为 $z = z(t)$)所确定的点集 C，称为 z 平面上的一条**连续曲线**。式(1-28)称为 C 的参数方程，$z(\alpha)$ 及 $z(\beta)$ 分别称为 C 的起点和终点；满足 $\alpha < t_1 < \beta$，$\alpha \leqslant t_2 \leqslant \beta$，$t_1 \neq t_2$ 的 t_1 及 t_2，当 $z(t_1) = z(t_2)$ 成立时，点 $z(t_1)$ 称为 t 的**重点**；凡无重点的连续曲线称为**简单曲线**或**约当曲线**；满足条件 $z(\alpha) = z(\beta)$ 的简单曲线称为**简单闭曲线**。

定义 1.9 设简单(或简单闭)曲线 C 的参数方程为

$$z = z(t) = x(t) + iy(t), \quad (\alpha \leqslant t \leqslant \beta).$$

又在 $\alpha \leqslant t \leqslant \beta$ 上 $x'(t)$ 及 $y'(t)$ 存在连续且不全为 0，则 C 称为**光滑曲线**(或光滑闭曲线)。

定义 1.10 设连续弧 AB 的参数方程为

$$z = z(t), \quad (\alpha \leqslant t \leqslant \beta).$$

任取实数列 $\{t_n\}$：

$$\alpha = t_0 < t_1 < t_2 < \cdots < t_{n-1} < t_n = \beta, \tag{1-29}$$

并且考虑 AB 弧上对应的点列：$z_1, z_2, \cdots, z_n$，将它们用一折线 Q_n 连接起来，Q_n 的长度

$$I_n = \sum_{j=1}^{n} |z(t_j) - z(t_{j-1})|$$

如果对于所有的数列(1-29), I_n 的上确界 $L = \mathrm{Sup} I_n$ 存在, 则 AB 弧称为**可求长**的. L 称为 AB 弧的长度.

有限条光滑曲线衔接而成的曲线称为逐段光滑曲线. 逐段光滑曲线必是可求长曲线, 但简单曲线(或简单闭曲线)却不一定可求长.

定理 1.1 (约当 Jordan 定理)任一简单闭曲线 C 将 z 平面唯一地分成 C、$I(C)$ 及 $E(C)$ 三个点集(图 1-5), 它们具有如下性质:

(1) 彼此不交;

(2) $I(C)$ 是有界域(称为 C 的内部);

(3) $E(C)$ 是无界域(称为 C 的外部);

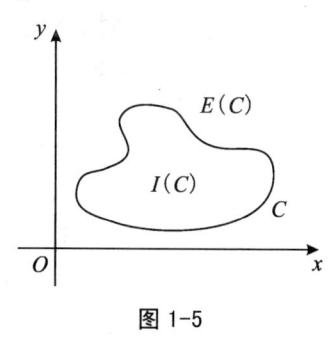

图 1-5

(4) 若简单折线 P 的一个端点属于 $I(C)$, 另一端点属于 $E(C)$, 则 P 必与 C 有交点.

此定理的直观意义是很清楚的, 但定理的证明要用到拓扑学的知识, 因此略去证明.

定义 1.11 设 D 为复平面上的一个区域. 若在 D 内无论怎样画简单闭曲线, 其内部仍全含于 D, 则称 D 为**单连通区域**; 非单连通区域称为**多连通区域**.

例 1.5 设 E 是点集 $z = \dfrac{1}{m} + \mathrm{i}\dfrac{1}{n}$ (m, n 是任意自然数)的集合, 它是一个无内点集; 它的每一个点都是边界点, 但都不是它的聚点; E 不含有它的聚点(图 1-6).

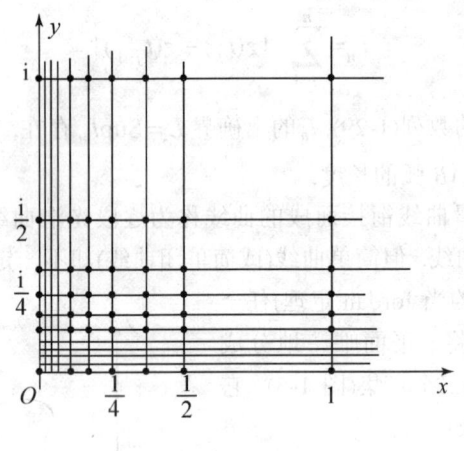

图 1-6

例 1.6 满足 $|z-1|<1$ 及 $|z+1|<1$ 的所有点 z 和原点组成的集是连通集，但不是开集(原点不是它的内点). $|z-1|=1$ 及 $|z+1|=1$ 和原点是这集合的边界(图 1-7).

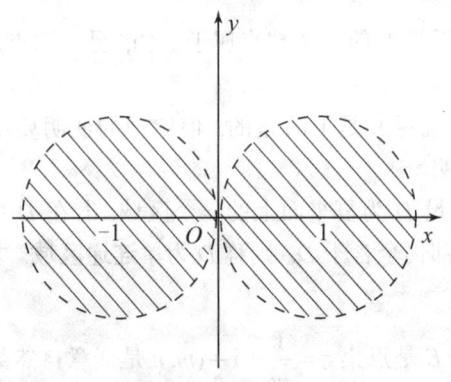

图 1-7

例 1.7 满足 $a < \text{Im}\, z < b$ 的所有点 z 组成的集为一带形域，它是一个无界区域，其边界为两直线：$\text{Im}\, z = a$, $\text{Im}\, z = b$ (图 1-8).

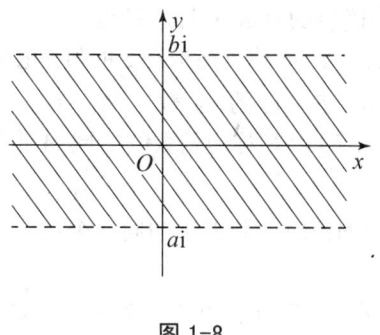

图 1-8

例 1.8 满足 $\theta_0 < \arg(z - z_0) < \alpha + \theta_0$ 的所有点 z 组成的集为一个角形域,其边界为射线 $\arg(z - z_0) = \theta_0$ 及 $\arg(z - z_0) = \alpha + \theta_0$ (图 1-9)。

例 1.9 满足 $\mathrm{Re}\, z > a$ 的所有点 z 组成的集是半平面,它是一个单连通无界域,其边界是 $\mathrm{Re}\, z = a$ (图 1-10)。

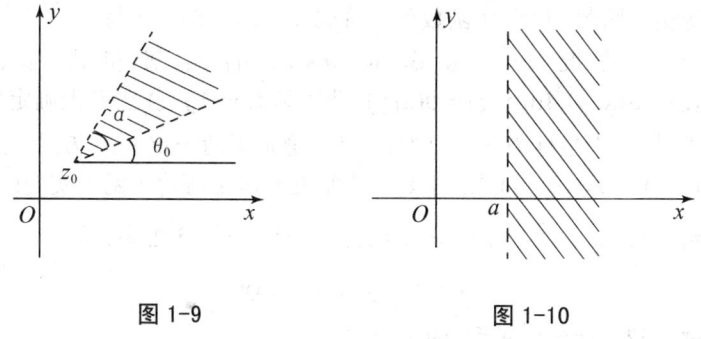

图 1-9   图 1-10

例 1.10 满足 $0 < |z + 1 + \mathrm{i}| < 2$ 的所有点 z 组成的集是中心在 $-(1+\mathrm{i})$,半径为 2 的圆的内部挖掉圆心 $-(1+\mathrm{i})$ 所组成的区域,它是一个多连通的有界区域。

§1.3 复变函数

定义 1.12 设 E、F 为两个非空复数集,若有一个法则 f,对每个复

数 $z \in E$,都有 F 中确定的复数 w 与之对应,则称 f 为定义在 E 上的复变函数;与 z 对应的复数 w 称为函数在 z 的值,记为 $w = f(z)$,同时也用它表示定义在 E 上的函数; E 称为函数的定义域, $A = \{w | w = f(z), z \in E\} \subseteq F$ 称为函数的值域. A 也记为 $f(E)$.

定义不排除

(1) 把 E 中不同的点对应到 F 中的同一个点 w,于是常数可看成是取同一值的函数;

(2) E 中的每一点 z,只有 F 中的一个 w 与之对应,此时称 f 为单值函数;

(3) 对 E 中的一些点,在 F 中有多个复数 w 与之对应,此时称 f 为多值函数(今后如无特殊说明,所讨论的函数均指单值函数);

(4) 对 E 中任二复数 z_1, z_2,若 $z_1 \neq z_2$,则在 F 中对应的二复数 $w_1 = f(z_1)$, $w_2 = f(z_2)$ 也成立 $w_1 \neq w_2$,此时称 f 为单叶函数.

如果 E 与 A 分别在 z 平面和 w 平面的实轴上,那么 $w = f(z)$ 就是一个实变实值函数,因此实函数可以看成复变函数的一个特例.

一般情况下,考虑 $w = u + iv$ 的实部和虚部,记 $\operatorname{Re} f(z) = u(x, y)$, $\operatorname{Im} f(z) = v(x, y)$,则"函数 $w = f(z)$ 在 E 上确定",也就是"对 E 中坐标为 x, y 的每一点,确定了两个定义在 E 上的函数 $u = u(x, y)$, $v = v(x, y)$",于是一个复变数函数等价于两个实变函数.

例 1.11 $w = z^2$,由 $z^2 = (x + iy)^2 = x^2 - y^2 + i(2xy)$,故有
$$u = x^2 - y^2, \quad v = 2xy.$$

例 1.12 $w = z^2 + \bar{z}$,因
$$\begin{aligned} z^2 + \bar{z} &= (x + iy)^2 + x - iy \\ &= x^2 - y^2 + x + i(2xy - y). \end{aligned}$$

故有 $u = x^2 - y^2 + x$, $v = 2xy - y$.

例 1.13 已知
$$f(z) = x(1 + \frac{1}{x^2 + y^2}) + iy(1 - \frac{1}{x^2 + y^2}).$$

欲将它表示为关于 z 的表达式,可如下进行:由

$$x = \frac{1}{2}(z+\bar{z}), \quad y = \frac{1}{2\mathrm{i}}(z-\bar{z}), \quad x^2+y^2 = |z|^2 = z\bar{z},$$

得

$$\begin{aligned}f(z) &= \frac{z+\bar{z}}{2}(1+\frac{1}{z\bar{z}}) + \mathrm{i}\frac{z-\bar{z}}{2\mathrm{i}}(1-\frac{1}{z\bar{z}}) \\ &= \frac{z+\bar{z}}{2}(1+\frac{1}{z\bar{z}}) + \frac{z-\bar{z}}{2}(1-\frac{1}{z\bar{z}}) \\ &= \frac{1}{2}(z+\bar{z}+\frac{1}{z}+\frac{1}{\bar{z}}+z-\bar{z}-\frac{1}{\bar{z}}+\frac{1}{z}) \\ &= z+\frac{1}{z}.\end{aligned}$$

既然一个复变函数 $f(z)$ 等价于两个实函数 $u(x,y)$, $v(x,y)$, 而实函数已为人们所了解, 那么为什么要将两个实函数结合成一个复变函数来研究呢? 如果这两个实函数是任意挑选的, 并且它们之间没有特殊的联系, 那么把两个实函数合成复变函数去研究, 就没有任何价值了. 复变函数主要是研究那些 $u(x,y)$ 与 $v(x,y)$ 具有确定关系的一类函数, 即解析函数.

复变函数既然可表示为

$$f(z) = u(x,y) + \mathrm{i}v(x,y),$$

而 x, y 又可用极坐标变量 r, θ 表示为 $x = r\cos\theta, y = r\sin\theta$, 故 $f(z)$ 又可表示为

$$f(z) = u(r,\theta) + \mathrm{i}v(r,\theta).$$

例如,

$$\begin{aligned}w = f(z) = z^2 &= x^2 - y^2 + \mathrm{i}2xy \\ &= r^2\cos 2\theta + \mathrm{i}r^2\sin 2\theta.\end{aligned}$$

从而 $u(r,\theta) = r^2\cos 2\theta$, $v(r,\theta) = r^2\sin 2\theta$.

关于复合函数、反函数及奇偶函数的定义, 在形式上均与实函数情形相同, 如反函数的定义是:

设 $w = f(z)$, $z \in E$, $w \in A$ (值域) $\subset F$, 若对 A 中的每个 w, 在 E

中都有确定的点与之对应,则在 A 上确定了一个函数,记作 $z = f^{-1}(w)$,它就称为函数 $w = f(z)$ 的**反函数**.

由定义看出,对于任意的 $w \in A$,有
$$w = f[f^{-1}(w)],$$
且当函数及其反函数都是单值函数时,还有
$$z = f^{-1}[f(z)], \quad z \in E.$$

例 1.14 设 $f(z)$,$\varphi(z)$ 是偶函数,$g(z)$,$\psi(z)$ 是奇函数,证明若
$$f(z) + ig(z) = \varphi(z) + i\psi(z),$$
则
$$f(z) = \varphi(z), \quad g(z) = \psi(z). \tag{1-30}$$

证 因 $f(-z) = f(z)$,$\varphi(-z) = \varphi(z)$,而 $g(-z) = -g(z)$,$\psi(-z) = -\psi(z)$,故有
$$f(-z) + ig(-z) = \varphi(-z) + i\psi(-z),$$
即
$$f(z) - ig(z) = \varphi(z) - i\psi(z). \tag{1-31}$$

式 (1-30) 与式 (1-31) 的两边分别相加和相减,便分别得到 $f(z) = \varphi(z)$ 及 $g(z) = \psi(z)$.

$w \in A = f(E)$ 可看成一个复平面(z 平面)到另一个复平面(w 平面)的映射,A 称为象集,E 称为原象集.在两个复平面上,分别画出象集和原象集,便称它们为复变函数的图形(图 1-11).

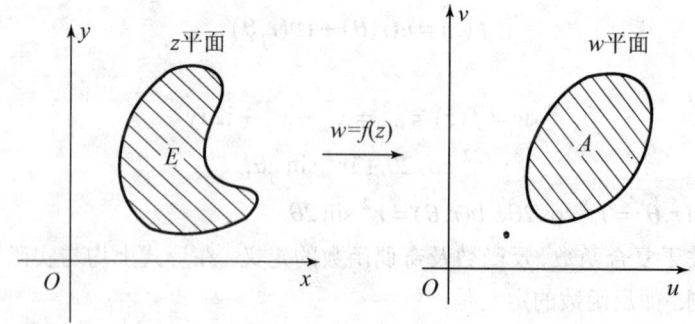

图 1-11

例 1.15 在映射 $w = \dfrac{1}{z}(z \neq 0)$ 下，z 平面上的下列曲线各映射为 w 平面上的什么曲线：

(1) $x^2 + y^2 = 4$ ； (2) $x = 1$.

解 设 $z = x + \mathrm{i}y$， $w = u(x,y) + \mathrm{i}v(x,y)$，则
$$w = \frac{1}{z} = \frac{\bar{z}}{z\bar{z}} = \frac{x}{x^2+y^2} + \mathrm{i}\frac{-y}{x^2+y^2},$$
于是
$$u = \frac{x}{x^2+y^2}, \quad v = \frac{-y}{x_2+y^2}.$$

(1) $u^2 + v^2 = \dfrac{x^2+(-y)^2}{(x^2+y^2)^2} = \dfrac{1}{x^2+y^2} = \dfrac{1}{4}$，即 $u^2+v^2 = \dfrac{1}{4}$，于是在映射 $w = \dfrac{1}{z}$ 下，z 平面上的圆周 $x^2+y^2=4$，映射成 w 平面上的圆周 $u^2+v^2=\dfrac{1}{4}$（图 1-12）.

(2) 当 $x=1$ 时，$u = \dfrac{1}{1+y^2}$，$v = \dfrac{-y}{1+y^2}$，故 $u^2+v^2 = \dfrac{1}{1+y^2} = u$，即 $(u-\dfrac{1}{2})^2 + v^2 = \dfrac{1}{4}$，于是在映射 $w = \dfrac{1}{z}$ 下，z 平面上的直线 $x=1$ 映射成 w 平面上的圆周 $(u-\dfrac{1}{2})^2 + v^2 = \dfrac{1}{4}$（图 1-13）.

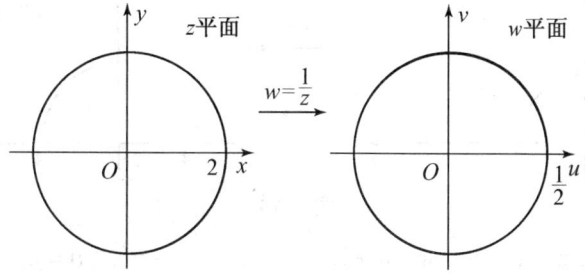

图 1-12

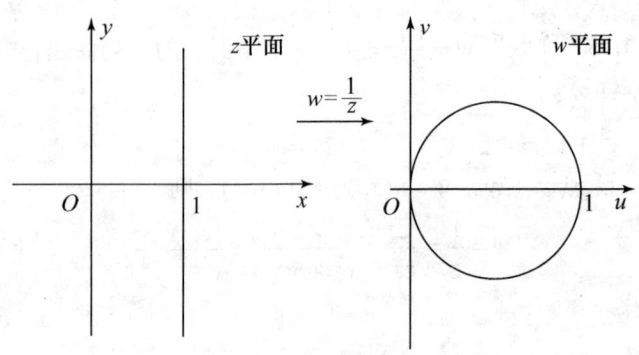

图 1-13

例 1.16 在映射 $w = z^2$ 下，z 平面上的下列曲线各映成 w 平面上的什么曲线：

(1) $|z| = 2$，$0 \leq \theta = \arg z \leq \dfrac{\pi}{2}$； (2) $x^2 - y^2 = 4$.

解（1）设 $z = x + \mathrm{i}y = r(\cos\theta + \mathrm{i}\sin\theta)$，$w = u + \mathrm{i}v = R(\cos\varphi + \mathrm{i}\sin\varphi)$，则 $R = r^2$，$\varphi = 2\theta$. 由此，当 z 的模为 2，辐角由 0 变到 $\dfrac{\pi}{2}$ 时，对应的 w 的模为 4，辐角由 0 变到 π. 故在映射 $w = z^2$ 下，z 平面上的圆弧映射成 w 平面上以原点为中心，4 为半径，位于 u 轴上方的半圆周（图 1-14）.

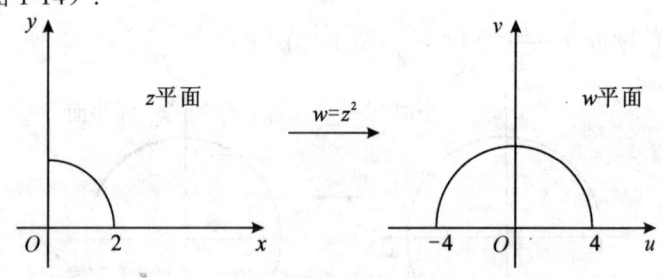

图 1-14

(2) 设 $z = x + \mathrm{i}y$，$w = u + \mathrm{i}v$，则 $u = x^2 - y^2$，$v = 2xy$. 于是 z 平面上的双曲线 $x^2 - y^2 = 4$ 映射成 w 平面上的直线 $u = 4$（图 1-15）.

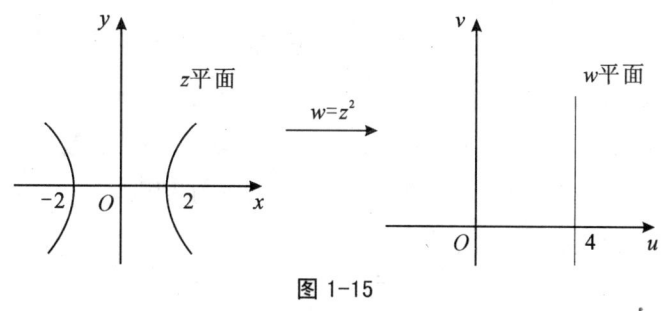

图 1-15

§1.4 复变函数的极限和连续性

1.4.1 复变函数的极限

先介绍复数列的极限. 按自然数编号的一列复数：$z_1, z_2, \ldots, z_n \ldots$，称为复数列，记为 $\{z_n\}$.

定义 1.13 给定复数列 $\{z_n\}$，A 为复常数，若对任意给定的 $\varepsilon>0$，存在自然数 N，使得当 $n>N$ 时，恒有 $|z_n - A|<\varepsilon$，则称 A 为 $\{z_n\}$ 当 n 无限变大时的极限，记为

$$\lim_{n\to\infty} z_n = A, \quad \text{或} \quad z_n \to A(n\to\infty). \tag{1-32}$$

由于这个定义与实数列的极限定义在形式上完全一致，于是凡在实数列情形下，不涉及大小关系的极限定理，只要证明这些定理时使用的关系式在复数情况也成立，那么就用同样方法证明这些定理在复数情形也是对的. 例如，实数列极限的四则定理的证明中只牵涉关系式

$$|a+b| \leqslant |a|+|b| \text{ 和 } |ab| \leqslant |a||b|,$$

而这两个关系式在复数情况也成立，于是极限四则定理在复数列情形也对.

定理 1.2 复数列 $\{z_n\}$ 有极限 A 的充分必要条件是 $\{\bar{z}_n\}$ 有极限 $\bar{A}$.

其实，只要注意到

$$|z_n - A| = |\overline{z_n - A}| = |\bar{z}_n - \bar{A}|,$$

就很容易完成本定理的证明.

定理 1.3 设 $z_n = x_n + iy_n, A = a + ib, n = 1, 2, \cdots,$ 则 $\{z_n\}$ 有极限 A 的充要条件是 $\{x_n\}$ 以 a 为极限,同时 $\{y_n\}$ 以 b 为极限.

证 先证必要性. 因

$$x_n = \frac{z_n + \bar{z}_n}{2}, \quad y_n = \frac{z_n - \bar{z}_n}{2i},$$

故依定理 1.2 知

$$\lim_{n \to \infty} x_n = \lim_{n \to \infty} \frac{z_n + \bar{z}_n}{2} = \frac{A + \bar{A}}{2} = \operatorname{Re} A = a,$$

$$\lim_{n \to \infty} y_n = \lim_{n \to \infty} \frac{z_n - \bar{z}_n}{2i} = \frac{A - \bar{A}}{2i} = \operatorname{Im} A = b.$$

再证充分性. 其实,有

$$\lim_{n \to \infty}(x_n + iy_n) = a + ib = A, \quad 即 \quad \lim_{n \to \infty} z_n = A.$$

由定理 1.2 易证明下边的定理.

定理 1.4 任何有界复数列必有收敛子列.

定理 1.5 复数列 $\{z_n\}$ 有极限的充要条件是对任意给定的 $\varepsilon > 0$,存在自然数 N,当 $n > N$ 时,恒有 $|z_{n+p} - z_n| < \varepsilon$ ($p = 1, 2, \ldots$).

下边再介绍函数极限的概念及其命题.

定义 1.14 给定定义在集合 E 上的函数 $w = f(z)$,z_0 是 E 的一个聚点,A 是一个复常数;若对任意给定的 $\varepsilon > 0$,存在 $\delta > 0$,使得当 $z \in E$ 且 $0 < |z - z_0| < \delta$ 时,恒有 $|f(z) - A| < \varepsilon$,则称 A 是 z 趋于 z_0 时 $f(z)$ 的极限,记为

$$\lim_{\substack{z \to z_0 \\ z \in E}} f(z) = A \text{ 或 } f(z) \to A, \quad (z \in E, z \to z_0). \tag{1-33}$$

在不引起混淆的情况下,上式中可省去"$z \in E$".

由于定义和实函数相应定义在形式上完全一致,于是实函数中凡不牵涉大小关系的极限定理,只要证明这些定理时使用的关系式在复

数情形也成立,那么相应的极限定理在复变函数情形也成立. 例如,由
$$|f(z)+g(z)| \leqslant |f(z)|+|g(z)| \text{ 及 } |f(z)g(z)|=|f(z)||g(z)|,$$
使用定义 1.14,仿实变函数相应定理的证法便可得出如下的极限四则定理.

定理 1.6 若 $\lim\limits_{\substack{z \to z_0 \\ z \in E}} f(z) = A$,$\lim\limits_{\substack{z \to z_0 \\ z \in E}} g(z) = B$,则

$$\lim_{\substack{z \to z_0 \\ z \in E}}[f(z) \pm g(z)] = \lim_{\substack{z \to z_0 \\ z \in E}} f(z) \pm \lim_{\substack{z \to z_0 \\ z \in E}} g(z) = A \pm B;$$

$$\lim_{\substack{z \to z_0 \\ z \in E}} f(z)g(z) = \lim_{\substack{z \to z_0 \\ z \in E}} f(z) \cdot \lim_{\substack{z \to z_0 \\ z \in E}} g(z) = A \cdot B;$$

$$\lim_{\substack{z \to z_0 \\ z \in E}} \frac{f(z)}{g(z)} = \frac{\lim\limits_{\substack{z \to z_0 \\ z \in E}} f(z)}{\lim\limits_{\substack{z \to z_0 \\ z \in E}} g(z)} = \frac{A}{B} \quad (B \neq 0, g(z) \neq 0).$$

定理 1.7 $\lim\limits_{z \to z_0} f(z) = A$ 的充分必要条件是 $\lim\limits_{z \to z_0} \overline{f(z)} = \overline{A}$.

注意到 $|f(z) - A| = |\overline{f(z) - A}| = |\overline{f(z)} - \overline{A}|$,很容易完成定理的证明.

定理 1.8 $\lim\limits_{z \to z_0} f(z) = A$ 的充分必要条件是 $\lim\limits_{z \to z_0} \operatorname{Re} f(z) = \operatorname{Re} A$,$\lim\limits_{z \to z_0} \operatorname{Im} f(z) = \operatorname{Im} A$.

该定理的证明与定理 1.2 的证明类似,这里不再重复.

1.4.2 复变函数的连续性

定义 1.15 设 z_0 为集合 E 的聚点且 $z_0 \in E$,若 $\lim\limits_{\substack{z \to z_0 \\ z \in E}} f(z) = f(z_0)$,即对任意给定的 $\varepsilon > 0$,存在 $\delta > 0$,使得当 $z \in E$ 且 $|z - z_0| < \delta$ 时,恒有 $|f(z) - f(z_0)| < \varepsilon$,则称 $f(z)$ 在 z_0 点连续.

如果 $f(z)$ 在集合 E 上每点都连续,则称 $f(z)$ 在 E 连续. $f(z)$ 在区域 D 的边界上某点 z_0 连续,是指

$$\lim_{\substack{z \to z_0 \\ z \in E}} f(z) = f(z_0).$$

如果函数在一点连续，那么当变量趋于该点时，函数必有极限，故平行于极限定理有：两连续函数的和、差、积、商都是连续函数(商的情况，使分母等于 0 的点除外)；$f(z)$ 连续时 $\overline{f(z)}$ 也连续，反之亦然；$f(z)$ 在 $z_0 = x_0 + \mathrm{i}y_0$ 连续的充要条件是 $\mathrm{Re}\,f(z)$ 及 $\mathrm{Im}\,f(z)$ 都在点 (x_0, y_0) 连续.

还可证明，若函数 $w = f(z)$ 在集合 E 上连续，并且函数值的集合为 F，而在 F 上，函数 $\zeta = \varphi(w)$ 连续，则复合函数 $\zeta = \varphi[f(z)] = F(z)$ 在集合 E 上连续.

定理 1.9　设 $f(z)$ 在有界闭集 E 上连续，则

(1) $f(z)$ 在 E 上有界，即存在一个正数 M，对 E 上的任何点 z，都有 $|f(z)| \leqslant M$；

(2) $|f(z)|$ 在 E 上可以取到最大值和最小值，即存在 $z_1, z_2 \in E$，使
$$|f(z)| \leqslant |f(z_1)| \quad (z \in E),$$
$$|f(z)| \geqslant |f(z_2)| \quad (z \in E);$$

(3) $f(z)$ 在 E 上一致连续，即对任意给定的 $\varepsilon > 0$，存在 $\delta > 0$，使当 $|z_1 - z_2| < \delta$ 时的任意两点 $z_1, z_2 \in E$ 时，均有
$$|f(z_1) - f(z_2)| < \varepsilon.$$

证　$|f(z)| = \sqrt{u^2(x,y) + v^2(x,y)}$　$(f(z) = u(x,y) + \mathrm{i}v(x,y))$ 在有界闭集 E 上连续，由实二元函数在有界闭集上的性质，即知(1),(2)为真. 由 $u(x,y)$ 及 $v(x,y)$ 的一致连续性也可推出(3)为真.

例 1.17　考查 $f(z) = z \mathrm{Re}\, z$ 的连续性.

解　因 $\mathrm{Re}\,f(z) = x^2$，$\mathrm{Im}\,f(z) = xy$ 在 z 平面上处处连续，故 $f(z)$ 在 z 平面上处处连续.

例 1.18　考查 $f(z) = \arg z$ 的连续性.

解　因原点的辐角无意义，故 $\arg z$ 在原点不连续. 设

$z = x + \mathrm{i}y \neq 0$,则

$$\arg z = \begin{cases} \arctan \dfrac{y}{x}, & x > 0, y\text{为任意实数}; \\ \pm \dfrac{\pi}{2}, & x = 0, y \neq 0; \\ \arctan \dfrac{y}{x} \pm \pi, & x < 0, y \neq 0; \\ \pi, & x < 0, y = 0. \end{cases} \quad (1\text{-}34)$$

于是当 $z_0 = x_0 + \mathrm{i}y_0 \neq 0$ 不是负实轴上的点时,和 z_0 足够接近的点 z 也不是原点和负实轴上的点,对这样的点 z_0,据式(1-34)有

$$\lim_{z \to z_0} \arg z = \begin{cases} \lim_{\substack{x \to x_0 \\ y \to y_0}} \arctan \dfrac{y}{x}, & x_0 > 0; \\ \lim_{\substack{x = 0 \\ y \to y_0}} \pm \dfrac{\pi}{2}, & x_0 = 0,\ y_0 \neq 0; \\ \lim_{\substack{x \to x_0 \\ y \to y_0}} \arctan \dfrac{y}{x} \pm \pi, & x_0 < 0,\ y_0 \neq 0. \end{cases}$$

$$= \begin{cases} \arctan \dfrac{y_0}{x_0}, & x_0 > 0; \\ \pm \dfrac{\pi}{2}, & x_0 = 0,\ y_0 \neq 0; \\ \arctan \dfrac{y_0}{x_0} \pm \pi, & x_0 < 0,\ y_0 \neq 0. \end{cases}$$

$= \arg z_0.$

当 z_0 为负实轴上的点时,$z_0 = x_0 (x_0 < 0)$,由式(1-34),得

$$\lim_{\substack{x \to x_0 \\ y \to 0+0}} \arctan \dfrac{y}{x} + \pi = \pi,$$

$$\lim_{\substack{x\to x_0 \\ y\to 0-0}} \arctan\frac{y}{x} - \pi = -\pi.$$

于是 $\lim_{z\to z_0} \arg z$ 不存在.

综上所述知, 除原点及负实轴上的点外, $\arg z$ 在 z 平面上每点都连续.

例 1-19 考查函数 $f(z) = \dfrac{1}{1-z}$ 在 $|z|<1$ 内的连续性和一致连续性.

解 设 $z = x + \mathrm{i}y$, 则

$$f(z) = \frac{1}{1-x-\mathrm{i}y} = \frac{(1-x)+\mathrm{i}y}{[(1-x)-\mathrm{i}y][(1-x)+\mathrm{i}y]}$$
$$= \frac{1-x}{(1-x)^2+y^2} + \mathrm{i}\frac{y}{(1-x)^2+y^2},$$

因 $u = \dfrac{1-x}{(1-x)^2+y^2}$ 及 $v = \dfrac{y}{(1-x)^2+y^2}$ 均在 $|z|<1$ 连续, 故 $f(z)$ 在 $|z|<1$ 内连续.

下面证 $f(z)$ 在 $|z|<1$ 内不一致连续. 对 $\varepsilon_0 = \dfrac{1}{2}$, 无论 δ 多么小, 总可取 $z_1 = 1-\dfrac{1}{n}$ 与 $z_2 = 1-\dfrac{2}{n}$, 虽有 $|z_1 - z_2| = \dfrac{1}{n} < \delta$ (只要 $n > \dfrac{1}{\delta}$), 但

$$|f(z_1) - f(z_2)| = \frac{n}{2} > \varepsilon_0.$$

故 $f(z) = \dfrac{1}{1-z}$ 在 $|z|<1$ 内不一致连续.

§1.5 扩充复平面

1.5.1 球面投影

取定空间坐标系 $O\text{-}\xi\eta\zeta$ 作一球面

$$\xi^2 + \eta^2 + \left(\zeta - \frac{1}{2}\right)^2 = \frac{1}{4}, \tag{1-35}$$

并作 z 平面与 $O\xi\eta$ 重合(图 1-16). 用线段将 N 与 z 平面上一点 $z=x+\mathrm{i}y$ 相连接交球面(1-35)上一点 P, 点 P 称点 z 在球面上的投影. 过点 $N(0,0,1)$, $P(\xi,\eta,\zeta)$ 和点 $(x,y,0)$ 的直线为

$$\frac{\xi-0}{x-0}=\frac{\eta-0}{y-0}=\frac{\zeta-1}{0-1},$$

即

$$\frac{\xi}{x}=\frac{\eta}{y}=\frac{\zeta-1}{-1}. \tag{1-36}$$

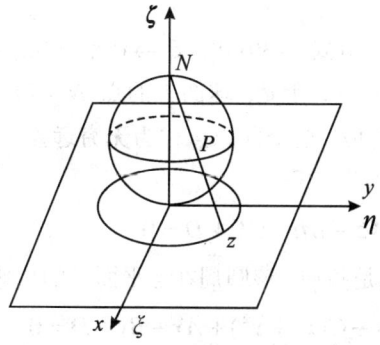

图 1-16

由式(1-36)知 $x=\dfrac{\xi}{1-\zeta}$, $y=\dfrac{\eta}{1-\zeta}$, 从而得

$$z=\frac{\xi}{1-\zeta}+\mathrm{i}\frac{\eta}{1-\zeta}. \tag{1-37}$$

由式(1-35)得 $\xi^2+\eta^2=\zeta(1-\zeta)$, 从而得

$$x^2+y^2=\frac{\zeta}{1-\zeta}. \tag{1-38}$$

因

$$1+x^2+y^2=1+\frac{\zeta}{1-\zeta}=\frac{1}{1-\zeta}=\frac{x}{\xi}=\frac{y}{\eta},$$

故有

$$\begin{cases} \xi = \dfrac{x}{1+x^2+y^2} = \dfrac{z+\bar{z}}{2(1+|z|^2)}; \\ \eta = \dfrac{y}{1+x^2+y^2} = \dfrac{z-\bar{z}}{2i(1+|z|^2)}; \\ \zeta = 1 - \dfrac{1}{1+x^2+y^2} = \dfrac{x^2+y^2}{1+x^2+y^2} = \dfrac{|z|^2}{1+|z|^2}. \end{cases} \quad (1\text{-}39)$$

由式(1-37)和式(1-39)知 z 平面上的点与球面上异于点 N 的点成一一对应.

当 $|z| \to +\infty$ 时, 由式(1-39)知, $\xi \to 0, \eta \to 0, \zeta \to 1$; 而 $\zeta \to 1$ 时, 由式(1-38)知, $|z| \to +\infty$. 于是, 球面上的点 N 与 z 平面上的模为无穷大的一个假想点相对应. 这个假想点称为**无穷远点**, 并记为 ∞.

平面
$$A\xi + B\eta + C\zeta + D = 0 \quad (1\text{-}40)$$
与球面(1-35)的交线是圆周, 该圆周在 z 平面上的投影为
$$Ax + By + C(x^2+y^2) + Ax + By + D = 0, \quad (1\text{-}41)$$
当 $C+D=0$ 时, (1-41)为直线, 当 $C+D \neq 0$ 时(1-41)为圆周.

以 $\xi=0, \eta=0, \zeta=1$ 代入式(1-40)得 $C+D=0$, 故球面上的圆周过点 $N(0,0,1)$ 时, 它在 z 平面上的投影为直线, 球面上的圆周不过点 $N(0,0,1)$ 时, 它在 z 平面上的投影为圆周.

1.5.2 扩充复平面

加入无穷远点 ∞ 的复球面称为**扩充复平面**, 它对应的球面称**复球面**, 复球面是扩充复平面一个几何模型.

在扩充复平面上对点 ∞ 作如下的规定:

(1) 点 ∞ 的模记为 $|\infty| = +\infty$;

(2) $a \neq \infty$ 时, $\dfrac{\infty}{a} = \infty$, $\dfrac{a}{\infty} = 0$, $\infty \pm a = a \pm \infty = \infty$;

(3) $b \neq 0$ 时 $b\infty = \infty b = \infty$, $\dfrac{b}{0} = \infty$;

(4) 复平面上每条直线都过点∞, 同时没有一个半平面包含点∞.

关于点∞的实部、虚部、辐角均无意义; 运算$\infty\pm\infty$, $0\cdot\infty$, $\dfrac{\infty}{\infty}$ 也都无意义. 在扩充复平面上, ∞点的ε邻域$N_\varepsilon(\infty)$是指合于条件$|z|>\dfrac{1}{\varepsilon}$的点集合. 用$N_\varepsilon(\infty)$可把聚点、内点和界点等概念推广到点∞, 于是复平面以∞为唯一界点; 扩充复平面以∞为内点, 从而扩充复平面是唯一无界点的区域.

任一简单闭曲线 C 将扩充复平面分为两个互不连接的区域, 一个是有界区域 $I(C)$, 另一个是无界区域 $E(C)$, 它们都以 C 为边界(约当定理).

单连通域的概念也可扩充到扩充复平面上的区域. 设 D 为扩充复平面上的区域, 若 D 内任一简单闭曲线, 其内部或外部(包含点∞)仍含于 D, 则称 D 为扩充复平面上的单连通区域.

在扩充复平面上, 点∞包含在函数的定义域内或为其聚点, 函数值也可取到∞, 因此, 函数的极限与连续性概念可作如下的推广:

在关系式 $\lim\limits_{\substack{z\to z_0 \\ z\in E}} f(z)=A$ 中, 如果z_0及A有一个是∞或均为∞, 就称 A 为 $f(z)$ 在 $z\to z_0$ 时的广义极限. 对广义极限的$\varepsilon-\delta$刻划, 也要作相应的修改, 如$z_0=\infty, A\neq\infty$时, $\varepsilon-\delta$刻划是: 任意给定$\varepsilon>0$, 存在$\delta>0$, 使得当$|z|>\dfrac{1}{\delta}$, $z\in E$ 时, 恒有$|f(z)-A|<\varepsilon$.

在关系式 $\lim\limits_{\substack{z\to z_0 \\ z\in E}} f(z)=f(z_0)$ 中, 如果z_0及$f(z_0)$有一个是∞, 称 $f(z)$在z_0点广义连续. 广义连续$\varepsilon-\delta$刻划也要作相应的修改. 如 $z_0=\infty, f(z_0)\neq\infty$时, $\varepsilon-\delta$刻划是: 任意给定$\varepsilon>0$, 存在$\delta>0$, 使得当$|z|>\dfrac{1}{\delta}$, $z\in E$ 时, 恒有$|f(z)-f(z_0)|<\varepsilon$. 又如$z_0\neq\infty$, $f(z_0)=\infty$时, $\varepsilon-\delta$刻划是: 任意给定$\varepsilon>0$, 存在$\delta>0$, 使得当$|z-z_0|<\delta$, $z\in E$ 时, $|f(z)|>\dfrac{1}{\varepsilon}$.

例 1.20 证明

$$f(z)=\begin{cases} \dfrac{1}{z}, & z\neq 0 \text{ 且 } z\neq\infty; \\ \infty, & z=0; \\ 0, & z=\infty. \end{cases}$$

在扩充复平面上连续.

证 因

$$\lim_{z\to 0}f(z)=\lim_{z\to 0}\frac{1}{z}=\infty=f(0);$$

$$\lim_{z\to\infty}f(z)=\lim_{z\to\infty}\frac{1}{z}=0=f(\infty);$$

$$\lim_{z\to z_0}f(z)=\lim_{z\to z_0}\frac{1}{z}=\frac{1}{z_0}=f(z_0),\qquad (z\neq z_0,\ z\neq\infty).$$

故 $f(z)$ 在扩充复平面上每点都连续.

以后，凡涉及扩充复平面时，都强调"扩充"二字，没加强调的场合，均指通常复平面；以后提到的区域的连通性，都限于通常复平面，提到的极限、连续等如不特殊声明，均按通常意义理解.

§1.6 习题

1. 求下列复数的实部、虚部、模及辐角.

   (1) $z=\dfrac{1-\sqrt{3}\mathrm{i}}{2}$；　　(2) $z=\dfrac{1-2\mathrm{i}}{3-4\mathrm{i}}+\dfrac{2-\mathrm{i}}{5\mathrm{i}}$.

2. 设 z_1、z_2 是二复数，证明若 z_1+z_2，$z_1 z_2$ 都是实数，则 z_1 和 z_2 或者都是实数，或者是一对共轭复数.

3. 设 $z_1=\dfrac{1+\mathrm{i}}{\sqrt{2}}$，$z_2=\sqrt{3}-\mathrm{i}$，试用指数形式表示 $z_1 z_2$，$\dfrac{z_1}{z_2}$.

4. 若 z_1，z_2 为二复数，试证 $z_1\bar{z}_2 + \bar{z}_1 z_2 = 2\operatorname{Re}(z_1\bar{z}_2)$.

5. 设 z_1, z_2, z_3 三点适合条件：
$$z_1 + z_2 + z_3 = 0 \text{ 及 } |z_1| = |z_2| = |z_3| = 1.$$
试证明 z_1, z_2, z_3 是一个内接于单位圆周 $|z|=1$ 的正三角形的顶点.

6. 证明 z 平面上的直线方程可写成
$$\alpha\bar{z} + \bar{\alpha}z = c, \quad (\alpha \text{ 是非零复常数}, c \text{ 是实常数}).$$

7. 证明 z 平面上的圆周可写成
$$Az\bar{z} + \beta\bar{z} + \bar{\beta}z + C = 0,$$
其中，A, C 为实数，$A \neq 0$，β 为复常数且 $|\beta|^2 > AC$.

8. 求下列方程所表示的曲线：

(1) $\operatorname{Re}(z+2) = -1$; (2) $\operatorname{Im} z = 3$;

(3) $|z-2| + |z+2| = 5$; (4) $\arg(z-i) = \dfrac{\pi}{4}$;

(5) $\left|\dfrac{z-1}{z+1}\right| = 2$; (6) $|z+i| = |z-i|$.

9. 满足下列条件的 z 组成什么样的点集？如果是区域，那么它是单连通域还是多连通域？

(1) $|z-i| \leqslant |2+i|$; (2) $|z-2| - |z+2| > 1$;

(3) $0 < \arg(z-1) < \dfrac{\pi}{4}$，且 $2 < \operatorname{Re} z < 3$; (4) $|z| < 1$，且 $\operatorname{Re} z > \dfrac{1}{2}$;

(5) $|z-2| + |z+2| > 5$;

(6) $\left|\dfrac{z-a}{1-\bar{a}z}\right|$ 分别小于 1，大于 1，等于 1，$|a| < 1$.

10. 判别下列命题的真伪：

(1) 若 z 为纯虚数，则 $z \neq \bar{z}$;

(2) $i \leqslant 2i$;

(3) 零的辐角为 0;

(4) 仅存在一个复数 z，使 $\dfrac{1}{z} = -z$;

(5) $\dfrac{1}{i}\bar{z} = \overline{iz}$;

(6) $\text{Arg}\dfrac{1}{z} = \text{Arg } z$;

(7) $z\bar{z}=1$ 表示单位圆周;

(8) 由圆周的内部和外部及圆周上一点组成的点集是一个区域.

11. 设 $z = x + iy$,, 求 $\dfrac{1}{z}$ 和 $\dfrac{z-1}{z+1}$ 的实部及虚部.

12. 在映射 $w = z^2$ 下, z 平面上的下列曲线各映射成 w 平面上的什么曲线?

(1) $z = re^{i\theta}$, $0<r<2$, $\theta = \dfrac{\pi}{4}$;

(2) $\text{Re } z = C_1$ (C_1 为实常数);

(3) $\text{Im } z = C_2$ (C_2 为实常数);

(4) 双曲线 $xy = a$ (a 为实常数).

13. 设 $f(z) = \dfrac{1}{2i}\left(\dfrac{z}{\bar{z}} - \dfrac{\bar{z}}{z}\right)$ $(z \neq 0)$, 证明 $f(z)$ 在原点无极限.

14. 证有理分式函数
$$f(z) = \dfrac{a_0 z^n + a_1 z^{n-1} + \cdots + a_n}{b_0 z^m + b_1 z^{m-1} + \cdots + b_m}, (a_0 \neq 0, \ b_0 \neq 0)$$
在 z 平面上除去分母等于零的点外都连续.

第二章 解析函数

解析函数是复变函数中的实、虚部具有特殊关系的一类函数,它具有许多很好的性质,是我们研究的主要对象.本章先介绍解析函数的一个充要条件,然后考察一些初等函数的解析性.

§2.1 解析函数的概念与柯西-黎曼条件

定义 2.1 给定在区域 D 有定义的复变函数 $w = f(z)$,取 D 中一点 z,任意取定 $\Delta z \neq 0$,且使 $z + \Delta z \in D$,得
$$\Delta f = \Delta w = f(z + \Delta z) - f(z),$$
若极限
$$\lim_{\Delta z \to 0} \frac{\Delta w}{\Delta z} = \lim_{\Delta z \to 0} \frac{f(z + \Delta z) - f(z)}{\Delta z}$$
为一个有限复数,则称此极限为函数 $f(z)$ 在点 z 的**导数**,记为 $f'(z)$. 即
$$\lim_{\Delta z \to 0} \frac{f(z + \Delta z) - f(z)}{\Delta z} = f'(z). \tag{2-1}$$
用不等式描述,式(2-1)便是:任意给定 $\varepsilon > 0$,存在 $\delta > 0$,使得当 $0 < |\Delta z| < \delta$ 且 $z, z + \Delta z \in D$ 时,恒有 $\left| \frac{\Delta w}{\Delta z} - f'(z) \right| < \varepsilon$,这时称函数 $f(z)$ 在点 z 可导.

这是一个构造性定义,它不但定义了导数而且构造出求导数的方法.定义中的"任意取定 $\Delta z \neq 0$ 且 $z + \Delta z \in D$"和"$\Delta z \to 0$"起着关键性的作用,由 $\Delta z \neq 0$,$z + \Delta z \in D$ 获得了比值 $\frac{\Delta w}{\Delta z}$;再由 $\Delta z \to 0$(因 Δz

33

是任意取定的，故$\Delta z \to 0$的方式也是任意的)，求比$\dfrac{\Delta w}{\Delta z}$的极限(而非极限的比). Δz的这两大作用便完成了建立导数任务. 导数建立后，它便消失了. 我们不能只是有一种Δz好象存在过而现在已经不存在了这样一种印象，而应深深地缅怀它在建立导数的过程中的功勋，才有益于今后对解析函数的研究.

若令$\zeta = z + \Delta z$，则式(2-1)又可写成

$$\lim_{\zeta \to z} \frac{f(\zeta) - f(z)}{\zeta - z} = f'(z). \tag{2-2}$$

如果$f(z)$在区域D内每点都可导，那么便称$f(z)$在区域D可导.

设函数$w = f(z)$在点z可导，

$$\lim_{\Delta z \to 0} \frac{\Delta w}{\Delta z} = f'(z),$$

于是，$\dfrac{\Delta w}{\Delta z} = f'(z) + \eta$，其中$\lim\limits_{\Delta z \to 0} \eta = 0$，即

$$\Delta w = f'(z) \Delta z + \varepsilon,$$

其中$|\varepsilon| = |\eta \cdot \Delta z|$为比$|\Delta z|$高阶的无穷小. 称$f'(z)\Delta z$为$w = f(z)$在点$z$的**微分**，记为$dw$或$df(z)$，即

$$dw = f'(z) \Delta z. \tag{2-3}$$

此时也称函数$f(z)$在z**可微**.

特别当$f(z) = z$时，得到$dz = \Delta z$，于是(2-3)变为

$$dw = f'(z) dz,$$

即

$$f'(z) = \frac{dw}{dz}.$$

可见：$f(z)$在z可导与$f(z)$在z可微是等价的.

显然，在区域D上恒为常数的函数在D内每点的导数都为0.

例 2.1 设$f(z) = z^n$(n为自然数)，则

$$f'(z) = \lim_{\Delta z \to 0} \frac{(z+\Delta z)^n - z^n}{\Delta z}$$
$$= \lim_{\Delta z \to 0}[C_n^1 z^{n-1} + C_n^2 z^{n-2}\Delta z + \cdots + C_n^n (\Delta z)^n]$$
$$= C_n^1 z^{n-1} = n z^{n-1}.$$

于是，$f(z) = z^n$ 在 z 平面上可导.

例 2.2 证明函数 $f(z) = \mathrm{Re}\, z$ 在 z 平面每点都不可导.

证 对 z 平面上任一点 $z = x + \mathrm{i}y$ 有
$$\frac{\Delta f}{\Delta z} = \frac{\mathrm{Re}(z+\Delta z) - \mathrm{Re}\, z}{\Delta z} = \frac{\Delta x}{\Delta x + \mathrm{i}\Delta y},$$

当 Δz 取实数值趋于 0(即 $z + \Delta z$ 沿平行于实轴的方向趋向 z)时，$\frac{\Delta f}{\Delta z} \to 1$；当 Δz 取纯虚数趋向 0(即 $z + \Delta z$ 沿平行于虚轴的方向趋向 z)时，$\frac{\Delta f}{\Delta z} \to 0$，这表明极限

$$\lim_{\Delta z \to 0} \frac{\Delta f}{\Delta z}$$

不存在，即 $\mathrm{Re}\, z$ 在点 z 不可导，由 z 的任意性，知 $\mathrm{Re}\, z$ 在 z 平面上每点不可导. 显然 $\mathrm{Re}\, z$ 在 z 平面每点都连续. 在复变函数中，处处连续处处不可微的函数几乎随手可得，而在实变函数中，要构造这样一个函数，是不容易办到的.

定理 2.1 若函数 $f(z)$ 在点 z 可导，则 $f(z)$ 在点 z 连续.

证 由于
$$f(\zeta) - f(z) = \frac{f(\zeta) - f(z)}{\zeta - z}(\zeta - z),$$

于是
$$\lim_{\zeta \to z}[f(\zeta) - f(z)] = f'(z) \cdot 0 = 0,$$

即

$$\lim_{\zeta \to z} f(\zeta) = f(z).$$

由例 2.2, 知该定理的逆定理不成立.

定理 2.2 设 $f(z) = u(x, y) + \mathrm{i}v(x, y)$ 是定义在区域 D 上的函数, 那么 $f(z)$ 在 D 内一点 $z = x + \mathrm{i}y$ 可微的充要条件是: 在点 (x, y), u 及 v 皆可微, 并且满足条件

$$\begin{cases} \dfrac{\partial u}{\partial x} = \dfrac{\partial v}{\partial y}; \\ \dfrac{\partial u}{\partial y} = -\dfrac{\partial v}{\partial x}, \end{cases} \tag{2-4}$$

其中, $u = u(x, y)$, $v = v(x, y)$.

证 先证必要性. 记 $\Delta z = \Delta x + \mathrm{i}\Delta y$, $\Delta f = \Delta u + \mathrm{i}\Delta v$, $f'(z) = a + \mathrm{i}b$, 因 $f(z)$ 在 $z \in D$ 可微, 故

$$\begin{aligned}\Delta f &= \Delta u + \mathrm{i}\Delta v = f'(z)\Delta z + \alpha \Delta z \\ &= (a + \mathrm{i}b)(\Delta x + \mathrm{i}\Delta y) + \alpha \Delta z \\ &= (a\Delta x - b\Delta y) + \mathrm{i}(b\Delta x + a\Delta y) + \alpha \Delta z,\end{aligned}$$

其中 $\lim\limits_{\Delta z \to 0} \alpha \to 0$, 比较上式的实部与虚部可得

$$\Delta u = a\Delta x - b\Delta y + \mathrm{Re}(\alpha \Delta z),$$
$$\Delta v = b\Delta x + a\Delta y + \mathrm{Im}(\alpha \Delta z).$$

因 $\mathrm{Re}(\alpha \Delta z)$ 及 $\mathrm{Im}(\alpha \Delta z)$ 都是关于 $|\Delta z| = \sqrt{\Delta x^2 + \Delta y^2}$ 的高阶无穷小, 故 $u(x, y)$, $v(x, y)$ 在点 (x, y) 皆可微, 并且有

$$\frac{\partial u}{\partial x} = a = \frac{\partial v}{\partial y}, \quad \frac{\partial u}{\partial y} = -b = -\frac{\partial v}{\partial x}.$$

再证充分性. 因 $u(x, y)$ 及 $v(x, y)$ 在 (x, y) 皆可微, 故有

$$\Delta u = \frac{\partial u}{\partial x}\Delta x + \frac{\partial u}{\partial y}\Delta y + \alpha_1,$$
$$\Delta v = \frac{\partial v}{\partial x}\Delta x + \frac{\partial v}{\partial y}\Delta y + \alpha_2.$$

其中，$\lim\limits_{\rho \to 0} \dfrac{\alpha_1}{\rho} = 0$，$\lim\limits_{\rho \to 0} \dfrac{\alpha_2}{\rho} = 0 (\rho = \sqrt{\Delta x^2 + \Delta y^2})$，记 $a = \dfrac{\partial u}{\partial x}$，$b = \dfrac{\partial v}{\partial x}$，据式(2-4)有

$$\Delta f = \Delta u + \mathrm{i}\Delta v$$
$$= (a\Delta x - b\Delta y) + \mathrm{i}(b\Delta x + a\Delta y) + \alpha_1 + \mathrm{i}\alpha_2$$
$$= (a + \mathrm{i}b)(\Delta x + \mathrm{i}\Delta y) + \alpha_1 + \mathrm{i}\alpha_2.$$

两端同除以 Δz，得

$$\frac{\Delta f}{\Delta z} = a + \mathrm{i}b + \frac{\alpha_1 + \mathrm{i}\alpha_2}{\Delta z}.$$

因

$$\left| \frac{\alpha_1 + \mathrm{i}\alpha_2}{\Delta z} \right| = \frac{|\alpha_1|}{\sqrt{\Delta x^2 + \Delta y^2}} + \frac{|\alpha_2|}{\sqrt{\Delta x^2 + \Delta y^2}},$$

故

$$\lim_{\Delta z \to 0} \frac{\alpha_1 + \mathrm{i}\alpha_2}{\Delta z} = 0.$$

从而有

$$\lim_{\Delta z \to 0} \frac{\Delta f}{\Delta z} = a + \mathrm{i}b.$$

故 $f(z)$ 在点 $z = x + \mathrm{i}y$ 可微.

式(2-4)称为**柯西-黎曼**(Cauchy-Riemann)**条件**，简称为 C-R 条件. 它反映了可微函数的实部与虚部有着特别的联系.

从定理 2.2 的证明中看出：在 $f(z)$ 可微时，有

$$f'(z) = \frac{\partial u}{\partial x} + \mathrm{i}\frac{\partial v}{\partial x} = \frac{\partial v}{\partial y} - \mathrm{i}\frac{\partial u}{\partial y}$$
$$= \frac{\partial u}{\partial x} - \mathrm{i}\frac{\partial u}{\partial y} = \frac{\partial v}{\partial y} + \mathrm{i}\frac{\partial v}{\partial x}. \tag{2-5}$$

由定理 2.2 还可断定，$u(x, y)$，$v(x, y)$ 至少有一个不可微，或 $u(x, y)$，$v(x, y)$ 不满足 C-R 条件时，$f(z) = u(x, y) + \mathrm{i}v(x, y)$ 必不可微. 前边已证明研究复变函数的极限与连续性，等价于研究两个实二元函

数(函数的实部与虚部)的极限与连续性,但研究函数 $f(z)$ 的可微性,并不等价于研究实二元函数 $\mathrm{Re}\,f(z)$ 与 $\mathrm{Im}\,f(z)$ 的可微性,因此可微函数的概念,在复变函数的研究中,起着分水岭的作用.

还需注意:"$u(x,y)$, $v(x,y)$ 可微"和"$u(x,y)$, $v(x,y)$ 满足 C-R 条件"二者是相互独立的,这可从下边的一些例子看出.

例 2.3 $f(z)=\bar{z}=x-\mathrm{i}y$,虽 $u=x, v=-y$ 处处可微,但由于

$$\frac{\partial u}{\partial x}=1,\quad \frac{\partial v}{\partial y}=-1,\quad \frac{\partial u}{\partial y}=0,\quad \frac{\partial v}{\partial x}=0,$$

于是 u,v 处处不满足 C-R 条件,故 $f(z)=\bar{z}$ 处处不可微.

例 2.4 设 $f(z)=z\,\mathrm{Re}\,z=x^2+\mathrm{i}xy$,$u=x^2, v=xy$ 处处可微,但由于

$$\frac{\partial u}{\partial x}=2x,\quad \frac{\partial u}{\partial y}=0,\quad \frac{\partial v}{\partial x}=y,\quad \frac{\partial v}{\partial y}=x,$$

于是 u,v 仅在点 $(0,0)$ 满足 C-R 条件,故 $f(z)=z\,\mathrm{Re}\,z$ 仅在点 $z=0$ 可微.

例 2.5 设 $f(z)=\sqrt{|\mathrm{Im}\,z^2|}=\sqrt{|2xy|}$,证明 $u=\sqrt{|2xy|}$,$v=0$ 在点 $(0,0)$ 满足 C-R 条件. 但在 $z=0$,$f(z)$ 不可微.

证 在点 $(0,0)$,有

$$\frac{\partial u}{\partial x}=\lim_{\Delta x\to 0}\frac{u(\Delta x,0)-u(0,0)}{\Delta x}=0,$$

$$\frac{\partial u}{\partial y}=\lim_{\Delta y\to 0}\frac{u(0,\Delta y)-u(0,0)}{\Delta y}=0,$$

$$\frac{\partial v}{\partial x}=\frac{\partial v}{\partial y}=0,$$

这说明 u,v 在点 $(0,0)$ 满足 C-R 条件. 但在 $z=0$,有

$$\frac{\Delta f}{\Delta z}=\frac{f(\Delta z)-f(0)}{\Delta z}=\frac{\sqrt{|2\Delta x\Delta y|}}{\Delta x+\mathrm{i}\Delta y},$$

从而

$$\lim_{\substack{\Delta x\to 0\\ \Delta x=\Delta y}}\frac{\Delta f}{\Delta z}=\frac{\sqrt{2}}{1+\mathrm{i}},\quad \lim_{\substack{\Delta x\to 0\\ \Delta y=0}}\frac{\Delta f}{\Delta z}=0.$$

这说明在点 $z=0$,$f(z)=\sqrt{|\mathrm{Im}\,z^2|}$ 不可导. 实际上,容易证明,函数

$u(x, y)$ 在 $(0, 0)$ 点不可微.

定义 2.2 若函数 $f(z)$ 在点 z_0 的某一个邻域内可微, 则称 $f(z)$ **在点 z_0 解析**; 若函数 $f(z)$ 在区域 D 的每点都解析, 则称 $f(z)$ **在区域 D 解析**.

由于区域的每点都是内点, 于是函数在区域内解析与函数在区域内可微是等价的.

设 $\overline{D}$ 为闭区域, 若存在区域 $G \supseteq \overline{D}$, 使函数 $f(z)$ 在 G 解析, 则称 $f(z)$ **在 $\overline{D}$ 解析**.

函数 $f(z)$ 在点 z_0 解析, 它必在 z_0 可微; 但函数在点 z_0 可微时, 它在点 z_0 却未必解析. 如 $f(z) = z \operatorname{Re} z$ 仅在点 $z = 0$ 可微, 故它在点 $z = 0$ 不解析. 这样虽不能说 $f(z) = z \operatorname{Re} z$ 处处不可微, 却可以说它处处不解析.

如果在区域 D 内, 除了可能有某些例外点外, 函数 $f(z)$ 在 D 内各点解析, 则称这些例外点为 $f(z)$ 的**奇点**.

例如点 $z = 0$ 是函数 $\dfrac{1}{z}$ 的奇点; 又如 $z = \mathrm{i}, z = -\mathrm{i}$ 都是函数 $\dfrac{1}{1+z^2}$ 的奇点.

由定义 2.1, 容易证明: 若函数 $f(z), g(z)$ 皆在点 z 可微, 则 $f(z) \pm g(z), f(z) \cdot g(z)$ 和 $\dfrac{f(z)}{g(z)} (g(z) \neq 0)$ 也在 z 可微, 且

$$[f(z) \pm g(z)]' = f'(z) \pm g'(z), \tag{2-6}$$

$$[f(z) \cdot g(z)]' = f'(z)g(z) + f(z)g'(z), \tag{2-7}$$

$$\left[\frac{f(z)}{g(z)}\right]' = \frac{f'(z)g(z) - f(z)g'(z)}{g^2(z)}, \tag{2-8}$$

由此可得

定理 2.3 若函数 $f(z), g(z)$ 皆在区域 D 解析, 则 $f(z) \pm g(z)$, $f(z) \cdot g(z)$, $\dfrac{f(z)}{g(z)} (g(z) \neq 0)$ 皆在区域 D 内解析.

还易证明下边的定理.

定理 2.4 设 $\zeta = f(z)$ 在 z 平面上的区域 D 内解析，$w = F(\zeta)$ 在 ζ 平面上的区域 D_1 解析，且 $z \in D$ 时，$\zeta = f(z) \in D_1$，则 $w = F[f(z)]$ 在 D 内也解析，且

$$\frac{dF[f(z)]}{dz} = \frac{dF(\zeta)}{d\zeta} \cdot \frac{d\zeta}{dz}. \tag{2-9}$$

由定理 2.2 即可推出

定理 2.5 函数 $f(z) = u(x,y) + \mathrm{i}v(x,y)$ 在区域 D 解析的充要条件是：$u(x,y)$ 与 $v(x,y)$ 在区域 D 内皆可微且满足 C-R 条件.

例 2.6 设函数 $f(z) = u(x,y) + \mathrm{i}v(x,y)$ 在区域 D 解析，证明若对 D 内任意一点 z，都有 $f'(z) = 0$，则 $f(z)$ 在 D 内必为常数.

证 对 D 内任意一点 $z = x + \mathrm{i}y$，有

$$f'(z) = \frac{\partial u}{\partial x} + \mathrm{i}\frac{\partial v}{\partial x} = \frac{\partial v}{\partial y} - \mathrm{i}\frac{\partial u}{\partial y} = 0,$$

从而

$$\frac{\partial u}{\partial x} = \frac{\partial v}{\partial y} = \frac{\partial v}{\partial x} = \frac{\partial u}{\partial y} = 0.$$

下面证明 u, v 均为常数.

设 $z_0 = x_0 + \mathrm{i}y_0$ 是 D 内一定点，$z = x + \mathrm{i}y = x_0 + \Delta x + \mathrm{i}(y_0 + \Delta y)$ 是 D 内任意一点，并且这两点能用全部位于 D 内的直线段 $z_0 z$ 来连接，若令

$$x = x_0 + t\Delta x, \quad y = y_0 + t\Delta y \quad (0 \leqslant t \leqslant 1),$$

则有

$$F(t) = u(x_0 + t\Delta x, \ y_0 + t\Delta y),$$
$$F'(t) = u'_x(x_0 + t\Delta x, \ y_0 + t\Delta y)\Delta x + u'_y(x_0 + t\Delta x, \ y_0 + t\Delta y)\Delta y$$

因 $\dfrac{dx}{dt} = \Delta x$，$\dfrac{dy}{dt} = \Delta y$，由微分中值定理

$$F(1) - F(0) = F'(\theta) \quad (0 < \theta < 1).$$

于是

$$\Delta u = F(1) - F(0) = u(x_0 + \Delta x, y_0 + \Delta y) - u(x_0, y_0)$$
$$= u'_x(x_0 + \theta\Delta x, y_0 + \theta\Delta y)\Delta x + u'_y(x_0 + \theta\Delta x, y_0 + \theta\Delta y)\Delta y$$
$$= 0, \quad (0 < \theta < 1).$$

即 $u(x, y) = u(x_0, y_0) = C_1$(常数),

同理, $v(x, y) = C_2$(常数).

若连接 z_0, z 的直线段不全在 D 内,由区域的连通性,可用全部在 D 内的折线将 z_0 与 z 连接.若 $z_1 = x_1 + iy_1$ 是折线上 z_0 后面的一个顶点,则在上边 Δu 的表达式中,令

$$x_1 = x_0 + \Delta x, \quad y_1 = y_0 + \Delta y$$

立即得出 $u(x_1, y_1) = u(x_0, y_0)$. 如此逐步计算,由一顶点至另一顶点,最后可得

$$u(x, y) = C_1 (常数).$$

同理, $v(x, y) = C_2$(常数).

例 2.7 设函数 $f(z)$ 在区域 D 解析,若 $|f(z)|$ 在 D 内恒为常数,则 $f(z)$ 在 D 内恒为一常数.

证 设 $f(z) = u(x, y) + iv(x, y)$, $x + iy = z \in D$. 由于 $|f(z)| = C$(常数),于是 $u^2 + v^2 = C^2$, 从而

$$u\frac{\partial u}{\partial x} + v\frac{\partial v}{\partial x} = 0, \quad u\frac{\partial u}{\partial y} + v\frac{\partial v}{\partial y} = 0,$$

又 $f(z)$ 在 D 解析,故

$$\frac{\partial u}{\partial x} = \frac{\partial v}{\partial y}, \quad -\frac{\partial v}{\partial x} = \frac{\partial u}{\partial y}.$$

于是得到

$$\begin{cases} u\dfrac{\partial u}{\partial x} + v\dfrac{\partial v}{\partial x} = 0; \\ -u\dfrac{\partial v}{\partial x} + v\dfrac{\partial u}{\partial x} = 0. \end{cases}$$

这是关于 $\dfrac{\partial u}{\partial x}, \dfrac{\partial v}{\partial x}$ 的齐次线性方程组,其系数行列式

$$\begin{vmatrix} u & v \\ v & -u \end{vmatrix} = -(u^2+v^2).$$

若 $u^2+v^2=0$，则 $u=0, v=0$，于是 $f(z)=0$。若 $u^2+v^2 \neq 0$，则上边方程组只有零解，即

$$\frac{\partial u}{\partial x} = \frac{\partial v}{\partial x} = 0,$$

由 C-R 条件，可得 $\frac{\partial v}{\partial y} = \frac{\partial u}{\partial y} = 0$。据例 2.6 知 $f(z)$ 在 D 内恒为一常数。

例 2.8 设函数 $f(z)$ 在区域 D 内解析。证明若 $\overline{f(z)}$ 在 D 解析，则 $f(z)$ 在 D 为一常数。

证 因 $f(z)=u+iv$ 与 $\overline{f(z)}=u-iv$ 在 D 均解析，故有

$$\frac{\partial u}{\partial x} = \frac{\partial v}{\partial y}, \quad -\frac{\partial v}{\partial x} = \frac{\partial u}{\partial y};$$

$$\frac{\partial u}{\partial x} = \frac{\partial (-v)}{\partial y}, \quad -\frac{\partial (-v)}{\partial x} = \frac{\partial u}{\partial y}.$$

由此得

$$\frac{\partial u}{\partial x} = \frac{\partial v}{\partial y} = \frac{\partial v}{\partial x} = \frac{\partial u}{\partial y} = 0,$$

从而可知，$u = C_1$(常数)，$v = C_2$(常数)，于是

$$f(z) = u+iv = C_1+iC_2 = C, \quad z \in D.$$

例 2.9 证明：$f(z)$ 在上半平面解析的充要条件是 $\overline{f(\bar z)}$ 于下半平面解析。

证 必要性。设 $F(z) = \overline{f(\bar z)}$，在下半平面内任取一点 z_0，而 z 是下半平面内异于点 z_0 的点。因

$$\lim_{z \to z_0} \frac{F(z)-F(z_0)}{z-z_0} = \lim_{z \to z_0} \frac{\overline{f(\bar z)} - \overline{f(\bar z_0)}}{z-z_0}$$

$$= \lim_{z \to z_0} \overline{\frac{f(\bar z)-f(\bar z_0)}{z-z_0}},$$

而 $\bar{z}_0, \bar{z}$ 在上半平面内,故 $F'(z_0) = \overline{f'(\bar{z}_0)}$. 从而 $F(z)$ 在下半平面解析.

充分性. 已知 $\overline{f(\bar{z})}$ 在下半平面内解析,由已证得的结果,知 $\overline{\overline{f(\bar{\bar{z}})}} = f(z)$ 在上半平面解析.

例 2.8 说明当 $f(z)$ 与 $\overline{f(z)}$ 都在区域 D 解析时,$f(z)$ 在 D 必恒为一常数. 从而断定:当 $f(z)$ 在 D 不为常数时,$f(z)$ 与 $\overline{f(z)}$ 不能同时在 D 解析. 例 2.9 说明当 $f(z)$ 解析时,不管 $f(z)$ 是否为常数,$\overline{f(\bar{z})}$ 必解析,反之亦然. 据此还可推出,当 $f(\bar{z})$ 解析时,$\overline{f(\bar{\bar{z}})} = \overline{f(z)}$ 必解析,反之亦然.

§2.2 初等函数

2.2.1 指数函数

对于复变数 $z = x + iy$,定义指数函数为
$$w = e^z = e^{x+iy} = e^x(\cos y + i\sin y). \tag{2-10}$$
在式(2-10)中,令 $x = 0$,便得欧拉公式
$$e^{iy} = \cos y + i\sin y.$$
指数函数具有如下性质:

(1) 对任何复数 z,$e^z \neq 0$,其实,由式(2-10)知 $|e^z| = e^x > 0$.

(2) z 为任何实数 x 时,$w = e^z = e^x$. 其实,在式(2-10)中令 $y=0$,便得 $e^z = e^x$.

(3) $e^{-z} = \dfrac{1}{e^z}$. 其实

$$\begin{aligned} e^{-z} &= e^{-x-iy} = e^{-x}[\cos(-y) + i\sin(-y)] \\ &= \frac{1}{e^x}(\cos y - i\sin y) \\ &= \frac{1}{e^x}\frac{1}{\cos y + i\sin y} = \frac{1}{e^z}. \end{aligned}$$

(4) 对任何复数 z_1 及 z_2,有
$$e^{z_1} \cdot e^{z_2} = e^{z_1+z_2}. \tag{2-11}$$

其实,记 $z_1 = x_1 + iy_1$, $z_2 = x_2 + iy_2$,则
$$\begin{aligned}
e^{z_1} \cdot e^{z_2} &= e^{x_1+iy_1} \cdot e^{x_2+iy_2} \\
&= e^{x_1}(\cos y_1 + i\sin y_1) \cdot e^{x_2}(\cos y_2 + i\sin y_2) \\
&= e^{x_1+x_2}[\cos(y_1+y_2) + i\sin(y_1+y_2)] \\
&= e^{z_1+z_2}.
\end{aligned}$$

(5) 对任何复数 z_1 及 z_2,有
$$\frac{e^{z_1}}{e^{z_2}} = e^{z_1} \cdot e^{-z_2} = e^{z_1-z_2}. \tag{2-12}$$

(6) 对任何复数 z, $e^{z+\gamma} = e^z$ 的充要条件是:$\gamma = 2k\pi i$,其中 k 为任一个整数。其实,若 $e^{z+\gamma} = e^z$,则 $e^\gamma = 1$,令 $\gamma = \alpha + i\beta$,有
$$e^\alpha(\cos\beta + i\sin\beta) = 1.$$

于是 $e^\alpha = 1$, $\beta = 2k\pi$ (k 为任一整数),从而,$\alpha = 0, \beta = 2k\pi$。又若令 $z = x + iy$,则对任一整数 k,有
$$\begin{aligned}
e^{z+2k\pi i} &= e^{x+i(y+2k\pi)} \\
&= e^x[\cos(y+2k\pi) + i\sin(y+2k\pi)] \\
&= e^x[\cos y + i\sin y] \\
&= e^z.
\end{aligned}$$

即
$$e^{z+2k\pi i} = e^z. \tag{2-13}$$

(7) $w = e^z$ 在整个 z 平面上解析,且有
$$(e^z)' = e^z. \tag{2-14}$$

其实,设 $z = x + iy$ 是 z 平面上任意一点,记 $e^z = u + iv$,则有
$$u = e^x \cos y, \quad v = e^x \sin y.$$

u, v 在点 (x, y) 满足 C-R 条件：
$$\frac{\partial u}{\partial x} = e^x \cos y = \frac{\partial v}{\partial y}, \quad \frac{\partial u}{\partial y} = -e^x \sin y = -\frac{\partial v}{\partial x}.$$

又 u, v 的一阶偏导数在点 (x, y) 都连续，故 u, v 在点 (x, y) 都可微，即 e^z 在点 $z = x + iy$ 可微。由 z 的任意性，知 e^z 在 z 平面上可微，从而在 z 平面上解析。又在点 $z = x + iy$，有
$$(e^z)' = \frac{\partial u}{\partial x} + i\frac{\partial v}{\partial x} = e^x(\cos y + i \sin y) = e^z.$$

由于 $w = e^z$ 有周期 $2k\pi i$，于是可研究 z 在 $0 < \text{Im} z < 2\pi$ 的带形域 B 中变化时，$w = e^z$ 的映射性质。设 $u = \text{Re} w$，$v = \text{Im} w$，则当 z 从左向右描出一条直线 L：$\text{Im} z = y_0$ 时，$w = e^{x+iy_0}$，于是 $|w|$ 从 0(不包括 0)增加到 $+\infty$，而 $\text{Arg} w = y_0$ 保持不变。因此 w 描出射线 L_1：$\text{Arg} w = y_0$(不包括 $w = 0$)。这样 L 与 L_1 上的点成一一对应。让 y_0 从 0(不包括 0)增加到 2π(不包括 2π)，那么直线 L 扫过 B(图2-1a)，而相应的射线 L_1 按逆时针方向从 w 平面的正实轴(不包括正实轴)变到正实轴(不包括正实轴)(图2-1b)，由此可见，$w = e^z$ 把带形域 B 映射到 w 平面上除去原点和正实轴的区域。

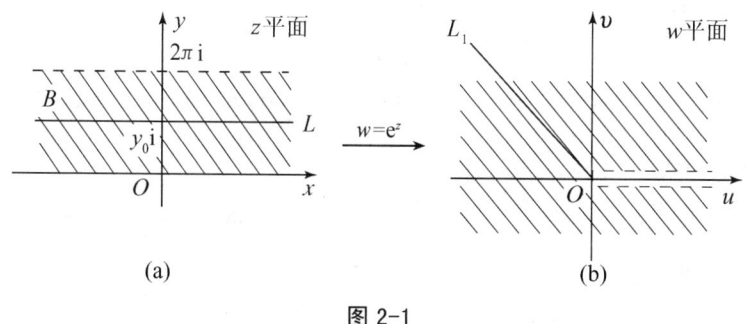

图 2-1

用同样的方法可知，函数 $w = e^z$ 把带形域 B_α：$\alpha < \text{Im} z < \alpha + 2\pi$ (α 是任意实数)映射成 w 平面上去掉原点和射线 $\arg w = \alpha$ 的区域。

2.2.2 三角函数

对任何复数 z，我们定义**正弦，余弦**函数如下：

$$\sin z = \frac{1}{2i}(e^{iz} - e^{-iz}) , \tag{2-15}$$

$$\cos z = \frac{1}{2}(e^{iz} + e^{-iz}) . \tag{2-16}$$

正弦、余弦函数具有如下性质.

(1) 对任何复数 z，欧拉公式成立：

$$e^{iz} = \cos z + i \sin z . \tag{2-17}$$

其实，$\cos z + i \sin z = \frac{1}{2}(e^{iz} + e^{iz}) = e^{iz}$.

(2) $\sin z$、$\cos z$ 都是周期函数，周期为 2π. 其实，e^{iz}，e^{-iz} 都有周期 $2\pi i$.

(3) $\sin z$ 是奇函数，$\cos z$ 是偶函数. 其实，由式(2-15)及式(2-16)知，

$$\sin(-z) = -\sin z, \quad \cos(-z) = \cos z .$$

(4) $$\cos(z_1 + z_2) = \cos z_1 \cos z_2 - \sin z_1 \sin z_2, \tag{2-18}$$

$$\sin(z_1 + z_2) = \sin z_1 \cos z_2 - \cos z_1 \sin z_2 . \tag{2-19}$$

其实

$$\cos(z_1 + z_2) + i \sin(z_1 + z_2) = e^{i(z_1 + z_2)}$$
$$= e^{iz_1} \cdot e^{iz_2} = (\cos z_1 + i \sin z_1)(\cos z_2 + i \sin z_2)$$
$$= (\cos z_1 \cos z_2 - \sin z_1 \sin z_2) + i(\sin z_1 \cos z_2 + \cos z_1 \sin z_2).$$

由例 1.14 知式(2.18)与式(2.19)均真.

(5) $\cos^2 z + \sin^2 z = 1$. 其实，由 $\cos(z-z) = \cos z \cos(-z) - \sin z \sin(-z)$，即

$$\cos^2 z + \sin^2 z = \cos 0 = 1. \tag{2-20}$$

(6) 当且仅当 $z = k\pi$ 时，$\sin z = 0$；当且仅当 $z = \frac{\pi}{2} + k\pi$ 时，$\cos z = 0$，其中 k 是任意整数. 其实，

$$\sin z = 0 \Leftrightarrow e^{iz} = e^{-iz} \Leftrightarrow iz = -iz + 2k\pi i \Leftrightarrow z = k\pi.$$

对余弦函数,可以同样证明.

(7) $\sin z$,$\cos z$ 都在 z 平面上解析.并且有

$$(\sin z)' = \cos z, \qquad (2\text{-}21)$$

$$(\cos z)' = -\sin z, \qquad (2\text{-}22)$$

其中 z 是 z 平面上任一点. 其实,

$$(\sin z)' = \frac{1}{2i}(e^{iz} - e^{-iz})' = \frac{1}{2i}(ie^{iz} + ie^{-iz})$$

$$= \frac{1}{2}(e^{iz} + e^{-iz}) = \cos z,$$

对余弦函数,可同样证明.

(8) 在复数域内不能再断言 $|\sin z| \leqslant 1$,$|\cos z| \leqslant 1$. 例如 取 $z = iy$ ($y>0$),则

$$\cos(iy) = \frac{e^{i(iy)} + e^{-i(iy)}}{2} = \frac{e^{-y} + e^{y}}{2} > \frac{e^{y}}{2}.$$

只要 y 充分大,$\cos iy$ 就可大于任一预先给定的正数.

用 $\sin z$,$\cos z$ 可定义其它三角函数:

$$\tan z = \frac{\sin z}{\cos z}, \quad \cot z = \frac{\cos z}{\sin z},$$

$$\sec z = \frac{1}{\cos z}, \quad \csc z = \frac{1}{\sin z},$$

分别称为**正切**、**余切**、**正割**及**余割**函数. 这四个函数都在 z 平面上使分母不为零的点处解析,且

$$(\tan z)' = \sec^2 z, \quad (\cot z)' = -\csc^2 z,$$

$$(\sec z)' = \sec z \tan z, \quad (\csc z)' = -\csc z \cot z.$$

正切、余切的周期为 π,正割、余割的周期为 2π.

通常称

$$\sinh z = -i \sin iz = \frac{-i}{2i}(e^{i(iz)} - e^{-i(iz)}) = \frac{1}{2}(e^z - e^{-z}), \qquad (2\text{-}23)$$

$$\cosh z = \cos(\mathrm{i}z) = \frac{1}{2}(\mathrm{e}^z + \mathrm{e}^{-z}), \tag{2-24}$$

$$\tanh z = \frac{\sinh z}{\cosh z}$$

为**双曲正弦**、**双曲余弦**和**双曲正切**函数，显然有

$$\sinh(-z) = -\sinh z,$$
$$\cosh(-z) = \cosh z,$$
$$\cosh^2 z - \sinh^2 z = 1,$$
$$\sinh(z_1 + z_2) = \sinh z_1 \cosh z_2 + \cosh z_1 \sinh z_2.$$

又设 $z = x + \mathrm{i}y$，则有

$$\sin z = \sinh x \cos y + \mathrm{i} \sinh y \cos x,$$
$$\cos z = \cosh y \cos x - \mathrm{i} \sinh y \sin x.$$

2.2.3 对数函数

若 $z = \mathrm{e}^w (w \neq 0, \infty)$，则称复数 w 为复数 z 的对数，记为 $w = \mathrm{Ln}\, z$。

令 $z = r\mathrm{e}^{\mathrm{i}\theta}$，$w = u + \mathrm{i}v$，则

$$r\mathrm{e}^{\mathrm{i}\theta} = \mathrm{e}^{u+\mathrm{i}v} = \mathrm{e}^u \cdot \mathrm{e}^{\mathrm{i}v},$$

从而

$$r = \mathrm{e}^u, \quad v = \theta + 2k\pi, \quad k = 0, \pm 1, \cdots.$$

故

$$\mathrm{Ln}\, z = \ln r + \mathrm{i}(\theta + 2k\pi), \quad k = 0, \pm 1, \cdots,$$

或

$$\mathrm{Ln}\, z = \ln|z| + \mathrm{i}\mathrm{Arg}\, z = \ln|z| + \mathrm{i}\arg z + 2k\pi \mathrm{i}, \quad k = 0, \pm 1, \cdots.$$

记 $\ln z = \ln|z| + \mathrm{i}\arg z$，其中 $\arg z$ 表示 $\mathrm{Arg}\, z$ 的某个特定值，于是 $\ln z$ 表示 $\mathrm{Ln}\, z$ 的某个特定值。从而 $\mathrm{Ln}\, z$ 又可表为

$$\mathrm{Ln}\, z = \ln z + 2k\pi \mathrm{i}, \quad k = 0, \pm 1, \cdots. \tag{2-25}$$

由此可见，$\mathrm{Ln}\, z$ 是无穷多值函数，其中任意两个相异值之差为 2π 的整数倍。

$$\ln z = \ln |z| + i \arg z \, (-\pi < \arg z \leqslant \pi) \tag{2-26}$$

称为 Lnz 的**主值**.

例 2.10
$$\ln(1+i) = \ln |1+i| + i \arg(1+i)$$
$$= \frac{1}{2}\ln 2 + i\frac{\pi}{4}.$$

如果 z 为负实数 x，那么
$$\mathrm{Ln}z = \ln |x| + i(\pi + 2k\pi), \quad k = 0, \pm 1, \cdots.$$

设二复数 $z_1, z_2 \neq 0, \infty$，则有
$$\mathrm{Ln}(z_1 z_2) = \ln |z_1 z_2| + i\mathrm{Arg}\,(z_1 z_2)$$
$$= \ln |z_1| + \ln |z_2| + i\mathrm{Arg}\,z_1 + i\mathrm{Arg}\,z_2$$
$$= \mathrm{Ln}z_1 + \mathrm{Ln}z_2$$
$$\mathrm{Ln}\frac{z_1}{z_2} = \ln |z_1| - \ln |z_2| + i\mathrm{Arg}\,z_1 - i\mathrm{Arg}\,z_2$$
$$= \mathrm{Ln}\,z_1 - \mathrm{Ln}\,z_2$$

为了分出 $w = \mathrm{Ln}\,z$ 的单值解析分支，应考察 $z = e^w$ 的映射性质及其单叶性区域. 令 $z = re^{i\theta}$，$w = u + iv$，则有 $r = e^u$，$\theta = v$，据此，映射 $z = e^w$ 把直线 $v = v_0$ 映射成自原点出发的射线 $\theta = v_0$，把线段"$u = u_0$ 且 $-\pi < v \leqslant \pi$"映射成圆周 $\varGamma$：$r = e^{u_0}$（图 2-2）.

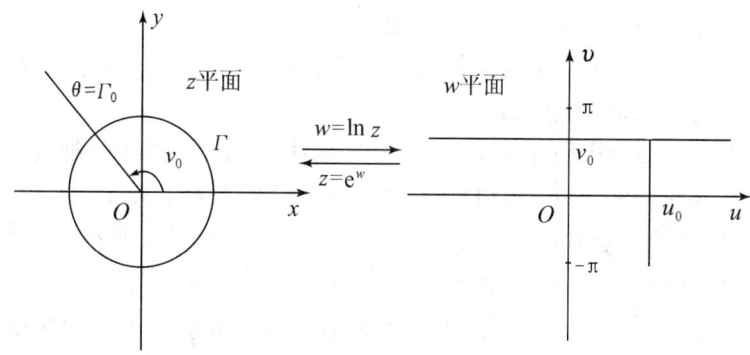

图 2-2

当 w 平面上的动直线从直线 $v=0$ 扫动至直线 $v=v_0$ 时,在映射 $z=e^w$ 下的像在 z 平面上自射线 $\theta=0$ 扫动至 $\theta=v_0$,从而 w 平面上的带形域 $0<v<v_0$ 映射成 z 平面上的角形域 $0<\theta<v_0$.

特别地,$z=e^w$ 把 w 平面上的带形域 $-\pi<v<\pi$,映射成 z 平面上的去掉原点及负实轴的区域.

一般映射 $z=e^w$ 把 w 平面上的宽为 2π 的带形域

$$B_k: \quad (2k-1)\pi<v\leqslant(2k+1)\pi, \quad (k=0,\pm1,\cdots), \tag{2-27}$$

都映射为 z 平面上去掉原点和负实轴的区域 G(图 2-3).

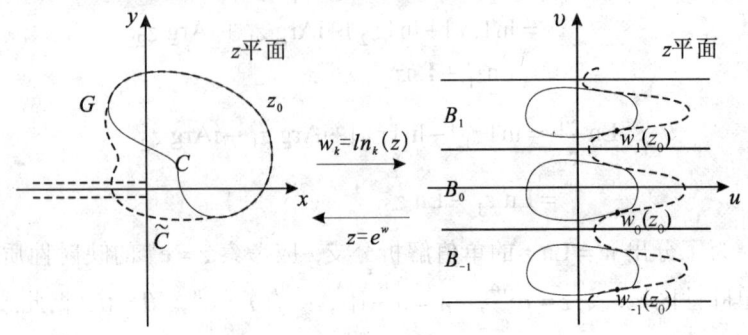

图 2-3

显然,B_k 是 $z=e^w$ 的单叶性区域的一种分法. 式(2-27)的这些带形域互不相交而填满(加上同一端的边界)w 平面.

$w=\operatorname{Ln} z$ 出现多值性的原因是由于 z 取定之后,其辐角并不唯一确定(可相差 2π 的整倍数).

如果在 z 平面上自原点到点 ∞ 引一射线,将 z 平面割破,割破了的 z 平面构成一个以割线为边界的区域,记此区域为 G(也用 G 表示其子域),在 G 内任意取定一点 z_0,并指定 z_0 的一个辐角值,则在 $G`$ 内的每点 z,皆可由 z_0 的辐角依连续变化而唯一确定 z 的辐角.

假定从原点割破负实轴,C 是 G 内任一简单闭曲线,C 不会穿过负实轴,它的内部不包含原点 $z=0$,当变点 z 从 z_0 绕 C 一周后,这时 $\arg z$ 又回到起点的辐角 $\arg z_0$,而 z 的象点:

$$w_k = w_k(z) = \ln|z| + i\arg z + 2k\pi i, \quad k = 0, \pm 1, \cdots$$

画出一条闭曲线 Γ_k(包含在 B_k 内)而回到原来的位置 $w_k(z_0)$(图 2-3).

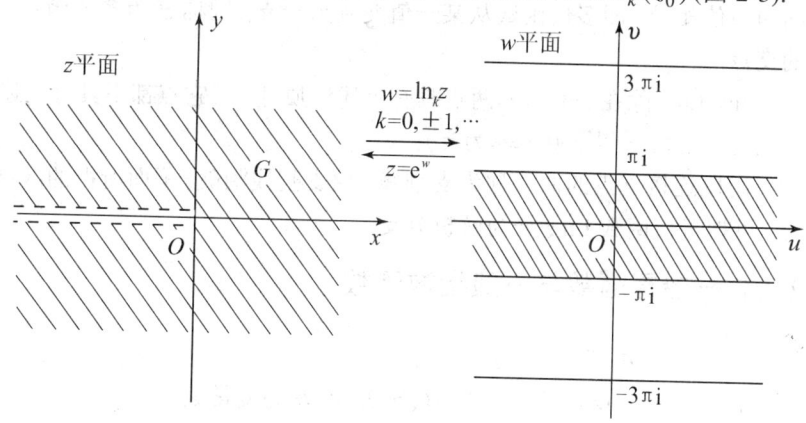

图 2-4

因此,在 G 内可得到 $\text{Ln } z$ 的无穷多个单值连续分支函数

$$w_k = \ln_k z = \ln|z| + i(\arg z + 2k\pi), k = 0, \pm 1, \cdots,$$

取 $k = 0, \pm 1, \pm 2, \ldots$ 中一个确定的 k,则对 G 内任一点 z,有

$$(\ln_k z)' = \lim_{\zeta \to z} \frac{\ln_k \zeta - \ln_k z}{\zeta - z} \quad (w = \ln_k \zeta, w_k = \ln_k z)$$

$$= \lim_{w \to w_k} \frac{w - w_k}{e^w - e^{w_k}} = \lim_{w \to w_k} \frac{1}{\frac{e^w - e^{w_k}}{w - w_k}}$$

$$= \frac{1}{e^{w_k}} = \frac{1}{z}.$$

故 $\text{Ln } z$ 在 G 内可分出无穷多个解析分支.

如不割破 z 平面,则变点 z 可沿一条包含原点在其内部的简单闭曲线 $\tilde{C}$ 变动,设 z_0 是 $\tilde{C}$ 上一点,这时 $\tilde{C}$ 穿过负实轴,于是 z 自 z_0 出发循正(负)方向绕 $\tilde{C}$ 一周后,z_0 的辐角已增(减)了 2π,z 的象点 $w_k = \ln_k z$ 就沿图 2-3 虚线路径从一支到另一支,这样在包含原点的区域内,就不能把

$w = \ln z$ 分成独立的解析分支.

若变点 z 绕定点 z^* 一周回到原位置时,多值函数的函数值与原来的函数值相异,即多值函数从某一值变到另一支,则称 z^* 为多值函数的**支点**.

$w = \text{Ln } z$ 除在 $z=0, z=\infty$ 两点具有上述性质外,其它点都不具有上述性质,因此 $\text{Ln } z$ 以 $z=0, z=\infty$ 为支点.

用以连接支点的曲线称为支割线,用支割线割破 z 平面所得的区域内,可把多值函数 $\text{Ln } z$ 分为解析分支.

2.2.4 一般幂函数与一般指数函数

1. 一般幂函数

$$w = z^\alpha = e^{\alpha \text{Ln } z} \quad (z \neq 0, \infty), \alpha \text{ 为复常数},$$

称为 z 的**一般幂函数**.

当 α 为整数时,

$$w = z^\alpha = e^{\alpha(\ln z + 2k\pi i)} \quad (\alpha, k \text{ 为整数})$$

是单值函数.

当 α 为有理数 $\dfrac{m}{n}$ (既约分数)时,

$$w = z^\alpha = e^{\frac{m}{n}\ln|z| + i\frac{m}{n}(\arg z + 2k\pi)}$$
$$= \sqrt[n]{|z|^m}[\cos\frac{m(\arg z + 2k\pi)}{n} + i\sin\frac{m(\arg z + 2k\pi)}{n}],$$
$$(k = 0, 1, 2, \cdots, n-1),$$

是 n 值函数.

当 α 为无理数或虚数时

$$w = z^\alpha = e^{\alpha(\ln|z| + i\arg z + 2k\pi i)}, k = 0, \pm 1, \cdots,$$

对任意两相异整数 k_1, k_2,必有

$$e^{2\alpha k_1 \pi i} \neq e^{2\alpha k_2 \pi i}.$$

因若 $e^{2\alpha k_1 \pi i} = e^{2\alpha k_2 \pi i}$,则有

$$2k_1\alpha\pi\mathrm{i} = 2k_2\alpha\pi\mathrm{i} + 2k\pi\mathrm{i} \quad (k \text{ 为整数}),$$

从而

$$\alpha = \frac{k}{k_1 - k_2}$$

为有理数，与 α 的假设矛盾，于是 $w = z^\alpha$ 是无穷多值函数.

z^α 分成单值解析分支的方法与 $\mathrm{Ln}\,z$ 相同，且 z^α 仍只以 $z=0, z=\infty$ 为支点，从原点起沿负实轴割破 z 平面得到区域 G，在 G 内可得 z^α 的单值连续分支，对 z^α 每一个单值连续分支仍记为 z^α，则这分支在 G 内任一点 z 的导数为

$$(z^\alpha)' = (\mathrm{e}^{\alpha\mathrm{Ln}\,z})' = \alpha\frac{1}{z}\mathrm{e}^{\alpha\mathrm{Ln}\,z} = \alpha z^{\alpha-1}.$$

下边考察 $z = w^n$ (n 为自然数，$n>1$) 的映射性质.

令 $z = r\mathrm{e}^{\mathrm{i}\theta}, w = \rho\mathrm{e}^{\mathrm{i}\varphi}$，由 $z = w^n$ 得 $\theta = n\varphi, r = \rho^n$，据此知映射把自原点出发的射线 $\varphi = \varphi_0$ 映射成自原点出发的射线 $\theta = n\varphi_0$，并把圆周 $\rho = \rho_0$ 映射成圆周 $r = \rho_0^n$ (图 2-5).

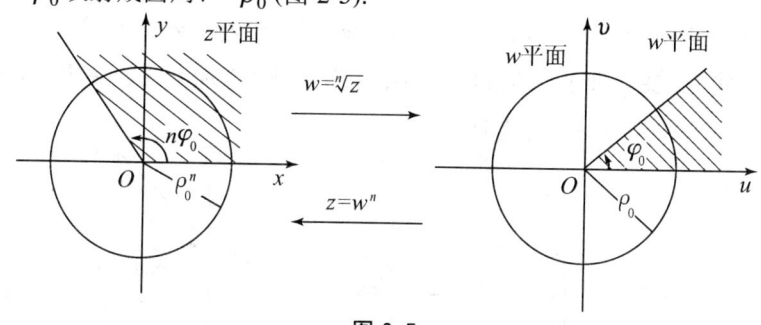

图 2-5

当 w 平面上的射线自 $\varphi = 0$ 扫动到射线 $\varphi = \varphi_0$ 时，在映射 $z = w^n$ 下的像，就在 z 平面上自射线 $\theta = 0$ 扫动射线 $\theta = n\varphi_0$. 从而 w 平面上的角形域 $0 < \varphi < \varphi_0$，就映射成 z 平面上的角形域 $0 < \theta < n\varphi_0$ (图 2-5). 特别地，映射 $z = w^n$ 把 w 平面上的角形域 $-\dfrac{\pi}{n} < \varphi < \dfrac{\pi}{n}$，映射成 z 平面上除去原点和负实轴的区域 (图 2-6).

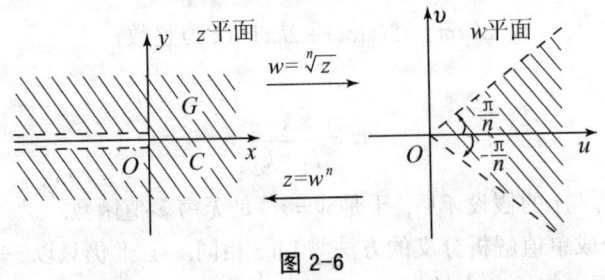

图 2-6

一般,映射 $z=w^n$ 把每个顶点在原点张角为 $\dfrac{2\pi}{n}$ 的角形域

$$T_k:\left(\dfrac{2k\pi}{n}-\dfrac{\pi}{n}\right)<\varphi<\left(\dfrac{2k\pi}{n}+\dfrac{\pi}{n}\right), k=0,\pm 1,\cdots, \qquad (2\text{-}28)$$

都映射成 z 平面上去掉原点和负实轴的区域 G(图 2-6 是 $k=0$ 的情形).

显然 $z=w^n$ 在式(2-28)的每个取定 k 的角形域内单叶,实际上,任意取定 k 后,对 T_k 内任一点 w_1,满足

$$|w_1|=|w_2|, \arg w_2=\arg w_1+\dfrac{2k\pi}{n}$$

的 $w_2 \in T_k$,于是 $w_1,w_2 \in T_k$,且 $w_1 \neq w_2$,则 $z_1=w_1^n \neq z_2=w_2^n$.

式(2-28)的这些角形域互不相交而填满(都加上同一端边界)w 平面. 图 2-7 是 $n=3$ 的情形.

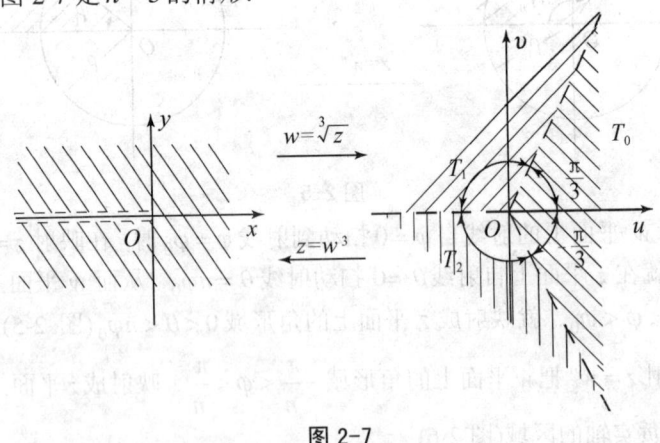

图 2-7

2. 一般指数函数

$$w = a^z = e^{z\mathrm{Ln}\,a}\ (z \neq 0,\ \infty,),\quad a\text{ 为复常数},$$

称为**一般指数函数**,它是无穷多个独立的在 z 平面上单值解析的函数,当 $a = e$ 时,$\mathrm{Ln}\,z$ 取主值时,便得通常的单值解析函数 e^z.

对 a^z 的每个单值连续分支(仍记为 a^z),有

$$(a^z)' = (e^{z\ln a})' = a^z \ln a.$$

注意当求 β^α (α, β 为复常数)时,通常是求 $\beta^\alpha = e^{\alpha \mathrm{Ln}\,\beta}$,如

$$3^i = e^{i\mathrm{Ln}\,3} = e^{i\ln 3 + i(2k\pi i)} = e^{i\ln 3 - 2k\pi}.$$

2.2.5 反三角函数

前边看到,在复变函数情况,指数函数是三角函数、对数函数、幂函数和一般指数函数的共同基础. 下面看到,反三角函数可以用对数函数表示,所以也是以指数函数为基础的.

若 $z = \sin w$,则称 w 为 z 的反正弦函数,记为 $w = \arcsin z$,由

$$z = \sin w = \frac{1}{2i}(e^{iw} - e^{-iw})$$

知,

$$e^{iw} - 2iz - e^{-iw} = 0,$$

或

$$(e^{iw})^2 - 2ize^{iw} - 1 = 0.$$

解出 e^{iw},得

$$e^{iw} = iz \pm \sqrt{1 - z^2}.$$

因 $\sqrt{1-z^2}$ 就表示二值,故"±"号可只取"+"号或只取"−"号,于是,有

$$w = \arcsin z = \frac{1}{i}\ln(iz + \sqrt{1-z^2})$$
$$= \frac{1}{i}[\ln(z + \frac{1}{i}\sqrt{1-z^2}) + \ln i] = -i\ln(z + \sqrt{z^2 - 1}) + \frac{\pi}{2}.$$

arcsin z 是多值函数，其支点为 $z = \pm 1$ 和 ∞，设 D^* 是从 z 平面上去掉射线：$y = 0, x \geqslant 1$ 及 $y = 0, x \leqslant -1$ 而得的区域，那么在 D^* 内可把反正弦函数分成解析分支，且对它的任一解析分支，在 D^* 任一点 z，有

$$\frac{dw}{dz} = \frac{1}{\sqrt{1-z^2}}.$$

类似地，我们定义 $z = \cos w$，$z = \tan w$ 的反函数为 $w = \arccos z$ 及 $w = \arctan z$，可得

$$\arccos z = \frac{1}{i}\ln(z + \sqrt{z^2 - 1}),$$

$$\arctan z = -\frac{i}{2}\ln\frac{1+iz}{1-iz}.$$

它们也都是多值函数，$z = \pm 1$ 及 ∞ 是 arccos z 的支点；$z = \pm i$ 是 arctan z 的支点，以连接支点的曲线作割线割破 z 平面的区域内，它们都可分出其解析分支。例如，在 z 平面上取线段 $x = 0$, $|y| \leqslant 1$ 作割线，在所得区域 D 内，可把反正切 arctan z 分为解析分支，且每一分支有

$$\frac{dw}{dz} = \frac{1}{2i}\left(\frac{1}{z-i} - \frac{1}{z+i}\right) = \frac{1}{1+z^2}, \qquad z \in D.$$

§2.3 习题

1. 判断下列函数的可微性及解析性：

(1) $f(z) = xy^2 + ix^2y$;

(2) $f(z) = x^2 + iy^2$;

(3) $f(z) = 2x^3 + i3y^3$;

(4) $f(z) = x^3 - 3xy^2 + i(3x^2y - y^2)$.

2. 试证下列函数在 z 平面上任何点都不解析：

(1) $|z|$；　(2) $\text{Re } z$；　(3) $\frac{1}{\bar{z}}$

3. 若函数 $f(z) = u(x,y) + iv(x,y)$ 在区域 D 内解析，且满足下列条

件之一，试证 $f(z)$ 必恒为常数.

(1) $u(x,y)$ 在 D 内恒为常数；

(2) $\upsilon(x,y)$ 在 D 内恒为常数；

(3) $\arg f(z)$ 在 D 内恒为常数；

(4) $au+b\upsilon$ 在 D 内恒为常数 c，其中 a,b,c 都是不为 0 的常数.

4. 若 $f(z)$ 在区域 D 内解析，试证 $\overline{\mathrm{i}\overline{f(z)}}$ 在 D 内解析.

5. 设 $f(z)=u(r,\theta)+\mathrm{i}\upsilon(r,\theta)$ $(z=re^{\mathrm{i}\theta})$，若 $u(r,\theta),\upsilon(r,\theta)$ 在点 (r,θ) 可微，且满足极坐标的 C-R 条件

$$\frac{\partial u}{\partial r}=\frac{1}{r}\frac{\partial \upsilon}{\partial \theta},\quad \frac{\partial u}{\partial \theta}=-r\frac{\partial \upsilon}{\partial r}.$$

证明 $f(z)$ 在点 z 可微，且

$$f'(z)=(\cos\theta-\mathrm{i}\sin\theta)(\frac{\partial u}{\partial r}+\mathrm{i}\frac{\partial \upsilon}{\partial r})=\frac{r}{z}(\frac{\partial u}{\partial r}+\mathrm{i}\frac{\partial \upsilon}{\partial r}).$$

6. 设区域 D 和 D_1 关于实轴对称，请判别下列命题的真伪：

(1) $f(z)$ 在 D 解析 $\Leftrightarrow \overline{f(\bar z)}$ 在 D_1 解析；

(2) $\overline{f(z)}$ 在 D 解析 $\Leftrightarrow f(\bar z)$ 在 D_1 解析；

(3) $f(z)$ 在 D 解析 $\Leftrightarrow \overline{f(z)}$ 在 D 解析；

(4) $f(\bar z)$ 在 D 解析 $\Leftrightarrow \overline{f(\bar z)}$ 在 D_1 解析；

(5) $f(z)$ 在 D 解析 $\Leftrightarrow f(\bar z)$ 在 D_1 解析；

(6) $\overline{f(z)}$ 在 D 解析 $\Leftrightarrow \overline{f(\bar z)}$ 在 D_1 解析.

7. 求下列方程的全部解：

(1) $\sin z=0$；   (2) $\cos z=0$；

(3) $1+e^z=0$；   (4) $\ln z=\dfrac{\pi\mathrm{i}}{2}$；

(5) $\cos z+\sin z=0$.

8. 试证

(1) $\overline{e^z}=e^{\bar z}$；   (2) $\overline{\sin z}=\sin\bar z$；   (3) $\overline{\cos z}=\cos\bar z$.

9. 求 $(1+\mathrm{i})^{\mathrm{i}}$ 及 3^{i} 的值.

10. 指出下边各题在推理上的错误：

(1) $1 = \sqrt{1} = \sqrt{(-1)(-1)} = \sqrt{-1}\sqrt{-1} = -1$;

(2) 因 $(-z)^2 = z^2$, 故
$$\mathrm{Ln}(-z)^2 = \mathrm{Ln} z^2,$$
于是
$$\mathrm{Ln}(-z) + \mathrm{Ln}(-z) = \mathrm{Ln} z + \mathrm{Ln} z,$$
从而 $2\mathrm{Ln} z = 2\mathrm{Ln}(-z)$, 所以 $\mathrm{Ln} z = \mathrm{Ln}(-z)$.

(3) 由
$$\arctan z = -\frac{i}{2}\mathrm{Ln}\frac{1+iz}{1-iz} = \frac{1}{2i}\mathrm{Ln}\frac{i-z}{i+z},$$
取 $z=1$, 得
$$\arctan 1 = \frac{1}{2i}\mathrm{Ln}\frac{i-1}{i+1} = \frac{1}{2i}\mathrm{Ln}(\frac{i-1}{i+1})^{\frac{2}{2}}$$
$$= \frac{1}{4i}\mathrm{Ln}(\frac{i-1}{i+1})^2 = \frac{1}{4i}\mathrm{Ln}(\frac{-2i}{2i}) = \frac{1}{4i}\mathrm{Ln}(-1) = \frac{1}{8i}\mathrm{Ln}1.$$

第三章 复变函数的积分

解析函数的许多重要性质,往往用它的积分来表示.例如,不用积分,就很难证明解析函数的各阶导函数是存在的,而且仍是解析函数.看来只与微分有关的问题,却不能避免对积分的使用,这正是复变函数与实变函数最根本的区别之一.本章要用复变函数的积分建立起解析函数一些最重要的定理,作为后边各章推出解析函数深刻性质的基础.

§3.1 积分及其性质

复变函数的积分,主要是考虑沿复平面上的曲线的积分,而讨论的曲线,如无特别声明仅限于光滑或逐段光滑曲线.

所讨论的曲线,还需确定其方向.对于光滑或逐段光滑的闭曲线如果还是简单的,就特称它为**闭路**或**围线.** 对闭路 C 规定其方向为:当观察者沿 C 环行时,若 C 的内部总在观察者的左方,就称此环行方向为 C 的正向,记为 C^+ 或简记为 C;若 C 的内部总在观察者的右方,则称此环行方向为 C 的负向,记为 C^-.

如果 C 不是闭曲线,常通过指明始点和终点来确定其方向.

定义 3.1 设函数 $f(z)$ 在曲线 C:$\stackrel{\frown}{z_0 z}$ 上有界,沿曲线 C 自 z_0 到 z 的方向在 C 上依次取点 $z_0,z_1,\cdots,z_n(z_n$ 合于 $z)$,分 C 为 n 个小弧段 $\stackrel{\frown}{z_{k-1}z_k}$,其长为 $\Delta s_k(k=1,2,\cdots,n)$,任取点 $\zeta_k \in \stackrel{\frown}{z_{k-1}z_k}$,记 $\Delta z_k = z_k - z_{k-1}(k=1,2,\cdots,n)$,$\lambda = \max\{\Delta s_k, k=1,2,\cdots,n\}$(图 3-1),若

$$\lim_{\lambda \to 0}\sum_{k=1}^{n}f(\zeta_k)\Delta z_k = I \qquad (I \text{ 为有限复常数}),$$

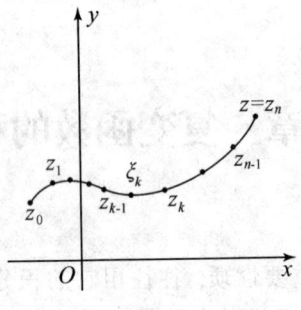

图 3-1

便称 $f(z)$ 沿 C 可积，I 称为 $f(z)$ 沿 C 的积分，记为 $\int_C f(z)\mathrm{d}z$. 即

$$\int_C f(z)\mathrm{d}z = \lim_{\lambda \to 0} \sum_{k=1}^{n} f(\zeta_k)\Delta z_k.$$

曲线 C 称为积分路线或积分路径.

定理 3.1 若函数 $f(z) = u(x,y) + \mathrm{i}\upsilon(x,y)$ 沿曲线 C 连续，则

$$\int_C f(z)\mathrm{d}z = \int_C u\mathrm{d}x - \upsilon\mathrm{d}y + \mathrm{i}\int_C \upsilon\mathrm{d}x + u\mathrm{d}y. \tag{3-1}$$

证令

$$z_k = x_k + \mathrm{i}y_k,\ \Delta z_k = z_k - z_{k-1} = \Delta x_k + \mathrm{i}\Delta y_k,$$
$$\zeta_k = \xi_k + \mathrm{i}\eta_k,\ x_{k-1} < \xi_k < x_k,\ y_{k-1} < \eta_k < y_k,$$
$$f(\zeta_k) = u(\xi_k,\eta_k) + \mathrm{i}\upsilon(\xi_k,\eta_k) = u_k + \mathrm{i}\upsilon_k,\ k=1,\cdots,n,$$
$$\lambda_1 = \max\{|\Delta z_k|, k=1,2,\cdots,n\},$$

则有

$$\int_C f(z)\mathrm{d}z = \lim_{\lambda \to 0} \sum_{k=1}^{n} (u_k + \mathrm{i}\upsilon_k)(\Delta x_k + \mathrm{i}\Delta y_k)$$

$$= \lim_{\lambda_1 \to 0} \sum_{k=1}^{n} [(u_k \Delta x_k - \upsilon_k \Delta y_k) + \mathrm{i}(\upsilon_k \Delta x_k + u_k \Delta y_k)]$$

$$= \int_C u\mathrm{d}x - v\mathrm{d}y + \mathrm{i}\int_C v\mathrm{d}x + u\mathrm{d}y.$$

为了便于记忆,式(3-1)可形式地理解为

$$\int_C f(z)\mathrm{d}z = \int_C (u+\mathrm{i}v)(\mathrm{d}x+\mathrm{i}\mathrm{d}y).$$

若 $f(z)$ 在曲线 C: $z = z(t) = x(t) + \mathrm{i}y(t)$, $\alpha \leqslant t \leqslant \beta$ 连续时,有

$$\int_C f(z)\mathrm{d}z = \int_\alpha^\beta f[z(t)]z'(t)\mathrm{d}t. \tag{3-2}$$

其实

$$\begin{aligned}
\int_C f(z)\mathrm{d}z &= \int_C u\mathrm{d}x - v\mathrm{d}y + \mathrm{i}\int_C v\mathrm{d}x + u\mathrm{d}y \\
&= \int_\alpha^\beta u[x(t),y(t)]x'(t)\mathrm{d}t - \int_\alpha^\beta v[x(t),y(t)]y'(t)\mathrm{d}t \\
&\quad + \mathrm{i}\int_\alpha^\beta v[x(t),y(t)]x'(t)\mathrm{d}t + \mathrm{i}\int_\alpha^\beta u[x(t),y(t)]y'(t)\mathrm{d}t \\
&= \int_\alpha^\beta \{u[x(t),y(t)]+\mathrm{i}v[x(t),y(t)]\}\{x'(t)+\mathrm{i}y'(t)\}\mathrm{d}t \\
&= \int_\alpha^\beta f[z(t)]z'(t)\mathrm{d}t.
\end{aligned}$$

设 $f(z)$, $g(z)$ 在曲线 C, C_1, C_2 上连续,则有

(1) $\int_C kf(z)\mathrm{d}z = k\int_C f(z)\mathrm{d}z$ (k 为复常数);

(2) $\int_C [f(z)+g(z)]\mathrm{d}z = \int_C f(z)\mathrm{d}z + \int_C g(z)\mathrm{d}z$;

(3) $\int_{C^-} f(z)\mathrm{d}z = -\int_C f(z)\mathrm{d}z$;

(4) $\int_{C_1+C_2} f(z)\mathrm{d}z = \int_{C_1} f(z)\mathrm{d}z + \int_{C_2} f(z)\mathrm{d}z$,其中 C_1+C_2 表示由 C_1 与 C_2 衔接起来的曲线;

(5) $\left|\int_C f(z)\mathrm{d}z\right| \leqslant \int_C |f(z)|\mathrm{d}s$ (第一型曲线积分).

证 显然有

$$\left|\sum_{k=1}^n f(\zeta_k)\Delta z_k\right| \leqslant \sum_{k=1}^n |f(\zeta_k)||\Delta z_k| \leqslant \sum_{k=1}^n |f(\zeta_k)|\Delta s_k,$$

两边取极限得

$$\left|\int_C f(z)\mathrm{d}z\right| \leqslant \int_C |f(z)|\mathrm{d}s.$$

若记 $\int_C |f(z)|\mathrm{d}s$ 为 $\int_C |f(z)||\mathrm{d}z|$,则得

$$\left|\int_C f(z)\mathrm{d}z\right| \leqslant \int_C |f(z)||\mathrm{d}z|.$$

(6) 若 $f(z)$ 沿曲线 C 满足 $|f(z)| \leqslant M$(M 为正实数,l 为 C 的弧长),则

$$\left|\int_C f(z)\mathrm{d}z\right| \leqslant Ml.$$

例 3.1 设 C 为连接 $\alpha = x_1 + \mathrm{i}y_1$ 以 $\beta = x_2 + \mathrm{i}y_2$ 的任一条曲线,计算 $I = \int_C z\mathrm{d}z$.

解法 1 由于

$$I = \lim_{\lambda \to 0} \sum_{k=1}^n z_k \Delta z_k, \quad \text{且} \quad I = \lim_{\lambda \to 0} \sum_{k=1}^n z_{k-1}\Delta z_k,$$

其中,$\alpha = z_0, \beta = z_n$,于是有

$$2I = \lim_{\lambda \to 0} \sum_{k=1}^n (z_k + z_{k-1})(z_k - z_{k-1}) = \beta^2 - \alpha^2.$$

故 $I = \dfrac{1}{2}(\beta^2 - \alpha^2)$.

解法 2 设 $\alpha = x_1 + \mathrm{i}y_1$, $\beta = x_2 + \mathrm{i}y_2$, 则

$$I = \int_C x\mathrm{d}x - y\mathrm{d}y + \mathrm{i}\int_C y\mathrm{d}x + x\mathrm{d}y$$

因两个曲线积分均与路径无关,于是若取积分路径如图 3-2 中的 C_1+C_2, 则有

$$I = \int_{C_1} x\mathrm{d}x + \mathrm{i}\int_{C_1} y_1\mathrm{d}x - \int_{C_2} y\mathrm{d}y + \mathrm{i}\int_{C_2} x_2\mathrm{d}y$$

$$= \int_{x_1}^{x_2} x\mathrm{d}x + \mathrm{i}\int_{x_1}^{x_2} y_1\mathrm{d}x - \int_{y_1}^{y_2} y\mathrm{d}y + \mathrm{i}\int_{y_1}^{y_2} x_2\mathrm{d}y$$

$$= \frac{1}{2}(\beta^2 - \alpha^2).$$

若取积分路径为图 3-2 中的 C_3, 因 $C_3: z = \alpha + (\beta - \alpha)t$, $0 \leqslant t \leqslant 1$, 则

$$I = \int_0^1 [\alpha + (\beta - \alpha)t](\beta - \alpha)\mathrm{d}t = \frac{1}{2}(\beta^2 - \alpha^2).$$

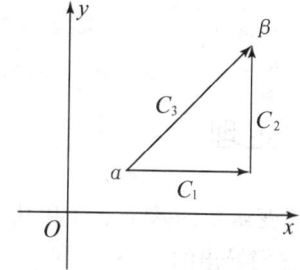

图 3-2

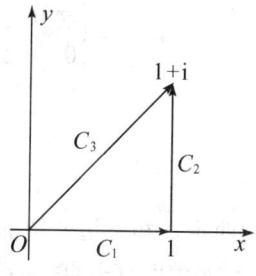

图 3-3

例 3.2 设 C_1, C_2, C_3 为图 3-3 中所示直线段,计算

(1) $\int_{C_3} \operatorname{Re} z\mathrm{d}z$;

(2) $\int_{C_1+C_2} \operatorname{Re} z\mathrm{d}z$.

解 (1) $C_3: z = (1+\mathrm{i})t$, 则 $0 \leqslant t \leqslant 1$,

$$\int_{C_3} \text{Re}\, z\, \mathrm{d}z = \int_0^1 t(1+\mathrm{i})\mathrm{d}t = \frac{1}{2}(1+\mathrm{i});$$

(2) C_1: $z = t$, $0 \leqslant t \leqslant 1$, C_2: $z = 1 + \mathrm{i}t$, $0 \leqslant t \leqslant 1$,

$$\int_{C_1+C_2} \text{Re}\, z\, \mathrm{d}z = \int_{C_1} \text{Re}\, z\, \mathrm{d}z + \int_{C_2} \text{Re}\, z\, \mathrm{d}z$$

$$= \int_0^1 t\, \mathrm{d}t + \int_0^1 \mathrm{i}\, \mathrm{d}t = \frac{1}{2} + \mathrm{i}.$$

例 3.3 设曲线 C 为圆周 $|z - z_0| = R$，求积分 $\int_C \dfrac{\mathrm{d}z}{(z - z_0)^n}$.

解 C: $z - z_0 = R\mathrm{e}^{\mathrm{i}\theta}$, $0 \leqslant \theta \leqslant 2\pi$，于是，

$$\int_C \frac{\mathrm{d}z}{(z-z_0)^n} = \int_0^{2\pi} \frac{R\mathrm{i}\mathrm{e}^{\mathrm{i}\theta}}{R^n \mathrm{e}^{\mathrm{i}n\theta}} \mathrm{d}\theta = \mathrm{i}R^{1-n} \int_0^{2\pi} \mathrm{e}^{\mathrm{i}(1-n)\theta} \mathrm{d}\theta$$

$$= \mathrm{i}R^{1-n} \int_0^{2\pi} [\cos(1-n)\theta + \mathrm{i}\sin(1-n)\theta]\mathrm{d}\theta \tag{3-3}$$

$$= \begin{cases} 2\pi \mathrm{i}, & \text{当}\, n = 1\, \text{时}; \\ 0, & \text{当}\, n \neq 1\, \text{时}. \end{cases}$$

§3.2 柯西定理

柯西定理和下边介绍的柯西公式是复变函数的基本定理和基本公式，解析函数的许多重要结果，都是利用它们导出的.

3.2.1 单连通区域的柯西定理

积分不仅依赖于被积函数，而且依赖于所取曲线 C. 设 $f(z)$ 在区域 D 内连续，那么当我们在 D 内取两条不同曲线 C_1 及 C_2 连接两点 z_1, z_2 时，积分 $\int_{C_1} f(z)\mathrm{d}z$ 与 $\int_{C_2} f(z)\mathrm{d}z$ 一般是不相等的，但在例 3.1 中，积分路径虽不同，但沿不同路径积分总是同一个数，因此，人们很自然地提出：函数应当满足怎样的条件，才能使它的积分与积分路径无关呢？像

实函数曲线积分情形一样,和这个问题相联系的是找出函数沿任一条闭曲线的积分为零的条件. 由定理 3.1,问题就转化为实函数的线积分的相应问题,于是不难推出下列定理.

定理 3.2 若函数 $f(z)$ 在单连通区域 D 内解析,并且 $f'(z)$ 在 D 连续,则对 D 内任一闭路 C,有 $\int_C f(z)\mathrm{d}z = 0$.

证 回顾曲线积分的格林(Green)定理,若 $P(x,y)$, $Q(x,y)$ 在区域 D 有一阶连续偏导数且 $\dfrac{\partial Q}{\partial x} = \dfrac{\partial P}{\partial y}$,则 $\int_C P\mathrm{d}x + Q\mathrm{d}y = 0$.

已知 $\int_C f(z)\mathrm{d}z = \int_C u\mathrm{d}x - v\mathrm{d}y + \mathrm{i}\int_C v\mathrm{d}x + u\mathrm{d}y$. 因 $f'(z)$ 在 D 连续,故 u, v 都有一阶连续偏导数且由 C-R 条件得

$$\frac{\partial u}{\partial x} = \frac{\partial v}{\partial y}, \quad \frac{\partial u}{\partial y} = -\frac{\partial v}{\partial x}.$$

据格林定理

$$\int_C u\mathrm{d}x - v\mathrm{d}y = 0, \quad \int_C v\mathrm{d}x + u\mathrm{d}y = 0,$$

故

$$\int_C f(z)\mathrm{d}z = 0.$$

定理 3.2 中关于 $f'(z)$ 连续的条件,是可以去掉的,1900 年,法国数学家古莎(Grourat)证明了以下仍称为柯西定理的命题.

定理 3.3 (柯西定理)若 D 为单连通域, $f(z)$ 在 D 解析,则对 D 内任一闭路 C, 有

$$\int_C f(z)\mathrm{d}z = 0.$$

此定理证明较繁,在此我们略去对它的证明.

波拉德(Pollard)于 1923 年把定理 3.3 又作了进一步的推广:

定理 3.4 若函数 $f(z)$ 在闭路 C 的内部 D 解析,在闭域 $\overline{D} = D + C$

上连续,则
$$\int_C f(z)\mathrm{d}z = 0.$$

例 3.4 因 az^n (a 为常数, n 为非负整数), $\sin z$、$\cos z$、e^z 在 z 平面上都解析,故对 z 平面上任一闭路 C,有
$$\int_C az^n \mathrm{d}z = 0, \quad \int_C 2\mathrm{e}^z z^2 \sin 2z \mathrm{d}z = 0.$$

例 3.5 设 C_1: $|z|=1$, C_2: $|z|=2$,显然有

(1) $\int_{C_1} \dfrac{z\mathrm{e}^z}{\cos z} \mathrm{d}z = 0$; (2) $\int_{C_2} \dfrac{\sin z}{z-3} \mathrm{d}z = 0$;

(3) $\int_{C_1} \dfrac{1}{z+2} \mathrm{d}z = 0$; 又 C_1: $z = \mathrm{e}^{\mathrm{i}\theta}$, $-\pi \leqslant \theta \leqslant \pi$,故

$$\begin{aligned}
\int_{C_1} \frac{1}{z+2} \mathrm{d}z &= \int_{-\pi}^{\pi} \frac{\mathrm{i}\mathrm{e}^{\mathrm{i}\theta}}{2+\mathrm{e}^{\mathrm{i}\theta}} \mathrm{d}\theta \\
&= \int_{-\pi}^{\pi} \frac{\mathrm{i}(\cos\theta + \mathrm{i}\sin\theta)}{2+(\cos\theta + \mathrm{i}\sin\theta)} \mathrm{d}\theta \\
&= \int_{-\pi}^{\pi} \frac{\mathrm{i}(\cos\theta + \mathrm{i}\sin\theta)(2+\cos\theta - \mathrm{i}\sin\theta)}{(2+\cos\theta)^2 + \sin^2\theta)} \mathrm{d}\theta \\
&= \int_{-\pi}^{\pi} \frac{-2\sin\theta}{5+4\cos\theta} \mathrm{d}\theta + \mathrm{i}\int_{-\pi}^{\pi} \frac{1+2\cos\theta}{5+4\cos\theta} \mathrm{d}\theta
\end{aligned}$$

从而
$$\int_{-\pi}^{\pi} \frac{-2\sin\theta}{5+4\cos\theta} \mathrm{d}\theta = 0, \quad \int_{-\pi}^{\pi} \frac{1+2\cos\theta}{5+4\cos\theta} \mathrm{d}\theta = 0.$$

定理 3.5 设函数 $f(z)$ 在 z 平面上的单连通区域 D 内解析. C 为 D 内的任一闭曲线(不必是简单的),则
$$\int_C f(z)\mathrm{d}z = 0.$$

证 因 C 总可以由 D 内的简单闭曲线衔接而成,如图 3-4 所示,由复积分性质及定理 3.3 便可得证.

设 z_1, z_2 是区域 D 内的任意两点，L_1, L_2 是位于 D 内的任二条连接 z_1 到 z_2 的曲线，如果

$$\int_{L_1} f(z)\mathrm{d}z = \int_{L_2} f(z)\mathrm{d}z$$

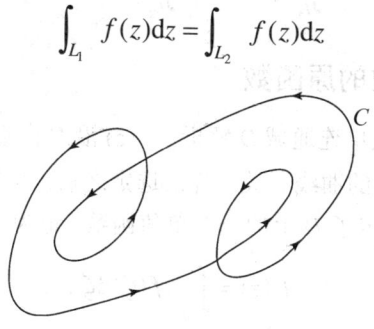

图 3-4

那么就称函数 $f(z)$ 在 D 内的积分与路径无关，此时，记积分为

$$\int_{z_1}^{z_2} f(z)\mathrm{d}z.$$

若函数 $f(z)$ 在单连通区域 D 内解析，容易证明，函数 $f(z)$ 在 D 内的积分与路径无关. 事实上，设 z_1, z_2 是 D 内任意二点，L_1, L_2 是位于 D 内的任意二条连接 z_1 到 z_2 的曲线，则正方向曲线 L_1 与负方向曲线 L_2 就衔接成 D 内一条闭曲线(不必是简单的)C，如图 3-5 所示，于是有

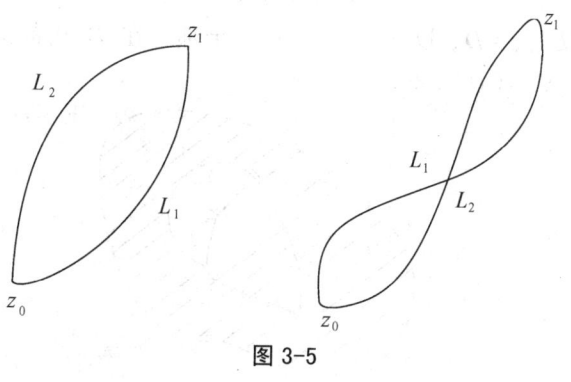

图 3-5

$$0 = \int_C f(z)\mathrm{d}z = \int_{L_1} f(z)\mathrm{d}z + \int_{L_2^-} f(z)\mathrm{d}z,$$

故得
$$\int_{L_1} f(z)\mathrm{d}z = \int_{L_2} f(z)\mathrm{d}z.$$

3.2.2 解析函数的原函数

若函数 $f(z)$ 在单连通域 D 解析，$f(z)$ 沿 D 内点 z_0 到 D 内点 z 的积分与连接点 z_0 到 z 的曲线无关，当 z_0 选定之后，积分由 z 唯一确定，于是，由这个积分确定了 D 上的一个单值函数，记为

$$F(z) = \int_{z_0}^{z} f(\zeta)\mathrm{d}\zeta.$$

定理 3.6 设函数 $f(z)$ 在单连通区域 D 内连续，且沿 D 内任一闭曲线的积分等于 0，则函数

$$F(z) = \int_{z_0}^{z} f(\zeta)\mathrm{d}\zeta, \quad (z_0, z \in D)$$

在 D 内解析，并且有

$$F'(z) = f(z), \quad z \in D.$$

证 所设条件已保证了 $F(z)$ 是一个单值函数，以下只须证明 $F(z)$ 在 D 处处可微，并且有

$$F'(z) = f(z).$$

任意取点 $z \in D$，以 z 为中心作一全部含在 D 内的圆域 K，设 $z + \Delta z \in K$，$\Delta z \neq 0$（图 3-6）.

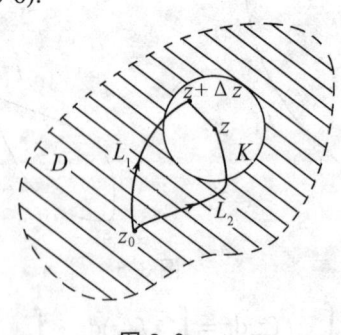

图 3-6

因

$$\int_{L_2} f(z)\mathrm{d}z + \int_{\ell} f(z)\mathrm{d}z + \int_{L_1^-} f(z)\mathrm{d}z = 0,$$

其中 L_1 是位于 D 内连接由点 z_0 到点 $z+\Delta z$ 的任一曲线,L_2 是位于 D 内的连接点 z_0 到点 z 的任一曲线,ℓ 是位于 K 内的连接点 z 到点 $z+\Delta z$ 的直线段. 故

$$\int_{L_1} f(z)\mathrm{d}z - \int_{L_2} f(z)\mathrm{d}z = \int_{\ell} f(z)\mathrm{d}z.$$

于是

$$\int_{z_0}^{z+\Delta z} f(z)\mathrm{d}z - \int_{z_0}^{z} f(z)\mathrm{d}z = \int_{z}^{z+\Delta z} f(z)\mathrm{d}z,$$

从而

$$\frac{F(z+\Delta z)-F(z)}{\Delta z} = \frac{1}{\Delta z}\left[\int_{z_0}^{z+\Delta z} f(\zeta)\mathrm{d}\zeta - \int_{z_0}^{z} f(\zeta)\mathrm{d}\zeta\right]$$
$$= \frac{1}{\Delta z}\int_{z}^{z+\Delta z} f(\zeta)\mathrm{d}\zeta.$$

因

$$f(z) = f(z)\cdot\frac{1}{\Delta z}\int_{z}^{z+\Delta z}\mathrm{d}\zeta = \frac{1}{\Delta z}\int_{z}^{z+\Delta z} f(z)\mathrm{d}\zeta,$$

故

$$\frac{F(z+\Delta z)-F(z)}{\Delta z} - f(z) = \frac{1}{\Delta z}\int_{z}^{z+\Delta z}[f(\zeta)-f(z)]\mathrm{d}\zeta.$$

据 $f(\zeta)$ 的连续性,任给 $\varepsilon>0$,存在 $\delta>0$,使得当 $|\zeta-z|<\delta$,且 $\zeta\in K$ 时,恒有 $|f(\zeta)-f(z)|<\varepsilon$. 从而取 K 使 K 内一切点 ζ 都满足 $|\zeta-z|<\delta$,则 $z+\Delta z\in K, 0<|\Delta z|<\delta$,

$$\left|\frac{F(z+\Delta z)-F(z)}{\Delta z} - f(z)\right| \leqslant \frac{1}{|\Delta z|}\varepsilon|\Delta z| = \varepsilon,$$

于是 $F'(z)=f(z), z\in D$.

推论 若 $f(z)$ 在单连通区域 D 内解析,则定义在 D 内的函数

$$F(z) = \int_{z_0}^{z} f(\zeta)\mathrm{d}\zeta \quad (z_0, z \in D)$$

在 D 内也解析,并且 $F'(z) = f(z), z \in D$.

如果在区域 D 内恒有 $\Phi'(z) = f(z)$,那么就称 $\Phi(z)$ 是 $f(z)$ 在 D 内的一个**原函数**或**不定积分**.

据上面的推论知,在单连通区域 D 内解析的函数,必有原函数.

设 $f(z)$ 在单连通区域 D 内解析,$\Phi(z)$ 是 $f(z)$ 的任意一个原函数,即

$$\Phi'(z) = f(z), \quad z \in D.$$

由定理 3.6 知,

$$F'(z) = (\int_{z_0}^{z} f(\zeta)\mathrm{d}\zeta)' = f(z), \quad z \in D.$$

于是,$[\Phi(z) - F(z)]' = 0$,从而 $\Phi(z) - F(z) = C$(C 为常数). 在

$$\Phi(z) = F(z) + C = \int_{z_0}^{z} f(\zeta)\mathrm{d}\zeta + C$$

中,令 $z = z_0$,得到

$$\int_{z_0}^{z} f(\zeta)\mathrm{d}\zeta = \Phi(z) - \Phi(z_0). \tag{3-4}$$

公式(3-4)中的 $\Phi(z) - \Phi(z_0)$ 也记作 $\Phi(z)\Big|_{z_0}^{z}$.

例 3.6 $\int_{-i}^{i} z^2 \mathrm{d}z = \dfrac{z^3}{3}\Big|_{-i}^{i} = -\dfrac{2}{3}i$.

例 3.7 在区域 $-\pi < \arg z < \pi$ 内,$F(z) = \ln z$ 是 $\dfrac{1}{z}$ 的一个原函数,而 $f(z) = \dfrac{1}{z}$ 在 D 解析,故有

$$\ln z = \int_{1}^{z} \frac{1}{\zeta}\mathrm{d}\zeta + \ln 1 = \int_{1}^{z} \frac{1}{\zeta}\mathrm{d}\zeta.$$

例 3.8 设 $f(z)$,$g(z)$ 在单连通区域 D 内都是解析函数,α, β 是 D 内两点,证明

$$\int_\alpha^\beta f(z)g'(z)\mathrm{d}z = f(z)g(z) - \int_\alpha^\beta f'(z)g(z)\mathrm{d}z. \quad (3\text{-}5)$$

证 因对 D 内任一点 z，有
$$[f(z)g(z)]' = f(z)g'(z) + f'(z)g(z),$$
故
$$\int_\alpha^\beta [f(z)g'(z) + f'(z)g(z)]\mathrm{d}z = f(z)g(z)\Big|_\alpha^\beta,$$
从而得到式(3-5).

例 3.9
$$\int_1^{\pi\mathrm{i}} z\mathrm{e}^z \mathrm{d}z = z\mathrm{e}^z\Big|_1^{\pi\mathrm{i}} - \int_1^{\pi\mathrm{i}} \mathrm{e}^z \mathrm{d}z = [-\pi\mathrm{i} - \mathrm{e}] - [-1 - \mathrm{e}] = 1 - \pi\mathrm{i}.$$

3.2.3 多连通区域的柯西定理

定义 3.2 考虑 $n+1$ 条闭路 $C_0, C_1, \cdots, C_n$，其中 $C_1, C_2, \cdots, C_n$ 中的每一条都在其余各条的外部，而它们又都在 C_0 的内部. 在 C_0 的内部同时又在 $C_1, \cdots, C_n$ 外部的点集构成一个有界的多连通区域 D，以 $C_0, C_1, \cdots, C_n$ 为它的边界. 在这种情况下，称区域 D 的边界是一条复合闭路 $C = C_0 + C_1^- + C_2^- + \cdots + C_n^-$，它包括取正方向 C_0，以及取负方向的 $C_1, C_2, \cdots, C_n$. 即假如观察者沿复合闭路 C 正方向绕行时，区域 D 总在观察者的左侧(图 3-7 是 $n=2$ 情形).

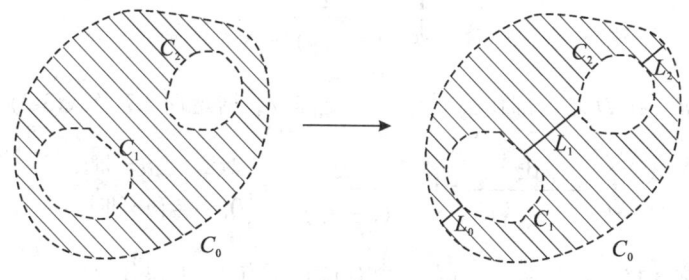

图 3-7

定理 3.7 设 D 是由复合闭路 $C = C_0 + C_1^- + C_2^- + \cdots + C_n^-$ 所围成的多

连通区域，$f(z)$ 在 D 内解析，在 $\overline{D}=D+C$ 连续，则
$$\int_C f(z)\mathrm{d}z = 0.$$

即
$$\int_{C_0} f(z)\mathrm{d}z + \int_{C_1^-} f(z)\mathrm{d}z + \cdots + \int_{C_n^-} f(z)\mathrm{d}z = 0, \quad (3\text{-}6)$$

或写成
$$\int_{C_0} f(z)\mathrm{d}z = \int_{C_1} f(z)\mathrm{d}z + \cdots + \int_{C_n} f(z)\mathrm{d}z. \quad (3\text{-}7)$$

证 取 $n+1$ 条互不相交且位于 D 内(端点除外)的光滑弧 $L_0, L_1, \cdots, L_n$，以这 $n+1$ 条弧为割线顺次地与 $C_1, C_2, \cdots, C_n$ 连接. 将 D 沿割线割破，于是 D 就被分成两个单连通区域(图 3-7 是 $n=2$ 的情形)，其边界各是一条闭路，分别记为 Γ_1 及 Γ_2，据定理 3.4，有
$$\int_{\Gamma_1} f(z)\mathrm{d}z = 0, \quad \int_{\Gamma_2} f(z)\mathrm{d}z = 0.$$

将此二等式相加，注意到沿 $L_0, L_1, \cdots, L_n$ 的积分，各从相反的两个方向取了一次，在相加的过程中互相抵消. 于是，由复积分的性质便得
$$\int_C f(z)\mathrm{d}z = 0.$$

例 3.10 设 n 为整数，C 是任一闭路，z_0 是 C 内一个定点，求积分
$$\int_C \frac{\mathrm{d}z}{(z-z_0)^n}.$$

解 在 D 之内部作圆周 $C_r: |z-z_0|=r$，据定理 3.7 及式(3-3)有
$$\int_C \frac{\mathrm{d}z}{(z-z_0)^n} = \int_{C_r} \frac{\mathrm{d}z}{(z-z_0)^n} = \begin{cases} 2\pi\mathrm{i}, & \text{当} n=1 \text{时}; \\ 0, & \text{当} n \neq 1 \text{时}. \end{cases}$$

例 3.11 设闭路 C_0 的内部含有点 0 及点 1，求积分

$$\int_{C_0} \frac{\mathrm{d}z}{z^2 - z}.$$

解 取充分小的正数 r 及 p，使 $C_r : |z| = r$ 及 $C_p : |z-1| = p$ 皆在 C_0 的内部且 C_r 与 C_p 每个皆在另一个的外部(图 3-8).

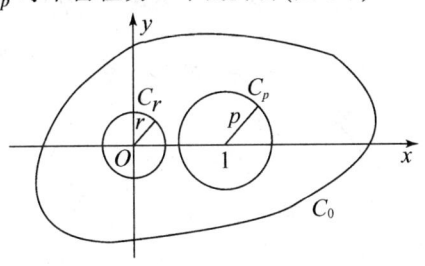

图 3-8

据定理 3.7，有

$$\int_{C_0} \frac{\mathrm{d}z}{z^2 - z} = \int_{C_r} \frac{\mathrm{d}z}{z^2 - z} + \int_{C_p} \frac{\mathrm{d}z}{z^2 - z}.$$

又

$$\int_{C_r} \frac{\mathrm{d}z}{z^2 - z} = \int_{C_r} \left(\frac{1}{z-1} - \frac{1}{z}\right)\mathrm{d}z = \int_{C_r} \frac{1}{z-1}\mathrm{d}z - \int_{C_r} \frac{1}{z}\mathrm{d}z = 0 - 2\pi\mathrm{i} = -2\pi\mathrm{i},$$

$$\int_{C_p} \frac{\mathrm{d}z}{z^2 - z} = \int_{C_p} \left(\frac{1}{z-1} - \frac{1}{z}\right)\mathrm{d}z = \int_{C_p} \frac{1}{z-1}\mathrm{d}z - \int_{C_p} \frac{1}{z}\mathrm{d}z = 2\pi\mathrm{i} - 0 = 2\pi\mathrm{i},$$

故 $\int_{C_0} \frac{\mathrm{d}z}{z^2 - z} = 2\pi\mathrm{i} - 2\pi\mathrm{i} = 0$.

§3.3 柯西公式

3.3.1 柯西公式

定理 3.8 设区域 D 的边界是闭路(或复合闭路) C，$f(z)$ 在 D 内解析，在 $\overline{D} = D + C$ 上连续，则有

$$f(z_0) = \frac{1}{2\pi i} \int_C \frac{f(z)}{z - z_0} dz, \quad z_0 \in D, z \in C. \tag{3-8}$$

证 对 D 内任一点 z_0，取 r 充分小，作圆域 $K_r : |z - z_0| < r$ 使 K_r 含于 D 内，且 $C_r : |z - z_0| = r$ 与 C 无公共点，捅掉 K_r 得以 $C^* = C + C_r^-$ 为边界的域 D^*(图 3-9)。

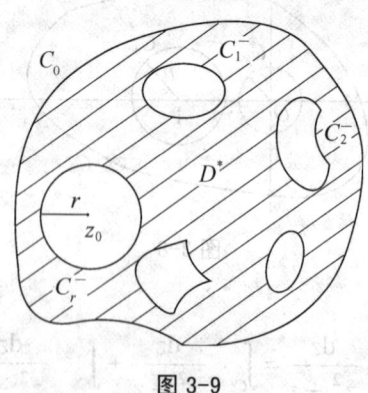

图 3-9

因 $f(z)$ 在 D^* 解析，在 $\overline{D}^* = D^* + C^*$ 连续，由定理 3.7，有

$$\int_{C^*} \frac{f(z)dz}{z - z_0} = 0.$$

故

$$\begin{aligned}\int_C \frac{f(z)dz}{z - z_0} &= \int_{C_r} \frac{f(z)dz}{z - z_0} = \int_{C_r} \frac{f(z) - f(z_0) + f(z_0)}{z - z_0} dz \\ &= \int_{C_r} \frac{f(z) - f(z_0)}{z - z_0} dz + 2\pi i f(z_0).\end{aligned} \tag{3-9}$$

再把捅掉的 K_r 补上(即令 $r \to 0$)。下证 $r \to 0$ 时，

$$\int_{C_r} \frac{f(z) - f(z_0)}{z - z_0} dz \to 0.$$

因 $f(z)$ 在 z_0 连续，故对 $\dfrac{\varepsilon}{2\pi}$，存在 $\delta > 0$，使当 $|z - z_0| < \delta$ 且 $z \in K_r$ 时，恒有

$$|f(z) - f(z_0)| < \frac{\varepsilon}{2\pi r},$$

从而恒有

$$\left|\int_{C_r} \frac{f(z) - f(z_0)}{z - z_0}\right| < 2\pi r \frac{\varepsilon}{2\pi r} = \varepsilon,$$

即证得

$$\lim_{r \to 0} \int_{C_r} \frac{f(z) - f(z_0)}{z - z_0} \mathrm{d}z = 0.$$

在式(3-9)两端令 $r \to 0$，便得到式(3-8). 常将式(3-8)写成

$$f(z) = \frac{1}{2\pi \mathrm{i}} \int_C \frac{f(\zeta)}{\zeta - z} \mathrm{d}\zeta, \qquad z \in D, \zeta \in C.$$

式(3-8)称为**柯西积分公式**，简称**柯西公式**，它反映了解析函数值之间很深刻的性质：$f(z)$ 在 D 内的值，可由它在边界上的值通过积分而得到，只要 $f(z)$ 在 C 上的值已确定，$f(z)$ 在 D 内的值也就随之确定. 据此可得出许多重要结论.

例 3.12 取 $C: |z| = 1$，有

(1) $\int_C \frac{\sin z}{z} \mathrm{d}z = 2\pi \mathrm{i} \cdot 0 = 0$；

(2) $\int_C \frac{\mathrm{e}^z}{z(z-2)} \mathrm{d}z = \int_C \frac{\frac{\mathrm{e}^z}{(z-2)}}{z} \mathrm{d}z = 2\pi \mathrm{i} \frac{\mathrm{e}^0}{0-2} = -\pi \mathrm{i}.$

例 3.13 取 $C: |z - \mathrm{i}| = \frac{1}{2}$，有

$$\int_C \frac{\mathrm{d}z}{z(z^2+1)} = \int_C \frac{\frac{1}{z(z+\mathrm{i})}}{z - \mathrm{i}} \mathrm{d}z = 2\pi \mathrm{i} \frac{1}{\mathrm{i}(\mathrm{i}+\mathrm{i})} = -\pi \mathrm{i}.$$

例 3.14 若 $f(z)$ 在 $|z - z_0| < R$ 内解析, 在 $|z - z_0| \leqslant R$ 上连续, 则有

$$f(z_0) = \frac{1}{2\pi i} \int_{C_R} \frac{f(z)}{z-z_0} dz \quad (C_R: |z-z_0|=R)$$
$$= \frac{1}{2\pi i} \int_0^{2\pi} i f(z_0 + Re^{i\theta}) d\theta = \frac{1}{2\pi} \int_0^{2\pi} f(z_0 + Re^{i\theta}) d\theta. \tag{3-10}$$

式(3-10)说明：解析函数在圆心的函数值，等于它在圆周上的平均值。

例 3.15 设 $f(z)$，$g(z)$ 在闭路 C 的内部 D 解析，在闭域 $\overline{D}=D+C$ 上连续，证明：若在闭路 C 上成立 $f(z)=g(z)$，则在 D 内，$f(z)=g(z)$ 也成立。

证 任取 $z \in D$，则

$$f(z) = \frac{1}{2\pi i} \int_{C_R} \frac{f(\zeta)}{\zeta-z} d\zeta = \frac{1}{2\pi i} \int_{C_R} \frac{g(\zeta)}{\zeta-z} d\zeta = g(z).$$

例 3.16 利用积分 $\int_C \frac{e^z}{z} dz \quad (C:|z|=1 \text{ 即 } z=e^{i\theta}, \; 0 \leqslant \theta \leqslant \pi)$，计算实积分

$$\int_C e^{\cos\theta} \sin(\sin\theta) d\theta \text{ 及 } \int_C e^{\cos\theta} \cos(\sin\theta) d\theta.$$

解 由柯西公式

$$\int_C \frac{e^z}{z} dz = 2\pi i.$$

又

$$\int_C \frac{e^z}{z} dz = \int_0^{2\pi} i e^{\cos\theta + i\sin\theta} d\theta$$
$$= \int_0^{2\pi} i e^{\cos\theta} [\cos(\sin\theta) + i\sin(\sin\theta)] d\theta.$$

故得

$$2\pi i = -\int_0^{2\pi} e^{\cos\theta} \sin(\sin\theta) d\theta + i \int_0^{2\pi} e^{\cos\theta} \cos(\sin\theta)] d\theta.$$

从而有

$$\int_0^{2\pi} e^{\cos\theta} \sin(\sin\theta)d\theta = 0;$$
$$\int_0^{2\pi} e^{\cos\theta} \cos(\sin\theta)d\theta = 2\pi.$$

3.3.2 解析函数的高阶导数

定理 3.9 在定理 3.8 的条件下，$f(z)$ 在 D 内有任意阶导数，且

$$f^{(n)}(z) = \frac{n!}{2\pi i} \int_C \frac{f(\zeta)}{(\zeta-z)^{n+1}} d\zeta, \quad n=1,2,\cdots. \tag{3-11}$$

证 现证 $n=1$ 时，式(3-11)成立，设 z 为 D 内任意一点，取 $\Delta z \neq 0$，使 $z+\Delta z \in D$，只须证明当 $\Delta z \to 0$ 时，下式也趋于 0.

$$\frac{f(z+\Delta z)-f(z)}{\Delta z} - \frac{1}{2\pi i} \int_C \frac{f(z)}{(\zeta-z)^2} dz$$

$$= \frac{1}{\Delta z}[\frac{1}{2\pi i} \int_C \frac{f(\zeta)}{\zeta-z-\Delta z} d\zeta$$

$$-\frac{1}{2\pi i} \int_C \frac{f(\zeta)}{\zeta-z} d\zeta] - \frac{1}{2\pi i} \int_C \frac{f(z)}{(\zeta-z)^2} d\zeta$$

$$= \frac{\Delta z}{2\pi i} \int_C \frac{f(\zeta)}{(\zeta-z-\Delta z)(\zeta-z)^2} d\zeta.$$

设以 z 为圆心，以 $2d$ 为半径的圆域完全在 D 内，并在此圆域中取 $z+\Delta z$ 使得 $0 < \Delta z < d$，那么当 $\zeta \in C$ 时，

$$|\zeta-z| > d, \quad |\zeta-z-\Delta z| > d.$$

设 M 是 $|f(z)|$ 在 C 的一个上界，C 的长度为 l，于是有

$$\left|\frac{\Delta z}{2\pi i} \int_C \frac{f(\zeta)}{(\zeta-z-\Delta z)(\zeta-z)^2} d\zeta\right| \leq \frac{|\Delta z|}{2\pi} \frac{Ml}{d^2},$$

因此当 $|\Delta z| \to 0$ 时，

$$\frac{\Delta z}{2\pi i} \int_C \frac{f(\zeta)}{(\zeta-z-\Delta z)(\zeta-z)^2} d\zeta \to 0.$$

应用数学归纳法，可证明 $f(z)$ 在 D 内有任意阶导数，且式(3-11)成

立.

据定理 3.9 知,若 $f(z)$ 在区域 D 内解析,则 $f(z)$ 在 D 内有任意阶导数. 其实,设 z 是 D 内任意一点,以 z 为圆心作一个完全在 D 内的闭圆域,对此闭圆域应用定理 3.9,可见 $f(z)$ 在 z 有任意阶导数.

式(3-11)说明了柯西积分

$$\frac{1}{2\pi i}\int_C \frac{f(\zeta)}{\zeta-z}d\zeta$$

关于 z 求导时,允许在积分号下求导,即

$$\frac{d^n}{dz^n}\left(\int_C \frac{f(\zeta)}{\zeta-z}d\zeta\right) = \frac{n!}{2\pi i}\int_C \frac{f(\zeta)}{(\zeta-z)^{n+1}}d\zeta$$

$$= \frac{1}{2\pi i}\int_C \frac{d^n}{dz^n}\left[\frac{f(\zeta)}{\zeta-z}\right]d\zeta.$$

一个定义在实数区间上可导的实函数 $f(x)$,其导数 $f'(x)$ 就不一定可导了. 如

$$f(x) = \begin{cases} x^2\sin\frac{1}{x}, & x\neq 0; \\ 0, & x=0 \end{cases}$$

在 $(-\infty,+\infty)$ 处处可导,但

$$f'(x) = \begin{cases} 2x\sin\frac{1}{x}-\cos\frac{1}{x}, & x\neq 0; \\ 0, & x=0 \end{cases}$$

在 $x=0$ 不可导. 但是,在一个区域上可导的复变函数,在 D 内的各阶导数都存在. 这是与实函数很不相同的结论,是实函数与复变函数的又一重大差异.

例 3.17 设 $f(z)$,$g(z)$ 是解析函数;且
$$f(z_0)=g(z_0)=0, \quad g'(z_0)\neq 0,$$
证明:
$$\lim_{z\to z_0}\frac{f(z)}{g(z)} = \lim_{z\to z_0}\frac{f'(z)}{g'(z)}.$$

证

$$\lim_{z\to z_0}\frac{f(z)}{g(z)}=\lim_{z\to z_0}\frac{\dfrac{f(z)-f(z_0)}{z-z_0}}{\dfrac{g(z)-g(z_0)}{z-z_0}}=\frac{f'(z_0)}{g'(z_0)}=\lim_{z\to z_0}\frac{f'(z)}{f'(z)}.$$

例 3.18 设 $C_r: |z|=r$，考察 r 取不同值时，积分

$$\int_{C_r}\frac{\mathrm{d}z}{z^3(z+1)(z-1)}\text{ 的值}.$$

解 (1) 当 $0<r<1$ 时，

$$\begin{aligned}\int_{C_r}\frac{\mathrm{d}z}{z^3(z+1)(z-1)}&=\int_{C_r}\frac{\dfrac{1}{(z+1)(z-1)}}{z^3}\mathrm{d}z\\&=\frac{2\pi\mathrm{i}}{2}[\frac{1}{(z+1)(z-1)}]''\Big|_{z=0}\\&=\frac{\pi\mathrm{i}}{2}[\frac{1}{z-1}-\frac{1}{z+1}]''\Big|_{z=0}\\&=\frac{\pi\mathrm{i}}{2}[\frac{2}{(z-1)^3}-\frac{2}{(z+1)^3}]''\Big|_{z=0}\\&=-2\pi\mathrm{i}.\end{aligned}$$

(2) 当 $|z|=r=1$ 时，所说积分不存在.

(3) 当 $1<r<+\infty$ 时，在 C 内作三个小圆

$$C_{r_{-1}}:|z+1|=r_{-1},\quad C_{r_1}:|z-1|=r_1,\quad C_{r_0}:|z|=r_0,$$

且使每一个都在其余两圆周的外部，但它们都在 C_r 之内部(图 3-10)，则有

$$\int_{C_r}\frac{\mathrm{d}z}{z^3(z+1)(z-1)}$$

$$=\int_{C_{r_{-1}}}\frac{\mathrm{d}z}{z^3(z+1)(z-1)}+\int_{C_{r_0}}\frac{\mathrm{d}z}{z^3(z+1)(z-1)}+\int_{C_{r_1}}\frac{\mathrm{d}z}{z^3(z+1)(z-1)}$$

$$= \int_{C_{r_{-1}}} \frac{\frac{1}{z^3(z-1)}}{z+1} dz + \int_{C_{r_0}} \frac{\frac{1}{(z+1)(z-1)}}{z^3} dz + \int_{C_{r_1}} \frac{\frac{1}{z^3(z+1)}}{z-1} dz$$

$$= 2\pi i[\frac{1}{(-1)^3(-1-1)} - 2\pi i + \frac{2\pi i}{2}]$$

$$= 0.$$

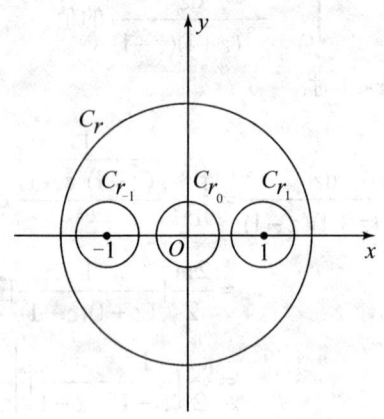

图 3-10

定理 3.10 函数 $f(z) = u(x,y) + iv(x,y)$ 在区域 D 解析的充要条件是

(1) $\dfrac{\partial u}{\partial x}, \dfrac{\partial u}{\partial y}, \dfrac{\partial v}{\partial x}, \dfrac{\partial v}{\partial y}$ 在 D 内连续;

(2) $u(x,y), v(x,y)$ 在 D 内满足 C-R 条件.

证 充分性. 因 u,v 的一阶偏导数均连续, 故 u,v 在 D 可微, 又 u,v 在 D 满足 C-R 条件, 故 $f(z)$ 在 D 可微, D 是区域, 于是 $f(z)$ 在 D 解析.

必要性. 因 $f(z)$ 在 D 解析, 故 u,v 在 D 满足 C-R 条件; 又因

$$f'(z) = \frac{\partial u}{\partial x} + i\frac{\partial v}{\partial x} = \frac{\partial v}{\partial y} + i(-\frac{\partial u}{\partial y})$$

在区域 D 连续,故

$$\frac{\partial u}{\partial x}, \frac{\partial u}{\partial y}, \frac{\partial v}{\partial x}, \frac{\partial v}{\partial y}$$

在区域 D 连续.

定理 3.11 (莫勒尔 Morera 定理)若函数 $f(z)$ 在单连通区域 D 内连续,且对 D 内任一闭路 C,有

$$\int_C f(z)\mathrm{d}z = 0,$$

则 $f(z)$ 在 D 解析.

证 由假设知

$$F(z) = \int_{z_0}^{z} f(\zeta)\mathrm{d}\zeta$$

是 D 内的解析函数,且 $F'(z) = f(z)$. 因解析函数的导数在 D 内解析. 故 $f(z) = F'(z)$ 在 D 内解析.

定理 3.12 $f(z)$ 在区域 D 内解析的充要条件是

(1) $f(z)$ 在 D 连续;

(2) 对任一闭路 C,只要 C 及其内部全含于 D 内,就有

$$\int_C f(z)\mathrm{d}z = 0.$$

证 必要性可由定理 3.3 导出. 至于充分性,可在 D 内任一点 z_0 的一个邻域 $N(z_0, \rho): |z-z_0| < \rho$ 内来应用定理 3.11. 只要 ρ 充分小,就知 $f(z)$ 在 $N(z_0, \rho)$ 内解析,特别地,在 z_0 解析;因 z_0 可在 D 内任意取,故 $f(z)$ 在 D 内解析.

定理 3.13 设 $f(z)$ 在区域 D 内解析,a 为 D 内一点,作 $C_R: |z-a| = R$,使 $\overline{K}_R: |z-a| \leqslant R$ 全含于 D 内,则有

$$\left| f^{(n)}(a) \right| \leqslant \frac{n!}{R^n} M_R, \quad M_R = \max_{|z-a|=R} |f(z)|. \tag{3-12}$$

式(3-12)称为柯西不等式.

证 应用定理 3.9 于 $\overline{K}_R$ 上,则有

$$\left|f^{(n)}(a)\right| = \left|\frac{n!}{2\pi i}\int_{C_R}\frac{f(z)}{(z-a)^{n+1}}dz\right|$$

$$\leq \frac{n!}{2\pi}M_R\frac{1}{R^{n+1}}2\pi R = \frac{n!}{R^n}M_R.$$

定理 3.14 (Liouville) 若 $f(z)$ 在 z 平面上解析且有界，则函数必为常数.

证 设 $|f(z)|$ 的上界为 M，则在式(3.12)中，对无论什么样的 R，均有 $M_R \leq M$，于是令 $n=1$，有

$$|f'(a)| \leq \frac{M}{R}.$$

上式对一切 R 均成立，让 $R \to +\infty$，即知 $f'(a)=0$，而 a 是 z 平面上任一点，故 $f(z)$ 在 z 平面上的导数为零. 故 $f(z)$ 必为常数.

定理 3.15 (代数学基本定理) 在 z 平面上的 n 次多项式

$$p(z) = a_0 z^n + a_1 z^{n-1} + \cdots + a_n \quad (a_0 \neq 0) \text{ 至少有一个零点.}$$

证 用反证法. 设 $p(z)$ 在 z 平面上无零点，则 $\dfrac{1}{p(z)}$ 在 z 平面上解析. 由于

$$\lim_{z\to\infty} p(z) = \lim_{z\to\infty} z^n\left(a_0 + \frac{a_1}{z} + \cdots + \frac{a_n}{z^n}\right) = \infty,$$

故

$$\lim_{z\to\infty} = \frac{1}{p(z)} = 0.$$

从而存在充分大的正数 R，使当 $|z|>R$ 时，$\left|\dfrac{1}{p(z)}\right|<1$，又因 $\dfrac{1}{p(z)}$ 在 $|z|\leq R$ 上连续，故可设 $\left|\dfrac{1}{p(z)}\right| \leq M$（正常数），于是在 z 平面上，$\left|\dfrac{1}{p(z)}\right|<M+1$，由定理 3.14，$\dfrac{1}{p(z)}$ 必为常数，即 $p(z)$ 必为常数. 结论与定理的假设矛盾，故定理得证.

§3.4 调和函数

调和函数与解析函数的实虚部有着极为深刻的内在联系,因而它在解析函数的理论中具有一定的地位;调和函数又是许多实际问题中经常遇到的函数,因此它在实践中也有着重要意义.本节只对解析函数的实、虚部与调和函数的关系作一些初步的介绍.

定义 3.2 若实二元函数 $T(x,y)$ 在区域 D 内有连续的二阶偏导数,且满足拉普拉斯(Laplace)方程

$$\frac{\partial^2 T}{\partial x^2} + \frac{\partial^2 T}{\partial y^2} = 0,$$

便称 $T(x,y)$ 为 D 内的**调和函数**.

定理 3.16 若函数 $f(z) = u(x,y) + \mathrm{i}v(x,y)$ 在区域 D 内解析,则 $u(x,y)$ 与 $v(x,y)$ 均为 D 内的调和函数.

证 由假设,u,v 在 D 内满足 C-R 条件,且 $f''(z)$ 在 D 内连续,从而 u,v 在 D 内有二阶连续偏导数,因此

$$\frac{\partial^2 u}{\partial x^2} + \frac{\partial^2 u}{\partial y^2} = \frac{\partial}{\partial x}\left(\frac{\partial u}{\partial x}\right) + \frac{\partial}{\partial y}\left(\frac{\partial u}{\partial y}\right)$$

$$= \frac{\partial}{\partial x}\left(\frac{\partial v}{\partial y}\right) + \frac{\partial}{\partial y}\left(-\frac{\partial v}{\partial x}\right) = \frac{\partial^2 v}{\partial x \partial y} - \frac{\partial^2 v}{\partial y \partial x}$$

$$= 0,$$

即 u 是 D 内的调和函数.同样证明 v 也是 D 内的调和函数.

上述定理的逆定理不成立.如 $f(z) = \bar{z} = x + \mathrm{i}(-y), u = x, v = -y$ 都是 z 平面上的调和函数,但 $f(z) = \bar{z}$ 在 z 平面上处处不解析.

定义 3.3 若在区域 D 内,$u(x,y)$ 与 $v(x,y)$ 均为调和函数,且 u,v 在 D 满足 C-R 条件,则称 v 是 u 在 D 内的**共轭调和函数**.

定理 3.17 若 $f(z)$ 在区域 D 内解析,则 $v = \mathrm{Im}\, f(z)$ 是 $u = \mathrm{Re}\, f(z)$ 的共轭调和函数.

此定理的证明是明显的.

定理 3.18 若在区域 D 内，$v(x,y)$ 是 $u(x,y)$ 的共轭调和函数，则 $f(z)=u+\mathrm{i}v$ 是 D 内的解析函数.

证 由假设 u,v 在 D 内有一阶连续偏导数 $\dfrac{\partial u}{\partial x},\dfrac{\partial u}{\partial y},\dfrac{\partial v}{\partial x},\dfrac{\partial v}{\partial y}$，又在 D 内 u,v 满足 C-R 条件，故据定理 3.10 知 $f(z)=u+\mathrm{i}v$ 在区域 D 内解析.

由定理 3.17 及定理 3.18 知：

$f(z)$ 在区域 D 内解析的充要条件是在 D 内 $v=\operatorname{Im} f(z)$ 是 $u=\operatorname{Re} f(z)$ 共轭调和函数.

由此可见调和函数与解析函数的深刻联系.

设 D 为单连通域，自然有以下两个问题：

(1) 已知 D 内的解析函数的实部 $u(x,y)$，在 D 内确定该解析函数的虚部 $v(x,y)$. 这等价于已知 D 内的调和函数 $u(x,y)$，在 D 内求 $u(x,y)$ 的共轭调和函数 $v(x,y)$.

(2) 已知 D 内解析函数的虚部 $v(x,y)$，在 D 内确定该解析函数的实部 $u(x,y)$，这等价于在 D 内求调和函数 $u(x,y)$，使 $v(x,y)$ 是 $u(x,y)$ 的共轭调和函数.

由于 D 是单连通区域，而且由问题中的条件，在 D 内有

$$\mathrm{d}u=\frac{\partial u}{\partial x}\mathrm{d}x+\frac{\partial u}{\partial y}\mathrm{d}y=\frac{\partial v}{\partial y}\mathrm{d}x-\frac{\partial v}{\partial x}\mathrm{d}y,$$

$$\mathrm{d}v=\frac{\partial v}{\partial x}\mathrm{d}x+\frac{\partial v}{\partial y}\mathrm{d}y=-\frac{\partial u}{\partial y}\mathrm{d}x+\frac{\partial u}{\partial x}\mathrm{d}y.$$

于是问题(1),(2)可分别按以下公式求解：

$$v=\int_{(x_0,y_0)}^{(x,y)}-\frac{\partial u}{\partial y}\mathrm{d}x+\frac{\partial u}{\partial x}\mathrm{d}y+C,\tag{3.13}$$

$$u=\int_{(x_0,y_0)}^{(x,y)}\frac{\partial v}{\partial y}\mathrm{d}x-\frac{\partial v}{\partial x}\mathrm{d}y+C,\tag{3.14}$$

其中 $(x_0,y_0)\in D$，C 是任意实常数.

例 3.19 已知解析函数的实部 $u=y^3-3x^2y$，求该解析函数的虚

部 $v(x,y)$,从而求出此解析函数 $f(z)=u(x,y)+\mathrm{i}v(x,y)$,且使 $f(2)=\mathrm{i}$。

解 利用公式(3-13),取积分路线如图 3-11 所示,有

$$v = \int_{(0,0)}^{(x,y)} -\frac{\partial u}{\partial y}\mathrm{d}x + \frac{\partial u}{\partial x}\mathrm{d}y + C$$

$$= \int_0^x 3x^2\mathrm{d}x + \int_0^y (-6xy)\mathrm{d}y + C$$

$$= x^3 - 3xy^2 + C.$$

于是 $f(z)=u+\mathrm{i}v=y^3-3x^2y+\mathrm{i}(x^3-3xy^2)+\mathrm{i}C$。由 $f(2)=\mathrm{i}$,得 $\mathrm{i}=\mathrm{i}(8+C)$,即 $C=-7$,故

$$f(z) = y^3 - 3x^2y + \mathrm{i}(x^3 - 3xy^2) - 7\mathrm{i}.$$

例 3.20 已知解析函数的虚部

$$v = \arctan\frac{y}{x}, \quad (x>0),$$

求该解析函数的实部 u,从而确定此解析函数 $f(z)=u(x,y)+\mathrm{i}v(x,y)$。

解 利用公式(3-14)取积分路线如图 3-12,有

$$u = \int_{(1,0)}^{(x,y)} \frac{\partial v}{\partial y}\mathrm{d}x - \frac{\partial v}{\partial x}\mathrm{d}y + C$$

$$= \int_{(1,0)}^{(x,y)} \frac{\frac{1}{x}}{1+\frac{y^2}{x^2}}\mathrm{d}x - \frac{-\frac{y}{x^2}}{1+\frac{y^2}{x^2}}\mathrm{d}y + C$$

$$= \int_1^x \frac{1}{x}\mathrm{d}x - \int_0^y \frac{y}{x^2+y^2}\mathrm{d}y + C$$

$$= \ln x + \frac{1}{2}\ln(x^2+y^2) - \ln x + C$$

$$= \ln\sqrt{x^2+y^2} + C,$$

故 $f(z) = \mathrm{i}\arctan\frac{y}{x} + \ln\sqrt{x^2+y^2} + C$

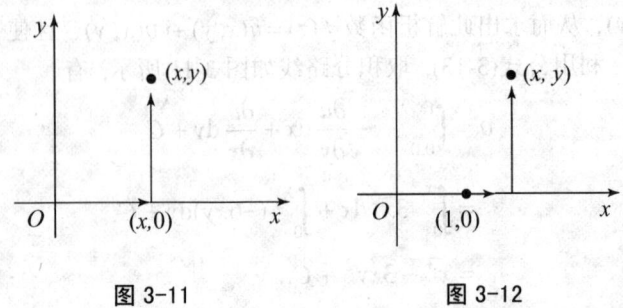

图 3-11　　　　　　　图 3-12

对于解析函数 $f(z)$，已知 $u = \mathrm{Re}\, f(z)$ 或已知 $v = \mathrm{Im}\, f(z)$ 时，也可先求出 $f'(z)$ 然后再求出 $f(z)$ 来，从而就求得 v 或 u 了，我们用此法重新求解例 3.19 和例 3.20.

对例 3.19，因
$$f'(z) = \frac{\partial u}{\partial x} - \mathrm{i}\frac{\partial u}{\partial y} = -6xy - \mathrm{i}(3y^2 - 3x^2) = 3z^2\mathrm{i},$$
故
$$f(z) = \int_0^z f'(\zeta)\mathrm{d}\zeta + C = \int_0^z \mathrm{i}3\zeta^2 \mathrm{d}\zeta + C = \mathrm{i}z^3 + C,$$
由 $f(2) = \mathrm{i}$，得 $8\mathrm{i} + C = \mathrm{i}, C = -7\mathrm{i}$，故
$$f(z) = \mathrm{i}(z^3 - 7).$$

对例 3.20，因
$$f'(z) = \frac{\partial v}{\partial y} + \mathrm{i}\frac{\partial v}{\partial x} = \frac{\dfrac{1}{x}}{1 + \dfrac{y^2}{x^2}} + \mathrm{i}\frac{-\dfrac{y}{x}}{1 + \dfrac{y^2}{x^2}}$$
$$= \frac{x}{x^2 + y^2} + \mathrm{i}\frac{-y}{x^2 + y^2} = \frac{1}{z},$$
故
$$f(z) = \int_1^z f'(\zeta)\mathrm{d}\zeta + C = \int_1^z \frac{1}{\zeta}\mathrm{d}\zeta + C = \ln z + C.$$

§3.5 习题

1. 计算 $\operatorname{Re} z$ 沿曲线 C：$z = t + \mathrm{i}t^2$ $(0 \leqslant t \leqslant 1)$ 的积分.

2. 设 C 为连接 $-\mathrm{i}$ 到 i 的直线段, 证明 $\left|\int_C (x^2 + \mathrm{i}y^2)\mathrm{d}z\right| \leqslant 2$.

3. 设 C 为连接 $-\mathrm{i}$ 到 i 的右半圆周, 证明
$$\left|\int_C (x^2 + \mathrm{i}y^2)\mathrm{d}z\right| \leqslant \pi.$$

4. 计算下列沿曲线 C：$|z| = 1$ 的积分：

(1) $\int_C \dfrac{\mathrm{d}z}{z-2}$;

(2) $\int_C \dfrac{\mathrm{d}z}{\cos z}$;

(3) $\int_C z\mathrm{e}^z \mathrm{d}z$;

(4) $\int_C \dfrac{\mathrm{d}z}{z^2 + 2z + 4}$.

5. 计算下列积分:

(1) $\int_{|z-2|=1} \dfrac{\mathrm{e}^z}{z-2} \mathrm{d}z$;

(2) $\int_{|z|=2} z^3 \cos z \, \mathrm{d}z$;

(3) $\int_{|z-2\mathrm{i}|=\frac{3}{2}} \dfrac{\mathrm{e}^{\mathrm{i}z}}{z^2+1} \mathrm{d}z$;

(4) $\int_{|z|=\frac{3}{2}} \dfrac{\mathrm{d}z}{(z^2+1)(z^2+4)}$;

(5) $\int_{|z|=2} \dfrac{\sin z}{(z-\frac{\pi}{2})^2} \mathrm{d}z$;

(6) $\int_C \dfrac{f'(z)}{f(z)} \mathrm{d}z$, C 为单连通区域 D 内的任一闭路, $f(z)$ 在 D 解析, 且在 D 内每点不为 0.

6. 计算下列积分:

(1) $\int_{|z|=4} \left(\dfrac{4}{z+1} + \dfrac{3}{z+2\mathrm{i}}\right)\mathrm{d}z$;

(2) $\int_{|z|=2} \dfrac{\cos z}{z^2} \mathrm{d}z$;

(3) $\int_c \dfrac{dz}{z-i}$，C 是以 $\pm\dfrac{1}{2}$，$\pm\dfrac{6}{5}i$ 为顶点的正方菱形；

(4) $\int_{|z|=2} \dfrac{dz}{z^2+2}$.

7. 计算积分 $\int_c \dfrac{\sin\dfrac{\pi}{4}z}{z^2-1}dz$，其中

(1) C：$|z+1|=\dfrac{1}{2}$；　　(2) C：$|z-1|=\dfrac{1}{2}$；　　(3) C：$|z|=2$.

8. 计算积分 $\dfrac{1}{2\pi i}\int_c \dfrac{e^z}{z(1-z)^3}dz$，

其中 C 是一条闭路，合于下列条件之一：

(1) $z=0$ 在 C 的内部，$z=1$ 在 C 的外部；

(2) $z=1$ 在 C 的内部，$z=0$ 在 C 的外部；

(3) $z=0$，$z=1$ 都在 C 的内部.

9. 证明：若 $\varphi(\zeta)$ 在一条简单曲线 C 上连续，则在不含 C 上点的任何区域 D 内，函数

$$F(z)=\dfrac{1}{2\pi i}\int_c \dfrac{\varphi(\zeta)}{\zeta-z}d\zeta$$

解析，并且有任意阶导数

$$F^{(n)}(z)=\dfrac{n!}{2\pi i}\int_c \dfrac{\varphi(\zeta)}{(\zeta-z)^{n+1}}d\zeta \quad (n=1,2,\cdots).$$

这里确定的函数的积分称为**柯西型积分**.

10. 用积分

$$\int_{|z|=1}\dfrac{dz}{z+2}$$

计算积分

$$\int_0^\pi \dfrac{1+2\cos\theta}{5+4\cos\theta}d\theta.$$

11. 用积分

计算积分
$$\int_{|z|=1} (z+\frac{1}{z})^n \frac{1}{z} dz$$

$$\int_0^\pi \cos^{2m}\theta d\theta \; \text{及} \; \int_0^\pi \cos^{2m-1}\theta d\theta.$$

12. 分别由下列条件求解析函数 $f(z)=u+\mathrm{i}\upsilon$:

(1) $u=2(x-1)y, f(2)=-\mathrm{i}$;

(2) $\upsilon=\mathrm{e}^x(y\cos y+x\sin x)+x+y, f(0)=0$.

13. 设 $f(z)=u+\mathrm{i}\upsilon$ 是区域 D 内的解析函数,试证 $-u$ 是 υ 在 D 内的共轭调和函数.

14. 若 $u(z)$ 是区域 D_1 内的调和函数,$z=g(\zeta)$ 是区域 D 内的解析函数,且其函数值都在 D_1 内,试证复合函数 $u[g(\zeta)]=U(\zeta)$ 是 D 内的调和函数.

第四章 解析函数的级数表示

本章以级数为工具,进一步揭示解析函数的一些更为深刻的性质.

§4.1 复数项级数

定义 4.1 设 $C_n(n=1,2,\cdots)$ 为复常数,称

$$\sum_{n=1}^{\infty} C_n = C_1 + C_2 + \cdots + C_n + \cdots \tag{4-1}$$

为**复数项级数**,简称**级数**.

$$S_n = \sum_{k=1}^{n} C_k = C_1 + C_2 + \cdots + C_n$$

称为级数(4-1)的部分和. 若

$$\lim_{n \to \infty} S_n = S \quad (S \text{ 为有限复数}),$$

则称级数(4-1)收敛于 S,且称 S 为级数(4-1)的**和**,写成

$$S = \sum_{n=1}^{\infty} C_n.$$

若复数列 $S_n(n=1,2,\cdots)$ 无极限,则称级数(4-1)为**发散**.

由定义 4.1,可把复数列的极限的有关命题转化为级数的相应的命题,例如可得级数的如下性质.

(1) 若级数 $\sum_{n=1}^{\infty} C_n$ 收敛,则 $\lim_{n \to \infty} C_n = 0$. 其实这可由"若 $\lim_{n \to \infty} S_n = S$;则 $\lim_{n \to \infty}(S_n - S_{n-1}) = S - S = 0$"转化而来.

(2) 若 k 为常数，$\sum_{n=1}^{\infty} C_n = S$，则 $\sum_{n=1}^{\infty} kC_n = k\sum_{n=1}^{\infty} C_n$．其实这可由 "若 k 为常数，$\lim\limits_{n\to\infty} S_n = S$ 则 $\lim\limits_{n\to\infty} kS_n = kS$" 转化而来．

(3) 若 $\sum_{n=1}^{\infty} C_n = S$，$\sum_{n=1}^{\infty} C_n' = S'$，则 $\sum_{n=1}^{\infty} (C_n + C_n') = S + S'$．这可由 "若 $\lim\limits_{n\to\infty} S_n = S$，$\lim\limits_{n\to\infty} S_n' = S'$，则 $\lim\limits_{n\to\infty}(S_n + S_n') = S + S'$" 转化而来．这里 $S_n' = \sum_{k=1}^{n} C_k'$．

(4) $\sum_{n=1}^{\infty} C_n$ 收敛的充要条件是：对任给 $\varepsilon > 0$，存在自然数 N，当 $n > N$ 时，恒有 $|C_{n+1} + C_{n+2} + \cdots + C_{n+p}| < \varepsilon$（$p = 1, 2, \cdots$）．其实这可由复数列 $\{S_n\}$ 的柯西收敛准则得来．

(5) 设 $C_n = a_n + ib_n$，a_n, b_n 为实常数（$n = 1, 2, \cdots$），则级数(4-1)收敛于 $S = a + ib$（a, b 为实常数）的充要条件是：$\sum_{n=1}^{\infty} a_n$ 收敛于 a，同时 $\sum_{n=1}^{\infty} b_n$ 收敛于 b．这可由定理 1.3 转化而来，事实上，$\sum_{n=1}^{\infty} C_n = S = \lim\limits_{n\to\infty} \sum_{k=1}^{n} (a_k + ib_k) = a + ib$ 充要条件是

$$\lim_{n\to\infty} \sum_{k=1}^{n} a_k = a，同时 \lim_{n\to\infty} \sum_{k=1}^{n} b_k = b.$$

据性质(5)，也可以由实数项级数的一些命题，导出复数项级数相应命题．如

(6) 设 $C_n = a_n + ib_n$ 为实常数（$n = 1, 2, \cdots$），则级数 $\sum_{n=1}^{\infty} C_n$ 绝对收敛（即 $\sum_{n=1}^{\infty} |C_n|$ 收敛）的充要条件是：$\sum_{n=1}^{\infty} a_n$ 与 $\sum_{n=1}^{\infty} b_n$ 都绝对收敛．

其实，因 $|a_n| \leqslant |C_n|$，$|b_n| \leqslant |C_n|$（$n=1,2,\cdots$），故当 $\sum\limits_{n=1}^{\infty} |C_n|$ 收敛时，$\sum\limits_{n=1}^{\infty} a_n$ 与 $\sum\limits_{n=1}^{\infty} b_n$ 都绝对收敛．又因 $\sum\limits_{n=1}^{\infty} |C_n| = \sum\limits_{n=1}^{\infty} \sqrt{a_n^2 + b_n^2}$

$\leqslant \sum\limits_{n=1}^{\infty} |a_n| + \sum\limits_{n=1}^{\infty} |b_n|$ 故当 $\sum\limits_{n=1}^{\infty} a_n$ 与 $\sum\limits_{n=1}^{\infty} b_n$ 都绝对收敛时，$\sum\limits_{n=1}^{\infty} C_n$ 必绝对收敛．

由此看出，若 $\sum\limits_{n=1}^{\infty} C_n$ 绝对收敛，$\sum\limits_{n=1}^{\infty} C_n$ 必收敛．但在 $\sum\limits_{n=1}^{\infty} C_n$ 收敛时，$\sum\limits_{n=1}^{\infty} a_n$ 与 $\sum\limits_{n=1}^{\infty} b_n$ 虽都收敛，但此二实级数未必绝对收敛，从而知 $\sum\limits_{n=1}^{\infty} C_n$ 未必绝对收敛．

(7) 绝对收敛级数 $\sum\limits_{n=1}^{\infty} C_n$ 的各项可以重排，即若级数

$$\sum_{n=1}^{\infty} C_n = C_1 + C_2 + \cdots + C_n + \cdots$$

绝对收敛，则调换级数的各项的顺序所得之级数仍绝对收敛且其和不变．

(8) 两个绝对收敛级数

$$S = C_1 + C_2 + \cdots + C_n + \cdots$$
$$S' = C_1' + C_2' + \cdots + C_n' + \cdots$$

可按下述对角线法

	C_1'	C_2'	C_3'	$\cdots$
C_1	C_1C_1'	C_1C_2'	C_1C_3'	$\cdots$
C_2	C_2C_1'	C_2C_2'	C_2C_3'	$\cdots$
C_3	C_3C_1'	C_3C_2'	C_3C_3'	$\cdots$
$\vdots$	$\vdots$	$\vdots$	$\vdots$	$\vdots$

得出乘积级数
$$C_1C_1' + (C_1C_2' + C_2C_1') + (C_1C_3' + C_2C_2' + C_3C_1') + \cdots,$$
它收敛于 SS'.

定义 4.2 式子

$$\cdots C_{-n} + C_{-(n-1)} + \cdots + C_{-2} + C_{-1} + C_0 + C_1 + C_2 + \cdots + C_{n-2} + C_{n-1} + C_n + \cdots$$

缩写成 $\sum_{n=-\infty}^{+\infty} C_n$,称为**两端级数**,其中 $C_n (n=0,1,2,\cdots)$ 及 $C_{-n}(n=1,2,\cdots)$ 是复常数. 当且只当

$$\sum_{n=1}^{\infty} C_{-n} = C_{-1} + C_{-2} + \cdots + C_{-n} + \cdots$$

及

$$\sum_{n=0}^{\infty} C_n = C_0 + C_1 + C_2 + \cdots + C_n + \cdots$$

皆收敛时,方称 $\sum_{n=-\infty}^{+\infty} C_n$ **收敛**,此时规定

$$\sum_{n=-\infty}^{\infty} C_n = \sum_{n=0}^{\infty} C_n + \sum_{n=1}^{\infty} C_{-n},$$

否则称 $\sum_{n=-\infty}^{\infty} C_n$ **发散**.

§4.2 复变函数项级数

定义 4.3 设函数 $f_n(z)$ $(n=1,2,\cdots)$ 在集合 E 上有定义,若对 E 中任一点 z,级数

$$\sum_{n=1}^{\infty} f_n(z) = f_1(z) + f_2(z) + \cdots + f_n(z) + \cdots \tag{4-2}$$

收敛,则称函数项级数(4-2)在集合 E 上**收敛**,其**和**记为 $f(z)$. 显然

$f(z)$是定义在 E 上的函数，称为**和函数**，级数(4-2)在集合 E 上收敛于和函数 $f(z)$，记为

$$\sum_{n=1}^{\infty} f_n(z) = f(z), \quad z \in E.$$

用不等式描述便是：

任意给定 $\varepsilon > 0$ 及给定的 $z \in E$，存在自然数 $N=N(\varepsilon, z)$，使当 $n > N$ 时，恒有

$$|S_n(z) - f(z)| < \varepsilon,$$

式中的 $S_n(z) = f_1(z) + f_2(z) + \cdots + f_n(z)$.

上述的 $N=N(\varepsilon, z)$，既依赖于 ε 又依赖于 $z \in E$. 一种特殊而且重要的情形是 $N=N(\varepsilon)$ 不依赖于 $z \in E$.

定义 4.4 对级数(4-2)，如果在集合 E 上有一个函数 $f(z)$，使对任意给定的 $\varepsilon > 0$，存在自然数 $N=N(\varepsilon)$，对任何 $z \in E$，当 $n > N$ 时，恒有

$$|S_n(z) - f(z)| < \varepsilon,$$

则称级数(4.2)在 E 上**一致收敛**于 $f(z)$.

显然，级数(4.2)在 E 上一致收敛于 $f(z)$ 时，它必在 E 上收敛于 $f(z)$，但级数(4.2)在 E 上收敛于 $f(z)$ 时，它不一定在 E 上是一致收敛的.

定理 4.1 （柯西一致收敛准则） 级数(4-2)在 E 上一致收敛于某函数的充要条件是：任给 $\varepsilon > 0$，存在自然数 $N=N(\varepsilon)$，使当 $n > N$ 时，对一切 $z \in E$，恒有

$$|f_{n+1}(z) + f_{n+2}(z) + \cdots + f_{n+p}(z)| < \varepsilon \quad (p=1,2,\cdots).$$

据此准则，可推出级数(4-2)一致收敛的一种常用的判别法，即所谓的魏尔斯特拉斯(Weierstrass)判别法：

如果有正实数列 $M_n (n=1,2,\cdots)$，使对一切 $z \in E$，有

$$|f_n(z)| \leqslant M_n (n=1,2,\cdots),$$

而且级数 $\sum_{n=1}^{\infty} M_n$ 收敛,则复函数项级数 $\sum_{n=1}^{\infty} f_n(z)$ 在点集 E 上绝对收敛且一致收敛.

定义 4.5 设 $f_n(z)(n=1,2,\cdots)$ 是定义在区域 D 内的函数列,若级数

$$\sum_{n=1}^{\infty} f_n(z), \quad z \in D$$

在 D 内任一有界闭集上一致收敛,则称此级数在 D 内**内闭一致收敛**.

定理 4.2 级数(4-2)在圆域 $K:|z-a|<R$ 内内闭一致收敛的充要条件是:对任意正数 ρ,只要 $\rho<R$,级数(4-2)在闭域 $\overline{K}_\rho:|z-a|\leqslant \rho$ 上一致收敛.

证 必要性. $\overline{K}_\rho$ 是 K 内的有界闭集.

充分性. 圆 K 内的任一有界闭集 F,总可包含在 K 内某个闭圆域 $\overline{K}_\rho$ 内.

显然,在区域 D 内一致收敛的级数,必在 D 内内闭一致收敛,其逆不真.

例 4.1 考察等比级数

$$\sum_{n=1}^{\infty} z^{n-1} = 1+z+z^2+\cdots+z^{n-1}+\cdots \tag{4-3}$$

在 $|z|<1$ 的收敛性.

解:(1) 级数(4-3)在 $|z|<1$ 收敛于 $\dfrac{1}{1-z}$. 其实在 $|z|<1$ 内,有

$$\sum_{k=1}^{n} z^{k-1} = \frac{1-z^n}{1-z} \to \frac{1}{1-z} (n \to \infty).$$

于是

$$\sum_{n=1}^{\infty} z^{n-1} = \frac{1}{1-z}, \quad |z|<1.$$

(2) 级数(4-3)在$|z|<1$内内闭一致收敛. 其实, 级数在任一闭圆域 $|z| \leqslant r(r<1)$上一致收敛($\sum_{n=1}^{\infty} r^{n-1}$是收敛的实正项级数).

(3) 级数在$|z|<1$内不一致收敛. 其实, 对任给的$\varepsilon>0$, 由

$$\left| \frac{1-z^n}{1-z} - \frac{1}{1-z} \right| = \frac{|z^n|}{|1-z|} < \varepsilon,$$

知

$$n > \frac{1}{\ln|z|}(\ln \varepsilon + \ln|1-z|) \to +\infty \quad (z \to 1).$$

注意：级数(4-3)当$|z| \geqslant 1$时发散. 事实上, 当$|z| \geqslant 1$时,

$$\lim_{n \to \infty} z^{n-1} \neq 0.$$

下边两个定理和实函数项级数相应的定理平行. 我们只给出定理而不做证明.

定理 4.3 设级数(4-2)的各项在集合E上连续, 并且一致收敛于函数$f(z)$, 则和函数

$$f(z) = \sum_{n=1}^{\infty} f_n(z),$$

也在E上连续.

定理 4.4 若级数$\sum_{n=1}^{\infty} f_n(z)$的各项在曲线$C$上连续, 并且在$C$上一致收敛于函数$f(z)$, 则沿$C$可以逐项积分：

$$\int_C f(z)\mathrm{d}z = \sum_{n=1}^{\infty} \int_C f_n(z)\mathrm{d}z.$$

定理 4.5 设

(1) $f_n(z)(n=1,2,\cdots)$在区域D内解析,

(2) $\sum_{n=1}^{\infty} f_n(z)$在$D$内内闭一致收敛于函数$f(z)$, $f(z) = \sum_{n=1}^{\infty} f_n(z)$, $z \in D$, 则

(1) $f(z)$ 在区域 D 内解析;

(2) $f^{(k)}(z) = \sum_{n=1}^{\infty} f_n^{(k)}(z)$ ($z \in D$, $k=1,2,\cdots$).

证 (1) 设 z_0 是 D 内任一点, 则必有 $\rho > 0$, 使闭圆域 $\overline{K}: |z-z_0| \leqslant \rho$ 全含于 D 内, 若 C 为圆 $K: |z-z_0| < \rho$ 内任一闭路, 由柯西积分定理得

$$\int_C f_n(z) \mathrm{d}z = 0, \quad n=1,2,\cdots.$$

因级数 $\sum_{n=1}^{\infty} f_n(z)$ 在 $\overline{K}$ 上一致收敛, 且 $f_n(z)$ 在 $\overline{K}$ 连续 ($n=1,2,\cdots$), 由定理 4.4 得

$$\int_C f_n(z)\mathrm{d}z = \sum_{n=1}^{\infty} \int_C f_n(z)\mathrm{d}z = 0.$$

由莫勒尔定理知, $f(z)$ 在 K 内解析, 从而在 z_0 解析, 由于 z_0 的任意性, 于是 $f(z)$ 在 D 内解析.

(2) 设 z_0 为 D 内任意一点, 必有 $\rho > 0$, 使闭圆域 $\overline{K}: |z-z_0| \leqslant \rho$ 全含于 D 内, $\overline{K}$ 的边界是圆周 $\Gamma: |z-z_0| = \rho$. 故由定理 3.9 有

$$f^{(k)}(z_0) = \frac{k!}{2\pi \mathrm{i}} \int_\Gamma \frac{f(\zeta)}{(\zeta-z_0)^{k+1}} \mathrm{d}\zeta$$

$$f_n^{(k)}(z_0) = \frac{k!}{2\pi \mathrm{i}} \int_\Gamma \frac{f_n(\zeta)}{(\zeta-z_0)^{k+1}} \mathrm{d}\zeta, \quad k=1,2,\cdots.$$

由条件(2), 在 Γ 上, 知级数

$$\frac{f(\zeta)}{(\zeta-z_0)^{k+1}} = \sum_{n=1}^{\infty} \frac{f_n(\zeta)}{(\zeta-z_0)^{k+1}}$$

是一致收敛的, 由定理 4.4 得到

$$\int_\Gamma \frac{f(\zeta)}{(\zeta-z_0)^{k+1}} \mathrm{d}\zeta = \sum_{n=1}^{\infty} \int_\Gamma \frac{f_n(\zeta)}{(\zeta-z_0)^{k+1}} \mathrm{d}\zeta,$$

两端同乘以 $\dfrac{k!}{2\pi i}$，便得

$$f^{(k)}(z) = \sum_{n=1}^{\infty} f_n^{(k)}(z) \quad (k=1,2,\ldots).$$

由于 z_0 的任意性，于是

$$f^{(k)}(z) = \sum_{n=1}^{\infty} f_n^{(k)}(z) \quad (z\in D,\ k=1,2,\ldots).$$

此定理是有名的魏尔斯特拉斯定理，它说明解析函数逐项求导的条件比实函数项级数求导的条件要宽松得多.

§4.3 幂级数

本节讨论一类特别的函数项级数，即**幂级数**

$$\sum_{n=0}^{\infty} C_n(z-z_0)^n = C_0 + C_1(z-z_0) + C_2(z-z_0)^2$$
$$+ \cdots + C_n(z-z_0)^n + \cdots. \tag{4-4}$$

其中 z_0 与 $C_n\,(n=1,2,\cdots)$ 是复常数，z 是复变数.

研究幂级数的首要任务，是研究它的收敛性. 为此先引入下边的阿贝尔(Abel)第一定理.

定理 4.6 若幂级数(4-4)在某点 $z_1(z_1\neq z_0)$ 收敛，则它必在圆域 $K: |z-z_0| < |z_1-z_0|$ 内绝对收敛且内闭一致收敛.

证 设 z 是 K 内任意定点，因 $\sum_{n=0}^{\infty} C_n(z_1-z_0)^n$ 收敛，其各项必然有界，即存在正实数 M，使

$$|C_n(z_1-z_0)| \leqslant M \quad (n=0,1,2,\cdots).$$

于是有

$$|C_n(z-z_0)^n| = |C_n(z_1-z_0)^n \left(\dfrac{z-z_0}{z_1-z_0}\right)|^n \leqslant M\,|\dfrac{z-z_0}{z_1-z_0}|^n.$$

又由于 $|z-z_0| < |z_1-z_0|$，故级数

$$\sum_{n=0}^{\infty} M \left|\frac{z-z_0}{z_1-z_0}\right|^n$$

是收敛的等比级数，因而 $\sum_{n=0}^{\infty} C_n(z-z_0)^n$ 在 K 内绝对收敛.

又对 K 内任一闭圆域 $\overline{K}_\rho : |z-z_0| \leq \rho\,(0<\rho<|z_1-z_0|)$ 上的一切点，都有

$$|C_n(z-z_0)^n| \leq M\left|\frac{z-z_0}{z_1-z_0}\right|^n \leq M\left(\frac{\rho}{|z_1-z_0|}\right)^n$$

而级数 $\sum_{n=0}^{\infty} M\left(\frac{\rho}{|z_1-z_0|}\right)^n$ 收敛，故级数 $\sum_{n=0}^{\infty} C_n(z-z_0)^n$ 在 $\overline{K}_\rho$ 上一致收敛，再据定理 4.2，此级数在 K 内内闭一致收敛.

容易证明：若幂级数(4-4)在某点 $z_2\,(z_2 \neq z_0)$ 发散，则它必在 $|z-z_0|>|z_2-z_0|$ 内发散(用反证法).

定理 4.7 对于级数(4-4)，作实系数幂级数：

$$\sum_{n=0}^{\infty} |C_n| x^n = |C_0| + |C_1|x + |C_2|x^2 + \cdots + |C_n|x^n + \cdots \quad (4\text{-}5)$$

其中 x 为实变数. 若级数(4-5)的收敛半径为 R，则按照不同情况分别有：

(1) 如果 $0 < R < +\infty$，那么当 $|z-z_0| < R$ 时，级数(4-4)绝对收敛；当 $|z-z_0| > R$ 时，级数(4-4)发散；

(2) 如果 $R = +\infty$，那么级数(4-4)在复平面上每一点都绝对收敛；

(3) 如果 $R = 0$，那么级数(4-4)在复平面除 $z = z_0$ 外，每一点都发散.

证 (1) 如果 z_1 满足 $|z_1-z_0| < R$，那么，可以找到一个正实数 r_1，使它满足 $|z_1-z_0| < r_1 < R$. 由于级数(4-5)在 $x = r_1$ 收敛，级数(4-4)在 $|z_1-z_0| = r_1$ 时绝对收敛，从而它在 $z = z_1$ 时也绝对收敛.

如果 $|z_1'-z_0| > R$，那么可以找到一个正数 r_1'，使它满足 $|z_1'-z_0| > r_1' > R$，若级数(4-4)在 $z = z_1'$ 时收敛，则级数(4-5)在 $x = r_1'$ 也收敛，这与假设矛盾，这样就证明了(1).

(2) 及(3) 可类似地证明.

在定理 4.7(1)中，当 $|z-z_0|=R$ 时，级数(4-3)可能收敛，也可能发散.

定理 4.7 中的数 $R(0<R+\infty)$ 称为级数(4-4)的**收敛半径**，$|z-z_0|<R$ 称为它的**收敛圆**，$|z-z_0|=R$ 称它的**收敛圆周**. (2), (3)情形的 R, 也称它们为收敛半径. $R=+\infty$, 就说级数(4-3)的收敛半径是$+\infty$, 此时收敛圆扩大为复平面, 当 $R=0$ 时, 就说级数(4-3)的收敛半径为 0, 收敛圆缩成一点 $z=z_0$. 于是级数(4-4)的收敛半径的问题, 归结为级数(4-5)的收敛半径的问题. 因此, 如果极限

$$\lim_{n\to\infty}\left|\frac{C_{n+1}}{C_n}\right|=\ell, \text{ 或 } \lim_{n\to\infty}\sqrt[n]{|C_n|}=\ell,$$

其中 ℓ 为有限常数或无穷大, 则

$$R=\begin{cases}\dfrac{1}{\ell}, & 0<\ell<+\infty;\\ 0, & \ell=+\infty;\\ +\infty, & \ell=0.\end{cases}$$

例 4.2 求下列各幂级数的收敛半径 R.

(1) $\sum\limits_{n=0}^{\infty}\dfrac{z^n}{n^2}$.

解 因 $\lim\limits_{n\to\infty}\left|\dfrac{\frac{1}{(n+1)^2}}{\frac{1}{n^2}}\right|=\lim\limits_{n\to\infty}\left(\dfrac{n}{n+1}\right)^2=1$, 故 $R=1$.

(2) $\sum\limits_{n=0}^{\infty}\dfrac{z^n}{n!}$.

解 因 $\lim\limits_{n\to\infty}\dfrac{\frac{1}{(n+1)!}}{\frac{1}{n!}}=\lim\limits_{n\to\infty}\dfrac{1}{n+1}=0, R=+\infty$.

(3) $\sum_{n=0}^{\infty} n! z^n$.

解 因 $\lim_{n\to\infty} \dfrac{(n+1)!}{n!} = \lim_{n\to\infty}(n+1) = +\infty$，故 $R=0$.

例 4.3 求幂级数 $\sum_{n=0}^{\infty} z^n \cos \mathrm{i} n$ 的收敛半径 R.

解 $\sqrt[n]{|C_n|} = \sqrt[n]{\dfrac{\mathrm{e}^{-n}+\mathrm{e}^n}{2}} = \dfrac{1}{\sqrt[n]{2}}\sqrt[n]{\mathrm{e}^{-n}+\mathrm{e}^n}$，又 $\mathrm{e} < \sqrt[n]{\mathrm{e}^{-n}+\mathrm{e}^n}$

$< \sqrt[n]{\mathrm{e}^n+\mathrm{e}^n} = \sqrt[n]{2}\mathrm{e}$，而 $\lim_{n\to\infty}\sqrt[n]{2}\mathrm{e} = \mathrm{e}$，故 $\lim_{n\to\infty}\sqrt[n]{\mathrm{e}^{-n}+\mathrm{e}^n} = \mathrm{e}$. 从而

$$R = \lim_{n\to\infty}\dfrac{1}{\sqrt[n]{|C_n|}} = \lim_{n\to\infty}\dfrac{1}{\dfrac{1}{\sqrt[n]{2}}\sqrt[n]{\mathrm{e}^{-n}+\mathrm{e}^n}} = \dfrac{1}{\mathrm{e}}.$$

以下我们说幂级数有收敛圆，都是指其收敛半径是大于零的情况.

定理 4.8 (1) 幂级数

$$\sum_{n=0}^{\infty} C_n (z-z_0)^n \tag{4-6}$$

的和函数 $f(z)$ 在其收敛圆 $K: |z-z_0|<R$ 内解析.

(2) 在收敛圆 K 内，幂级数(4-6)可逐项求导至任意阶，即

$$\begin{aligned}f^{(k)}(z) &= k! C_k + (k+1)k\cdots 2 C_{k+1}(z-z_0) + \cdots \\ &+ n(n+1)\cdots(n-k+1) C_k (z-z_0)^{n-k} + \cdots, \quad k=1,2,\cdots.\end{aligned} \tag{4-7}$$

(3) $C_k = \dfrac{f^{(k)}(z_0)}{k!}$，$k=0,1,2,\ldots$ \tag{4-8}

证 由定理 4.6，幂级数(4-4)在其收敛圆 $K:|z-z_0|<R$ 内内闭一致收敛于 $f(z)$，而其各项 $C_n(z-z_0)^n\;(n=0,1,2,\cdots)$ 又都在 z 平面上解析，故由定理 4.5，本定理(1)、(2)得证.

逐项求 k 阶导数 ($k=1,2,\ldots$) 后，便得到(4-7).

在(4-7)中，令 $z=z_0$，得

$$C_k = \frac{f^{(k)}(z_0)}{k!} \quad (k=1,2,\cdots).$$

注意到 $C_0 = f(z_0) = f^{(0)}(z_0)$，即可得到式(4-8).

§4.4 泰勒级数

4.4.1 解析函数的泰勒级数

由定理 4.8 知，任意一个具非零收敛半径的幂级数，在其收敛圆内收敛于一个解析函数. 下边的定理说明这个性质的逆命题也是成立的.

定理 4.9 设函数 $f(z)$ 在区域 D 内解析，$z_0 \in D$，只要圆 $K: |z-z_0| < R$ 含于 D，则 $f(z)$ 在 K 内能展成幂级数

$$f(z) = \sum_{n=0}^{\infty} C_n(z-z_0)^n, \tag{4-9}$$

其中系数

$$C_n = \frac{1}{2\pi i}\int_{\Gamma_\rho} \frac{f(\zeta)}{(\zeta-z_0)^{n+1}}\mathrm{d}\zeta = \frac{f^{(n)}(z_0)}{n!}. \tag{4-10}$$

($\Gamma_\rho: |\zeta-z_0| = \rho, 0 < \rho < R; \quad n=0,1,2\cdots$)，且展开式是唯一的.

证 设 z 为 K 内任意选定的点，总有一个圆周 $\Gamma_\rho : |\zeta-z_0| = \rho$，$(0 < \rho < R)$，使点 z 含在 Γ_ρ 的内部(图 4-1). 由柯西公式得

$$f(z) = \frac{1}{2\pi i}\int_{\Gamma_\rho} \frac{f(\zeta)}{\zeta-z}\mathrm{d}\zeta.$$

为把 $\dfrac{f(\zeta)}{\zeta-z}$ 表为含有 $z-z_0$ 的正幂次的级数，写

$$\frac{f(\zeta)}{\zeta-z} = \frac{f(\zeta)}{\zeta-z_0-(z-z_0)} = \frac{f(\zeta)}{\zeta-z_0}\frac{1}{1-\dfrac{z-z_0}{\zeta-z_0}},$$

再求助于等比级数

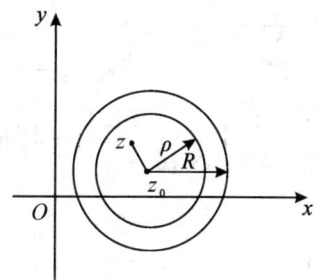

图 4-1

$$\frac{1}{1-u} = \sum_{n=0}^{\infty} u^n, \quad (|u|<1). \tag{4-11}$$

因 $\zeta \in \Gamma_\rho$, 故

$$\left|\frac{z-z_0}{\zeta-z_0}\right| = \frac{|z-z_0|}{\rho} < 1,$$

于是由(4-11),

$$\frac{1}{1-\dfrac{z-z_0}{\zeta-z_0}} = \sum_{n=0}^{\infty} \left(\frac{z-z_0}{\zeta-z_0}\right)^n.$$

上式右端级数在 Γ_ρ 上(关于 ζ)是一致收敛的,以 Γ_ρ 上的有界函数 $\dfrac{f(\zeta)}{\zeta-z_0}$ 相乘,仍是 Γ_ρ 上的一致收敛级数. 于是 $\dfrac{f(\zeta)}{\zeta-z}$ 可表示为 Γ_ρ 上的一致收敛级数

$$\frac{f(\zeta)}{\zeta-z} = \sum_{n=0}^{\infty} (z-z_0)^n \frac{f(\zeta)}{(\zeta-z_0)^{n+1}}.$$

将上式沿 Γ_ρ 积分,并以 $\dfrac{1}{2\pi\mathrm{i}}$ 乘所得结果,据逐项积分定理,便得到

$$f(z) = \frac{1}{2\pi\mathrm{i}} \int_{\Gamma_\rho} \frac{f(\zeta)}{\zeta-z} \mathrm{d}\zeta$$

$$= \frac{1}{2\pi\mathrm{i}} \int_{\Gamma_\rho} \sum_{n=0}^{\infty} (z-z_0)^n \frac{f(\zeta)}{(\zeta-z_0)^{n+1}} \mathrm{d}\zeta$$

$$= \frac{1}{2\pi i} \sum_{n=0}^{\infty} (z-z_0)^n \int_{\Gamma_\rho} \frac{f(\zeta)}{(\zeta-z_0)^{n+1}} \mathrm{d}\zeta$$

$$= \sum_{n=0}^{\infty} [\frac{1}{2\pi i} \int_{\Gamma_\rho} \frac{f(\zeta)}{(\zeta-z_0)^{n+1}} \mathrm{d}\zeta](z-z_0)^n.$$

由定理 3.9 知

$$\frac{1}{2\pi i} \int_{\Gamma_\rho} \frac{f(\zeta)}{(\zeta-z_0)^{n+1}} \mathrm{d}\zeta = \frac{f^{(n)}(z_0)}{n!},$$

最后得出

$$f(z) = \sum_{n=0}^{\infty} C_n (z-z_0)^n.$$

其中的系数 C_n 由式(4-10)决定. 上面的证明对任意的 $z \in K$ 均成立. 故定理前半部分已证出, 下边证明展开式是唯一的.

设另有展开式

$$f(z) = \sum_{n=0}^{\infty} C'_n (z-z_0)^n \quad (z \in K : |z-z_0| < R),$$

由定理 4.8(3)

$$C'_n = \frac{f^{(n)}(z_0)}{n!} = C_n \quad (n = 0,1,2,\cdots),$$

故展开式是唯一的.

式(4-9)称为 $f(z)$ 在 z_0 的**泰勒(TayLar)展开式**, (4-10)称为**泰勒系数**, (4-9)右边的级数称为**泰勒级数**.

据定理(4.8)(1)和定理(4.9), 可得出解析函数的又一等价定理:

定理 4.10 $f(z)$ 在区域 D 内解析的充要条件为: $f(z)$ 在 D 内任一点 z_0 的邻域内可展成 $z-z_0$ 的幂级数, 即泰勒级数.

泰勒展开式(4.9)仅限于 z 在 Γ_ρ (图 4-1)的内部时方能成立, 而 Γ_ρ 又只须在 $f(z)$ 的解析区域 D 内, 对其大小并无限制, 故展开式(4.9)在以 z_0 为心, 通过与 z_0 最接近的 $f(z)$ 之奇点的圆周内部皆成立, 由此及定理 4.8(1)就可得

定理 4.11 如果幂级数(4.4)的收敛半径 $R>0$, 且

$$f(z) = \sum_{n=0}^{\infty} C_n(z-z_0)^n \quad (z \in K : |z-z_0| < R),$$

则 $f(z)$ 在收敛圆周 $C: |z-z_0|= R$ 上至少有一奇点.

例 4.4 求下列函数在 $z=0$ 的泰勒展开式.

(1) $e^z = \sum_{n=0}^{\infty} \dfrac{(e^z)^{(n)}|_{z=0}}{n!} z^n = \sum_{n=0}^{\infty} \dfrac{e^0}{n!} z^n$

$= \sum_{n=0}^{\infty} \dfrac{1}{n!} z^n, \quad |z| < +\infty.$

(2) $\cos z = \dfrac{1}{2}(e^{iz}+e^{-iz}) = \dfrac{1}{2}(\sum_{n=0}^{\infty} \dfrac{(iz)^n}{n!} + \sum_{n=0}^{\infty} \dfrac{(-iz)^n}{n!})$

$= \dfrac{1}{2}\sum_{n=0}^{\infty} \dfrac{1+(-1)^n}{n!}(iz)^n = \dfrac{1}{2}\sum_{k=0}^{\infty} \dfrac{2}{(2k)!}(iz)^{2k}$

$= \sum_{n=0}^{\infty} \dfrac{(-1)^n}{(2n)!} z^{2n}, \quad |z|<+\infty.$

(3) $\sin z = -(\cos z)' = -\sum_{n=0}^{\infty} [\dfrac{(-1)^n z^{2n}}{(2n)!}]'$

$= \sum_{n=0}^{\infty} \dfrac{(-1)^n z^{2n+1}}{(2n+1)!}, \quad |z|<+\infty.$

(4) $e^z \sin z = e^z (\dfrac{e^{iz}-e^{-iz}}{2i})$

$= \dfrac{1}{2i}[e^{(1+i)z} - e^{(1-i)z}] = \dfrac{1}{2i}\sum_{n=0}^{\infty} \dfrac{(1+i)^n - (1-i)^n}{n!} z^n$

$= \dfrac{1}{2i}\sum_{n=0}^{\infty} \dfrac{(2i)(\sqrt{2})^n \sin \dfrac{n\pi}{4}}{n!} z^n$

$= \sum_{n=0}^{\infty} \dfrac{(\sqrt{2})^n \sin \dfrac{n\pi}{4}}{n!} z^n, \quad |z|<+\infty.$

(5) $\dfrac{1}{1+z} = \dfrac{1}{1-(-z)} = \sum\limits_{n=0}^{n} (-1)^n z^n, \quad |z|<1;$

$\dfrac{1}{(1+z)^2} = -(\dfrac{1}{1+z})' = -\sum\limits_{n=0}^{n} [(-1)^n z^n]'$

$= \sum\limits_{n=1}^{n} (-1)^{n-1} n z^{n-1}, \quad |z|<1.$

(6) $\dfrac{e^z}{1-z} = (1 + \dfrac{z}{1!} + \dfrac{z^2}{2!} + \cdots) \cdot (1 + z + z^2 + \cdots)$

$= 1 + (1 + \dfrac{1}{1!})z + (1 + \dfrac{1}{1!} + \dfrac{1}{2!})z^2 + \cdots +$

$+ (1 + \dfrac{1}{1!} + \dfrac{1}{2!} + \cdots + \dfrac{1}{n!})z^n + \cdots, \quad |z|<1.$

(7) $\ln(z+1)$ 以 $z=-1$, ∞ 为支点,将负实轴沿-1 到∞割破得到区域 G, 在 G (特别在单位圆域$|z|<1$内)内可把$\ln(z+1)$分出无穷多个单值支. 取其主值支 $\ln(z+1)$, 即在 $z+1$ 取正实数时, $\ln(z+1)$ 取实数, 于是 $\ln(0+1)=0$, 则有

$$\ln(z+1) = \int_0^z \dfrac{dz}{z+1} = \sum\limits_{n=0}^{\infty} \int_0^z (-1)^n z^n dz$$

$$= \sum\limits_{n=0}^{\infty} \dfrac{(-1)^n z^{n+1}}{n+1}, \quad |z|<1.$$

例 4.5 求下列函数在 $z=1$ 的泰勒展开式:

(1) $\sin z$.

因

$$(\sin z)^{(n)} = \sin(z + \dfrac{n\pi}{2}), \quad (\sin z)^{(n)}_{|z=1} = \sin(1 + \dfrac{n\pi}{2}),$$

故

$$\sin z = \sum\limits_{n=0}^{\infty} \dfrac{\sin(1 + \dfrac{n\pi}{2})}{n!} (z-1)^n, \quad |z-1|<+\infty.$$

(2) $\dfrac{z}{z+2} = 1 - \dfrac{2}{z+2} = 1 - \dfrac{2}{(z-1)+3}$

$= 1 - \dfrac{2}{3}\dfrac{1}{1+\dfrac{z-1}{3}} = 1 - \dfrac{2}{3}\sum_{n=0}^{\infty}\dfrac{(-1)^n}{3^n}(z-1)^n$, $|z-1|<3$.

(3) $\dfrac{z-1}{z+1} = (z-1)\dfrac{1}{2+(z-1)} = (z-1)\dfrac{1}{2(1+\dfrac{z-1}{2})}$

$= \dfrac{z-1}{2}\sum_{n=0}^{\infty}(-1)^n(\dfrac{z-1}{2})^n$

$= \sum_{n=0}^{\infty}\dfrac{(-1)^n}{2^{n+1}}(z-1)^{n+1}$, $|z-1|<2$.

(4) $\dfrac{z}{z^2-2z+5} = \dfrac{z-1+1}{(z-1)^2+4}$

$= \dfrac{1}{4}[\dfrac{z-1}{1+(\dfrac{z-1}{2})^2} + \dfrac{1}{1+(\dfrac{z-1}{2})^2}]$

$= \dfrac{1}{4}[\sum_{n=0}^{\infty}\dfrac{(-1)^n}{4^n}(z-1)^{2n+1}$

$+ \sum_{n=0}^{\infty}\dfrac{(-1)^n}{4^n}(z-1)^n]$, $|z-1|<2$.

4.2.2 解析函数的零点

利用解析函数的泰勒展开式,可推出解析函数的一些更为深刻的性质,这一小节推出的性质,对于实变函数来说是不成立的.

定义 4.6 设 $f(z)$ 在区域 D 解析,点 $z_0 \in D$,若 $f(z_0)=0$,则称 z_0 为解析函数 $f(z)$ 的**零点**.

如果在 $|z-z_0|<R$ 内 $f(z)$ 解析,且不恒为零,将 $f(z)$ 在 z_0 点展成幂级数,这幂级数必不全为 0,它必有系数不为零的项,即必有一自然数 $m(m \geqslant 1)$,使得

$$f(z_0) = f'(z_0) = \cdots = f^{(m-1)}(z_0) = 0, \text{ 但 } f^{(m)}(z_0) \neq 0.$$

合于上述条件的 m, 称为零点 z_0 的**阶**, z_0 称为 $f(z)$ 的 m 阶零点.

例 4.6 求 $\sin z - 1$ 的全部零点, 并指出它们的阶数.

解 由 $\sin z - 1 = 0$, 即 $e^{iz} - e^{-iz} = 2i$, 或 $(e^{iz} - i)^2 = 0$, $e^{iz} = i$ 得

$$z = \frac{\pi}{2} + 2k\pi \quad (k = 0, \pm 1, \pm 2, \cdots).$$

这就是 $\sin z - 1$ 的全部零点. 显然

$$(\sin z - 1)'\big|_{z=\frac{\pi}{2}+2k\pi} = \cos z\big|_{z=\frac{\pi}{2}+2k\pi} = 0,$$
$$(\sin z - 1)''\big|_{z=\frac{\pi}{2}+2k\pi} = -\sin z\big|_{z=\frac{\pi}{2}+2k\pi} = -1.$$

故 $\sin z - 1$ 的全部零点都是二阶零点.

例 4.7 设 $f(z)$ 在单连通区域 D 解析, $z_0 \in D$, 若 z_0 是 $f(z)$ 的 m 阶零点, 问 z_0 是函数

$$F(z) = \int_{z_0}^{z} f(\zeta) d\zeta$$

的几阶零点?

解 因

$$F'(z_0) = f(z_0) = 0, \quad F''(z_0) = f'(z_0) = 0$$
$$F'''(z_0) = f''(z_0) = 0, \quad F^m(z_0) = f^{(m-1)}(z_0) = 0$$
$$F^{(m+1)}(z_0) = f^m(z_0) \neq 0$$

故 z_0 是 $F(z)$ 的 $m+1$ 阶零点.

定理 4.12 不恒为零的解析函数 $f(z)$ 以 z_0 为 m 阶零点的充要条件是:

$$f(z) = (z - z_0)^m \varphi(z). \tag{4-12}$$

其中 $\varphi(z)$ 在 z_0 的邻域 $|z - z_0| < R$ 内解析, 且 $\varphi(z_0) \neq 0$.

证 必要性. 由假设,
$$f(z) = \frac{f^{(m)}(z_0)}{m!}(z-z_0)^m + \frac{f^{(m+1)}(z_0)}{(m+1)!}(z-z_0)^{m+1} + \cdots$$

令 $\varphi(z) = \dfrac{f^{(m)}(z_0)}{m!} + \dfrac{f^{(m+1)}(z_0)}{(m+1)!}(z-z_0) + \cdots$, 便得到式(4-12).

充分性. 因 $\varphi(z)$ 在 $|z-z_0|<R$ 内解析, 且 $\varphi(z_0) \neq 0$, 故 $\varphi(z)$ 可展成幂级数
$$\varphi(z) = C_m + C_{m+1}(z-z_0) + \cdots,$$
且 $C_m = \varphi(z_0) \neq 0$, 将上式代入式(4-12)得
$$f(z) = C_m(z-z_0)^m + C_{m+1}(z-z_0)^{m+1} + \cdots,$$
故 z_0 是 $f(z)$ 的 m 阶零点.

定理4.13 若函数 $f(z)$ 在 $|z-z_0|<R$ 内解析且不恒为零, z_0 为其零点, 则必存在 z_0 的一个邻域, 使 $f(z)$ 在其中无异于 z_0 的零点.

证 设 z_0 是 $f(z)$ 的 m 阶零点, 则
$$f(z) = (z-z_0)^m \varphi(z).$$
其中 $\varphi(z)$ 在 $|z-z_0|<R$ 内解析, 且 $\varphi(z_0) \neq 0$. 于是, $\varphi(z)$ 在点 z_0 连续, 且存在 $\delta > 0$, 使 $|z-z_0|<\delta$ 内 $\varphi(z) \neq 0$. 从而知 $f(z)$ 在 $|z-z_0|<\delta$ 内, 无其他零点.

此定理说明: 不恒为零的解析函数的零点必是孤立的.

定理 4.14 设 $p(z), q(z)$ 在区域 D 解析, $z_0 \in D$, $z_n \in D$, $z_n \neq z_0$ ($n=1,2,\cdots$), 且 $\lim\limits_{n\to\infty} z_n = z_0$, 若 $p(z_n) = q(z_n)$ ($n=1,2,\cdots$), 则 $p(z)$ 和 $q(z)$ 在 D 内恒等.

证 令 $f(z_n) = p(z_n) - q(z_n)$, $z_n \in D$, 则 $f(z_n) = 0$ ($n=1,2,\cdots$), $f(z)$ 在 D 解析, 只须证 $f(z)$ 在 D 恒为零.

(1) 若 D 是 z_0 为心的圆域, 或 D 就是整个 z 平面. 因 $f(z)$ 在 z_0 连续, 且 $f(z_n) = 0$, 令 n 趋于无穷求极限即得 $f(z_0) = 0$, 故 z_0 是 $f(z)$ 的一个非孤立奇点, 由定理4.13, $f(z)$ 在 D 恒为零.

(2) 对一般区域 D, 设 b 是 D 内任意取定的一点, 在 D 内作连接 z_0 及 b 的折线 L, 以 d 表示 L 与 D 的边界 C 的最短距离. 在 L 上依次取点

$a_0 = z_0, a_1, a_2, \cdots, a_{n-1}, a_n = b$,并设相邻两点间的距离小于定数 $R(0<R<d)$,如图 4-2 所示.

显然,由(1)在圆 $K_0: |z-a_0| < R$ 内,$f(z) \equiv 0$,在圆 $K_1: |z-a_1| < R$ 内,$f(z) \equiv 0$,如此继续下去,直到含有 b 的圆为止,在该圆内,$f(z) \equiv 0$,特别地有 $f(b) = 0$. 由于 b 是 D 内任意的点,于是,在 D 内,$f(z) \equiv 0$.

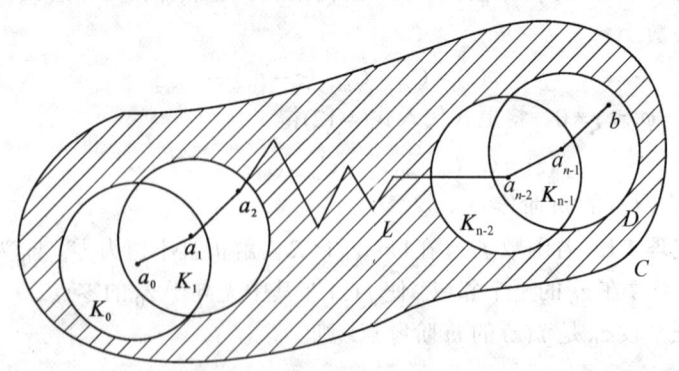

图 4-2

该定理说明,在区域 D 内一个以 z_0 为极限点的点集上取值确定了的解析函数,只能有一个. 或者说,只要在一个含有属于区域 D 的极限点的部分集合上的值被确定了,那么它在整个 D 上的值也被唯一确定了. 这个定理常称为**解析函数唯一性定理**. 它与柯西积分公式都反映了解析函数的极为深刻的性质.

作为定理 4.14 的特殊情况,若在区域 D 内的一段曲线或直线段,或一个子区域上有两个解析函数恒等,则它们在 D 上也恒等.

据此定理可知,**在实轴上成立的恒等式,只要恒等式的两边在 z 平面上,是解析的,那么它在 z 平面上也成立.**

例 4.8 若函数 $u(x,y) + iv(x,y)$ 及 $u(z,0) + iv(z,0)$ 都在含有实轴的一段 L 的区域 D 上解析,则在 D 内成立

$$u(x,y) + iv(x,y) = u(z,0) + iv(z,0).$$

据此可将合于上述条件的解析函数 $u(x,y) + iv(x,y)$ 化成 z 的函数(令 $y=0, x=z$)$u(z,0) + iv(z,0)$. 如

(1) $f(z) = e^x(x\cos y - y\sin y) + ie^x(y\cos y + x\sin y)$
$= e^z(z-0) + ie^z(0+0)$
$= ze^z$;

(2) $f(z) = y^3 - 3x^2y + i(x^3 - 3xy^2) + iC$
$= i(z^3 + C)$ （C为常数）.

§4.5 罗朗级数

4.5.1 圆环内解析函数的罗朗展开式

为考察在圆环内解析的函数的一种级数表示式，我们先考察下边的两端幂级数：

$$C_0 + C_1(z-z_0) + C_2(z-z_0)^2 + \cdots + \frac{C_{-1}}{(z-z_0)} + \frac{C_{-2}}{(z-z_0)^2} + \cdots + \frac{C_{-n}}{(z-z_0)^n} + \cdots$$

把上式写成

$$\sum_{n=-\infty}^{\infty} C_n(z-z_0)^n = \sum_{n=0}^{\infty} C_n(z-z_0)^n + \sum_{n=1}^{\infty} C_{-n}(z-z_0)^{-n} \quad (4\text{-}13)$$

设(4-13)中的第一个幂级数在其收敛圆 $|z-z_0| < R (0 < R \leqslant +\infty)$ 内收敛于解析函数 $\varphi(z)$.

对(4-13)中的第二个级数，令

$$\zeta = \frac{1}{z-z_0},$$

则它成为幂级数 $\sum_{n=1}^{\infty} C_{-n}\zeta^n$，设它在其收敛圆 $|\zeta| < \frac{1}{r}(0 < \frac{1}{r} \leqslant +\infty)$ 内收敛于一个解析函数 $g(\zeta)$，则(4-13)中的第二个级数在 $|z-z_0| > r (0 \leqslant r < +\infty)$ 收敛于解析函数 $g(\frac{1}{z-z_0}) = \psi(z)$.

于是，如果 $0 \leqslant r < R \leqslant +\infty$，则两端幂级数(4-13)在圆环

$H: r<|z-z_0|<R$ 内绝对且内闭一致收敛于一个解析函数 $f(z)=\varphi(z)+\psi(z)$. 还可对

$$f(z)=\sum_{n=-\infty}^{\infty}C_n(z-z_0)^n$$

在 H 内逐项求导 k 次 $(k=1,2,\cdots)$.

下边再考察把在圆环内的解析函数展成两端幂级数的问题.

定理 4.14 设函数 $f(z)$ 在圆环 $H: r<|z-z_0|<R$ ($r\geqslant 0, R\leqslant +\infty$)内解析,则 $f(z)$ 在 H 内可展成两端幂级数

$$f(z)=\sum_{n=-\infty}^{\infty}C_n(z-z_0)^n, \tag{4-14}$$

其中

$$C_n=\frac{1}{2\pi\mathrm{i}}\int_C\frac{f(\zeta)}{(\zeta-z_0)^{n+1}}\mathrm{d}\zeta\,(n=1,2,\cdots), \tag{4-15}$$

这里 $C:|z-z_0|=\rho$ ($r<\rho<R$),并且展开式是唯一的.

证 对 H 内的任一点 z,总有位于 H 内的两圆周:

$$C_1:|z-z_0|=\rho_1,\quad C_2:|z-z_0|=\rho_2,$$

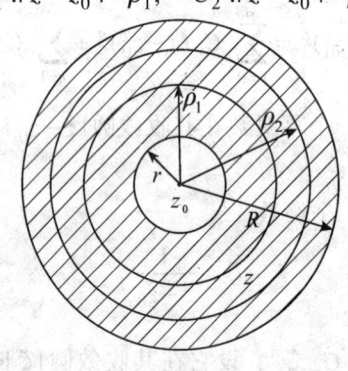

图 4-3

使 z 含在圆环 $\rho_1<|z-z_0|<\rho_2$ 内(图 4-3),因 $f(z)$ 在闭圆环 $\rho_1\leqslant|z-z_0|\leqslant\rho_2$ 内解析,由柯西公式,

$$f(z)=\frac{1}{2\pi i}[\int_{C_2}\frac{f(\zeta)}{\zeta-z}d\zeta-\int_{C_1}\frac{f(\zeta)}{\zeta-z}d\zeta],$$

或写成

$$f(z)=\frac{1}{2\pi i}[\int_{C_2}\frac{f(\zeta)}{\zeta-z}d\zeta+\int_{C_1}\frac{f(\zeta)}{z-\zeta}d\zeta]. \quad (4\text{-}16)$$

(4-16)中的第一个积分可仿照定理 4.9 中的证明的相应部分而得出

$$\frac{1}{2\pi i}\int_{C_2}\frac{f(\zeta)}{\zeta-z}d\zeta=\sum_{n=0}^{\infty}C_n(z-z_0)^n, \quad (4\text{-}17)$$

$$C_n=\frac{1}{2\pi i}\int_{C_2}\frac{f(\zeta)}{(\zeta-z_0)^{n+1}}d\zeta \quad (n=0,1,2,\cdots). \quad (4\text{-}18)$$

对(4-16)中的第二个积分，有

$$\frac{f(\zeta)}{z-\zeta}=\frac{f(\zeta)}{(z-z_0)-(\zeta-z_0)}=\frac{f(\zeta)}{z-z_0}\frac{1}{1-\frac{\zeta-z_0}{z-z_0}}.$$

于是 $\dfrac{f(\zeta)}{z-\zeta}$ 可展成一致收敛幂级数

$$\frac{f(\zeta)}{z-\zeta}=\frac{f(\zeta)}{z-z_0}\sum_{n=0}^{\infty}(\frac{\zeta-z_0}{z-z_0})^n.$$

沿 C_1 逐项积分后再以 $\dfrac{1}{2\pi i}$ 乘两端便得

$$\frac{1}{2\pi i}\int_{C_1}\frac{f(\zeta)}{z-\zeta}d\zeta=\sum_{n=1}^{\infty}\frac{C_{-n}}{(z-z_0)^n}, \quad (4\text{-}19)$$

其中

$$C_{-n}=\frac{1}{2\pi i}\int_{C_1}\frac{f(\zeta)}{(\zeta-z_0)^{-n+1}}d\zeta \quad (n=1,2,\cdots). \quad (4\text{-}20)$$

于是

$$f(z)=\sum_{n=0}^{\infty}C_n(z-z_0)^n+\sum_{n=1}^{\infty}\frac{C_{-n}}{(z-z_0)^n}=\sum_{n=-\infty}^{\infty}C_n(z-z_0)^n$$

再由(4-18)及(4-20)并据柯西积分定理 3.7，对任意的圆周

$C: |z - z_0| = \rho$ $(r < \rho < R)$ 有

$$C_n = \frac{1}{2\pi i} \int_{C_2} \frac{f(\zeta)}{\zeta - z} d\zeta = \frac{1}{2\pi i} \int_C \frac{f(\zeta)}{\zeta - z} d\zeta \quad (n = 0, 1, 2, \cdots),$$

$$C_{-n} = \frac{1}{2\pi i} \int_{C_1} \frac{f(\zeta)}{\zeta - z} d\zeta = \frac{1}{2\pi i} \int_C \frac{f(\zeta)}{\zeta - z} d\zeta \quad (n = 1, 2, \cdots).$$

故系数可以统一表示为(4-15).

再证展开式是唯一的,设 $f(z)$ 在 H 内又可展成

$$f(z) = \sum_{n=-\infty}^{\infty} C'_n (z - z_0)^n,$$

因级数在圆 $C: |z - z_0| = \rho$ $(r < \rho < R)$ 上一致收敛,乘以沿 C 上有界函数 $\frac{1}{(z - z_0)^{m+1}}$ 后,仍然一致收敛,故可逐项积分

$$\int_C \frac{f(\zeta)}{(\zeta - z_0)^{m+1}} d\zeta = \sum_{n=-\infty}^{\infty} C'_n \int_C (\zeta - z_0)^{n-m-1} d\zeta = 2\pi i C'_m$$

故 $C'_m = \frac{1}{2\pi i} \int_C \frac{f(\zeta)}{(\zeta - z_0)^{m+1}} d\zeta$ $(m = 0, \pm 1, \cdots)$. 从而得

$$C'_m = C_m, \quad m = 0, \pm 1, \cdots.$$

(4-14)称为 $f(z)$ 在点 z_0 的**罗朗**(Lourent)**展开式**,右边的级数称为**罗朗级数**,(4-15)称为 $f(z)$ 在点 z_0 的**罗朗系数**.

当 $f(z)$ 在点 z_0 解析时,中心在 z_0 半径等于由 z_0 到 $f(z)$ 的最近奇点的距离的圆,可看成圆环的特殊情况,在其中可以作出罗朗级数,据柯西积分定理,展开式的系数 C_{-n} $(n = 1, 2, \cdots)$ 都等于 0, C_n $(n = 0, 1, 2, \cdots)$ 就成为

$$C_n = \frac{f^{(n)}(z_0)}{n!}, \quad (n = 0, 1, 2, \cdots),$$

罗朗级数就转化为泰勒级数.因此泰勒级数是罗朗级数的特殊情形. 但就一般说,(4-18)中的 C_n 并不等于 $\frac{f^{(n)}(z_0)}{n!}$ $(n = 0, 1, 2, \cdots)$.

例 4.9 求函数 $f(z)=\dfrac{1}{(z-1)(z-2)}$ 在下列各圆环内的罗朗展开式.

(1) $1<|z|<2$； (2) $0<|z-1|<1$；
(3) $1<|z-1|<+\infty$； (4) $1<|z-2|<+\infty$.

解 (1) 解法 1 设 $C:|z|=\rho$，其中 ρ 满足：$1<\rho<2$，$n=0,1,2,\cdots$ 时，

$$C_n=\frac{1}{2\pi i}\int_C\frac{f(z)}{z^{n+1}}dz=\frac{1}{2\pi i}\int_C\frac{dz}{z^{n+1}(z-1)(z-2)}.$$

因 $\dfrac{1}{z^{n+1}(z-1)(z-2)}$ 在 $|z|<\rho$ 内有两个奇点 $z=0,z=1$，故需在 $|z|<\rho$ 内作两个互无公共点的小圆周 $C_1:|z|=r_1$ 及 $C_2:|z-1|=r_2$，则

$$C_n=\frac{1}{2\pi i}\int_{C_1}\frac{\frac{1}{(z-1)(z-2)}}{z^{n+1}}dz+\frac{1}{2\pi i}\int_{C_2}\frac{\frac{1}{z^{n+1}(z-2)}}{(z-1)}dz$$

$$=\frac{1}{n!}\left[\frac{1}{(z-1)(z-2)}\right]^{(n)}\bigg|_{z=0}+\frac{1}{z^{n+1}(z-2)}\bigg|_{z=1}$$

$$=\frac{1}{n!}\left[\left(\frac{1}{z-2}\right)^{(n)}-\left(\frac{1}{z-1}\right)^{(n)}\right]\bigg|_{z=0}-1$$

$$=\frac{1}{n!}\left[\frac{(-1)^n n!}{(z-2)^{n+1}}-\frac{(-1)^n n!}{(z-1)^{n+1}}\right]\bigg|_{z=0}-1$$

$$=-\frac{1}{2^{n+1}}+1-1=-\frac{1}{2^{n+1}},\qquad n=0,1,2,\cdots.$$

$n=1,2,\cdots$ 时，

$$C_{-n}=\frac{1}{2\pi i}\int_C\frac{f(z)}{z^{-n+1}}dz$$

$$=\frac{1}{2\pi i}\int_C\frac{\frac{1}{z^{-n+1}(z-2)}}{(z-1)}dz=-1.$$

故在 $1<|z|<2$ 内

$$f(z)=-\sum_{n=0}^{\infty}\frac{z^n}{2^{n+1}}-\sum_{n=1}^{\infty}z^{-n}.$$

解法 2 (1) 在 $1<|z|<2$ 内,有

$$f(z)=\frac{1}{z-2}-\frac{1}{z-1}=\frac{-1}{2(1-\frac{z}{2})}-\frac{-1}{z(1-\frac{1}{z})}$$

$$=-\sum_{n=0}^{\infty}\frac{z^n}{2^{n+1}}-\sum_{n=0}^{\infty}\frac{1}{z^{n+1}}=-\sum_{n=0}^{\infty}\frac{z^n}{2^{n+1}}-\sum_{n=1}^{\infty}z^{-n}.$$

(2) 在 $0<|z-1|<1$ 内有

$$f(z)=\frac{1}{z-2}-\frac{1}{z-1}=\frac{1}{z-1-1}-\frac{1}{z-1}$$

$$=\frac{-1}{1-(z-1)}-\frac{1}{z-1}=-\sum_{n=0}^{\infty}(z-1)^n-\frac{1}{z-1}.$$

(3) 在 $1<|z-1|<+\infty$ 时,有

$$f(z)=\frac{1}{z-2}-\frac{1}{z-1}=\frac{1}{z-1-1}-\frac{1}{z-1}$$

$$=\frac{1}{(z-1)(1-\frac{1}{z-1})}-\frac{1}{z-1}=\sum_{n=0}^{\infty}\frac{1}{(z-1)^{n+1}}-\frac{1}{z-1}$$

$$=\sum_{n=1}^{\infty}\frac{1}{(z-1)^{n+1}}.$$

(4) 在 $1<|z-2|<+\infty$ 时,

$$f(z)=\frac{1}{z-2}-\frac{1}{z-1}=\frac{1}{z-2}-\frac{1}{z-2+1}$$

$$=\frac{1}{z-2}-\frac{1}{(z-2)(1+\frac{1}{z-2})}$$

$$=\frac{1}{z-2}-\sum_{n=0}^{\infty}\frac{(-1)^n}{(z-2)^{n+1}}=\sum_{n=0}^{\infty}\frac{(-1)^n}{(z-2)^{n+2}}.$$

例 4.10 求 $f(z)=z^2\cos\frac{1}{z}$ 在 $0<|z|<+\infty$ 内的罗朗展开式.

解 $f(z) = z^2(1 - \frac{1}{2!}\frac{1}{z^2} + \frac{1}{4!}\frac{1}{z^4} + \cdots)$

$= z^2 - \frac{1}{2!} + \frac{1}{4!}\frac{1}{z^2} + \cdots, \quad 0 < |z| < +\infty.$

4.5.2 利用罗朗展开式讨论孤立奇点

定义 4.7 若 z_0 是 $f(z)$ 的奇点，$f(z)$ 在 z_0 的某个邻域内除 z_0 点外再无其他奇点，则称 z_0 为 $f(z)$ 的**孤立奇点**.

若 z_0 是 $f(z)$ 的孤立奇点，则必存在 $R>0$，使得 $f(z)$ 在 $0<|z-z_0|<R$ 解析，因此，在圆环 $0<|z-z_0|<R$ 内，有

$$f(z) = \sum_{n=0}^{\infty} C_n(z-z_0)^n + \sum_{n=1}^{\infty} C_{-n}(z-z_0)^{-n}, \quad (4\text{-}21)$$

其中

$$C_n = \frac{1}{2\pi i}\int_C \frac{f(\zeta)}{(\zeta-z_0)^{n+1}} d\zeta, \quad (n=0,\pm 1,\cdots),$$

$C: |z-z_0|=\rho$，$0<\rho<R$ 为 $0<|z-z_0|<R$ 内的任一个圆周. 式(4-21) 中的第一个级数称为 $f(z)$ 在 z_0 的**解析部分**，第二个级数称为 $f(z)$ 在 z_0 的**主要部分**.

定义 4.8 设 z_0 是 $f(z)$ 的孤立奇点.

(1) 若 $C_{-n}(n=1,2,\cdots)=0$，即 $f(z)$ 在 z_0 的主要部分为零，则称 z_0 为 $f(z)$ 的**可去奇点**；

(2) 若存在一个自然数 m，使得 $C_{-m}\neq 0$，而当 $n>m$，$C_{-n}=0$，即 $f(z)$ 在 z_0 的主要部分只有有限多项，则称 z_0 是 $f(z)$ 的**极点**，且称为 m 阶极点；

(3) 若 $f(z)$ 在 z_0 的主要部分有无穷多项，则称 z_0 为 $f(z)$ 的**本性奇点**.

例 4.11

(1) 因 $\frac{\sin z}{z} = \sum_{n=0}^{\infty} \frac{(-1)^n z^{2n}}{(2n+1)!}$，$0<|z|<+\infty$，故 $z=0$ 是 $\frac{\sin z}{z}$ 的可去奇点.

(2) 因 $\dfrac{\sin z}{z^2} = \sum\limits_{n=0}^{\infty} \dfrac{(-1)^n z^{2n-1}}{(2n+1)!} = \dfrac{1}{z} - \dfrac{z}{3!} + \dfrac{z^3}{5!} \cdots$, $0 < |z| < +\infty$. 故 $z = 0$ 是 $\dfrac{\sin z}{z^2}$ 的一阶极点.

(3) 因 $\dfrac{\sin z}{z^4} = \sum\limits_{n=0}^{\infty} \dfrac{(-1)^n z^{2n-3}}{(2n+1)!} = \dfrac{1}{z^3} - \dfrac{1}{3!z} + \dfrac{z}{5!} - \cdots$, $0 < |z| < +\infty$, 故 $z = 0$ 是 $\dfrac{\sin z}{z^4}$ 的三阶极点.

例 4.12 因
$$e^{\frac{1}{z-1}} = \sum_{n=0}^{\infty} \frac{1}{n!}\left(\frac{1}{z-1}\right)^n$$
$$= 1 + \frac{1}{z-1} + \frac{1}{2(z-1)^2} + \cdots, \quad 0 < |z-1| < +\infty,$$

故 $z = 1$ 是 $e^{\frac{1}{z-1}}$ 的本性奇点.

例 4.13 因在 $0 < |z-1| < 1$ 内，有
$$\frac{1}{(z-1)(z-2)} = \frac{1}{z-2} - \frac{1}{z-1} = \frac{-1}{1-(z-1)} - \frac{1}{z-1}$$
$$= -\frac{1}{z-1} - \sum_{n=0}^{\infty}(z-1)^n,$$

故 $z = 1$ 是 $\dfrac{1}{(z-1)(z-2)}$ 的一阶极点.

以下分别给出以上三类孤立奇点的特征.

如果 z_0 是 $f(z)$ 的可去奇点，则有
$$f(z) = C_0 + C_1(z-z_0) + C_2(z-z_0)^2 + \cdots, \quad 0 < |z-z_0| < R.$$

上式右端表示在 $|z-z_0| < R$ 内的解析函数；若令 $f(z_0) = C_0$，则 $f(z)$ 在 $|z-z_0| < R$ 内与一个解析函数重合. 这就是称 z_0 为 $f(z)$ 的可去奇点的由来.

定理 4.15 若 z_0 是 $f(z)$ 的孤立奇点，则下列三条件是等价的.

(1) z_0 为 $f(z)$ 的可去奇点;

(2) $\lim\limits_{z \to z_0} f(z) = b \ (\neq \infty)$;

(3) $f(z)$ 在 z_0 的某个邻域 $0 < |z - z_0| < \delta$ 内有界.

证 (1)推出(2). 由(1)知,
$$f(z) = C_0 + C_1(z - z_0) + \cdots, \quad 0 < |z - z_0| < R,$$
于是 $\lim\limits_{z \to z_0} f(z) = C_0 (\neq \infty)$;

(2)推出(3). 由(2),对任给的 $\varepsilon > 0$,存在 $\delta > 0$,使得当 $0 < |z - z_0| < \delta$ 时,恒有
$$|f(z) - b| < \varepsilon.$$
从而
$$|f(z)| - |b| < \varepsilon \Rightarrow |f(z)| < |b| + \varepsilon.$$

(3)推出(1). 设 $f(z)$ 在某个 $0 < |z - z_0| < \delta$ 内以 M 为界,$f(z)$ 在 z_0 的主要部分为
$$\frac{C_{-1}}{z - z_0} + \frac{C_{-2}}{(z - z_0)^2} + \cdots + \frac{C_{-n}}{(z - z_0)^n} + \cdots,$$
其中,$C_{-n} = \dfrac{1}{2\pi i} \int_C \dfrac{f(\zeta)}{(\zeta - z_0)^{-n+1}} \mathrm{d}\zeta \ (n = 1, 2, \cdots), C: |z - z_0| = \rho$,$\rho$ 可充分小. 于是由
$$|C_{-n}| = \left|\frac{1}{2\pi i} \int_C \frac{f(\zeta)}{(\zeta - z_0)^{-n+1}} \mathrm{d}\zeta\right| \leq \frac{1}{2\pi} \frac{M}{\rho^{-n+1}} 2\pi \rho = M \rho^n,$$
知当 $n = 1, 2, \ldots$ 时,$C_{-n} = 0$,即 $f(z)$ 在点 z_0 的主要部分为零.

定理 4.15 中的任何一条都是可去奇点的特征.

例 4.14 $f(z) = \dfrac{\mathrm{e}^z \cos z}{z + \sin z}$,$z = 0$ 是 $f(z)$ 的一个孤立奇点,因
$$\lim_{z \to 0} \frac{\mathrm{e}^z \cos z}{z + \sin z} = \lim_{z \to 0} \frac{\mathrm{e}^z \cos z + \mathrm{e}^z(-\sin z)}{1 + \cos z} = \frac{1}{2},$$
故 $z = 0$ 是 $f(z)$ 的可去奇点.

定理 4.16 设 z_0 是 $f(z)$ 的孤立奇点,则下列三个条件是等价的.

(1) $f(z)$ 在点 z_0 的主要部分为

$$\frac{C_{-m}}{(z-z_0)^m} + \frac{C_{-(m-1)}}{(z-z_0)^{m-1}} + \cdots + \frac{C_{-1}}{z-z_0} \quad (C_{-m} \neq 0);$$

(2) 存在 $\delta > 0$ 使在 $0 < |z-z_0| < \delta$ 内 $f(z)$ 可表示为

$$f(z) = \frac{\lambda(z)}{(z-z_0)^m}, \tag{4-22}$$

其中 $\lambda(z)$ 在 z_0 点邻域内解析,且 $\lambda(z_0) \neq 0$;

(3) $g(z) = \dfrac{1}{f(z)}$ 以 z_0 为 m 阶零点(可去奇点看做解析点,只要令 $g(z_0) = 0$).

证 (1)推出(2). 设存在 $R > 0$,使在 $0 < |z-z_0| < R$ 内有

$$f(z) = \frac{C_{-m}}{(z-z_0)^m} + \frac{C_{-(m-1)}}{(z-z_0)^{m-1}} + \cdots + \frac{C_{-1}}{z-z_0} + C_0 + C_1(z-z_0) + \cdots,$$

$$= \frac{1}{(z-z_0)^m}[C_{-m} + C_{-(m-1)}(z-z_0) + \cdots] = \frac{\lambda(z)}{(z-z_0)^m},$$

其中,$\lambda(z)$ 在 $|z-z_0| < R$ 内解析,且 $\lambda(z_0) = C_{-m} \neq 0$.

(2) 推出(3). 若(2)真,则在某个 $0 < |z-z_0| < R$ 内,有

$$g(z) = \frac{1}{f(z)} = \frac{(z-z_0)^m}{\lambda(z)}, \quad \text{其中} \frac{1}{\lambda(z)} \text{在} |z-z_0| < R \text{ 内解析,且} \frac{1}{\lambda(z)} \neq 0,$$

因此, z_0 是 $g(z)$ 的可去奇点,作为解析点看,只要令 $g(z_0) = 0$,z_0 是 $g(z)$ 的 m 阶零点.

(3)推出(1). 若 $g(z) = \dfrac{1}{f(z)}$ 以 z_0 为 m 阶零点,则在点 z_0 的某个邻域内,有

$$g(z) = (z-z_0)^m \varphi(z),$$

其中 $\varphi(z)$ 在此邻域内解析,且 $\varphi(z_0) \neq 0$,于是

$$f(z) = \frac{1}{(z-z_0)^m} \frac{1}{\varphi(z)}.$$

因 $\dfrac{1}{\varphi(z)}$ 在点 z_0 的某个邻域内解析,在此邻域内,将 $\dfrac{1}{\varphi(z)}$ 展开为幂级数,令

$$\frac{1}{\varphi(z)} = C_{-m} + C_{-(m-1)}(z-z_0) + \cdots,$$

则 $f(z)$ 在点 z_0 的主要部分是

$$\frac{C_{-m}}{(z-z_0)^m} + \frac{C_{-(m-1)}}{(z-z_0)^{m-1}} + \cdots + \frac{C_{-1}}{z-z_0}, \left(C_{-m} = \frac{1}{\varphi(z_0)} \neq 0\right).$$

定理 4.16 中的任何一条都是 m 阶极点的特征. 下述定理也能说明极点特征, 但不能指明极点的阶.

定理 4.17 $f(z)$ 的孤立奇点 z_0 为极点的充要条件是

$$\lim_{z \to z_0} f(z) = \infty.$$

证 $f(z)$ 以 z_0 为极点的充要条件是 $\dfrac{1}{f(z)}$ 以 z_0 为零点, 据此知定理为真.

例 4.15 因 $z = \pi \mathrm{i}$ 是 $1 + \mathrm{e}^z$ 的零点, 故 $z = \pi \mathrm{i}$ 是 $\dfrac{1}{1+\mathrm{e}^z}$ 的极点. 又因

$$1 + \mathrm{e}^z = 1 + \mathrm{e}^{z - \pi \mathrm{i} + \pi \mathrm{i}} = 1 - \mathrm{e}^{z - \pi \mathrm{i}}$$

$$= -(z - \pi \mathrm{i}) - \frac{1}{2}(z - \pi \mathrm{i})^2 \cdots,$$

故 $z = \pi \mathrm{i}$ 是 $1 + \mathrm{e}^z$ 的一阶零点, 从而 $z = \pi \mathrm{i}$ 是 $\dfrac{1}{1+\mathrm{e}^z}$ 的一阶极点, 同理 $(2k+1)\pi \mathrm{i}\,(k = 0, \pm 1, \cdots)$ 都是 $\dfrac{1}{1+\mathrm{e}^z}$ 的一阶极点.

$z = \pi \mathrm{i}$ 是 $1 + \mathrm{e}^z$ 的一阶零点亦可以由 $(1+\mathrm{e}^z)'|_{z=\pi \mathrm{i}} = \mathrm{e}^z|_{z=\pi \mathrm{i}} = -1 \neq 0$ 推出.

定理 4.18 $f(z)$ 的孤立奇点 z_0 为本性奇点的充要条件是

$$\lim_{z \to z_0} f(z) \neq \begin{cases} b(\text{有限数}); \\ \infty. \end{cases}$$

此定理可由定理 4.15 和定理 4.17 得到证明.

下面讨论无穷远点的情形.

定义 4.8 设 $f(z)$ 在 $0 \leqslant r < |z| < +\infty$ 内解析, 则称点 ∞ 为 $f(z)$ 的**孤**

立奇点.

设 ∞ 为 $f(z)$ 的孤立奇点,利用变换 $\zeta = \dfrac{1}{z}$,有

$$f(z) = f\left(\dfrac{1}{\zeta}\right) = \varphi(\zeta), \tag{4-23}$$

则 $\varphi(\zeta)$ 在 $0 < |\zeta| < \dfrac{1}{r}$(若 $r=0$,规定 $\dfrac{1}{r} = +\infty$)内解析. $\zeta = 0$ 是 $\varphi(\zeta)$ 的一个孤立奇点. 据此有

(1) 扩充复平面上无穷远点的 $0 \leq r < |z| < +\infty$ 圆环,对应扩充 ζ 平面的圆环:$0 < |\zeta| < \dfrac{1}{r}$.

(2) 在对应点 z 与 ζ,函数 $f(z)$ 与 $\varphi(\zeta)$ 的值相等.

(3) $\lim\limits_{z \to \infty} f(z) = \lim\limits_{\zeta \to 0} \varphi(\zeta)$

据此,我们自然地由 $\varphi(\zeta)$ 在原点的状态来规定 $f(z)$ 在无穷远点的状态. 于是有

定义 4.9 若 $\zeta = 0$ 为 $\varphi(\zeta)$ 的可去奇点(解析点)、m 阶极点或本性奇点,则相应的称 $z = \infty$ 是 $f(z)$ 的可去奇点(解析点)、m 阶极点或本性奇点.

设在 $0 < |\zeta| < \dfrac{1}{r}$ 内,$\varphi(\zeta)$ 展成罗朗级数:

$$\varphi(\zeta) = \sum_{n=-\infty}^{\infty} C_n \zeta^n,$$

令 $\zeta = \dfrac{1}{z}$,并由式(4.23),知

$$f(z) = \sum_{n=-\infty}^{\infty} b_n z^n, \tag{4-24}$$

其中,$b_n = C_{-n}(n = 0, \pm 1, \cdots)$. 式(4-24)为 $f(z)$ 在圆环 $0 \leq r < |z| < +\infty$ 内的罗朗展开式.

对应 $\varphi(\zeta)$ 在 $\zeta = 0$ 的主要部分,我们称

$$\sum_{n=1}^{\infty} b_n z^n$$

为 $f(z)$ 在 $z=\infty$ 的主要部分.

从以上性质(1), (2), (3)及上述定义可得出如下定理.

定理 4.19 $f(z)$ 的孤立奇点 $z=\infty$ 为可去奇点的充要条件是下列三条中任何一条成立：

(1) $f(z)$ 在 $z=\infty$ 的主要部分为零；

(2) $\lim\limits_{z\to\infty} f(z) = b(\neq\infty)$；

(3) 在某个圆环 $|z|>r$ 内，$f(z)$ 有界.

定理 4.20 $f(z)$ 的孤立奇点 $z=\infty$ 为 m 阶极点的充要条件是下列三条中任何一条成立：

(1) $f(z)$ 在 $z=\infty$ 的主要部分为
$$b_1 z + b_2 z^2 + \cdots + b_m z^m, \quad (b_m \neq 0);$$

(2) $f(z)$ 在某个圆环：$0 \leq r < |z| < +\infty$ 内能表示为
$$f(z) = z^m \mu(z), \tag{4-25}$$
其中 $\mu(z)$ 在 $|z|>r$ 解析，且 $\mu(\infty) \neq 0$；

(3) $g(z) = \dfrac{1}{f(z)}$ 以 $z=\infty$ 为 m 阶零点(只要令 $g(\infty)=0$).

定理 4.21 $f(z)$ 的孤立奇点 $z=\infty$ 为极点的充要条件是 $\lim\limits_{z\to\infty} f(z) = \infty$.

定理 4.22 $f(z)$ 的孤立奇点 $z=\infty$ 为本性奇点的充要条件是下列两条中的任何一条成立:

(1) $f(z)$ 在 $z=\infty$ 的主要部分有无穷项正幂不等于零；

(2) $\lim\limits_{z\to\infty} f(z)$ 不存在(即当 z 趋向于 ∞ 时，$f(z)$ 不趋向任何有限或无限极限).

§4.6 习题

1. 判别下列级数的敛散性：

(1) $\sum\limits_{n=1}^{\infty} \dfrac{\mathrm{i}^n}{n}$;

(2) $\sum\limits_{n=1}^{\infty} \dfrac{1}{(1+\mathrm{i})^{2n}}$;

(3) $\sum_{n=1}^{\infty} \frac{(3+5\mathrm{i})^n}{n!}$; (4) $\sum_{n=1}^{\infty} (\frac{1+5\mathrm{i}}{2})^n$.

2. 将下列函数展开成 z 的幂级数，并指出展开式成立的范围.

(1) $\cos z^2$; (2) $\frac{1}{(1+z^2)^2}$;

(3) $\int_0^z \mathrm{e}^{z^2} \mathrm{d}z$; (4) $\int_0^z \frac{\sin z}{z} \mathrm{d}z$.

3. 将下列函数展开成 $z-z_0$ 的幂级数，并指出展开式成立的范围.

(1) $\frac{z-1}{z+1}$, $z_0 = 1$; (2) $\frac{1}{z^2}$, $z_0 = -1$;

(3) $\frac{1}{4-3z}$, $z_0 = 1+\mathrm{i}$; (4) $\frac{1}{(z+1)(z+2)}$, $z_0 = 2$;

(5) $\frac{2}{z^2 - 2z + 5}$, $z_0 = 1$; (6) $\sin z$, $z_0 = 1$.

4. 把下列在 z 平面上解析的函数，化为 z 的一元函数.

(1) $x^3 - 3xy^2 + \mathrm{i}(3x^2 y - y^3)$;

(2) $\mathrm{e}^x (x\cos y - y\sin y) + \mathrm{i}\mathrm{e}^x (y\cos y + x\sin y)$.

5. 把下列函数在指定的圆环内展开成罗朗级数.

(1) $\frac{1}{(z^2+1)(z-2)}$, $1 < |z| < 2$;

(2) $\frac{1}{z(1-z)^2}$, $0 < |z| < 1$; $0 < |z-1| < 1$;

(3) $\frac{1}{\mathrm{e}^{\frac{1}{1-z}}}$, $0 < |z-1| < +\infty$;

(4) $\sin \frac{1}{1-z}$, $0 < |z-1| < +\infty$;

(5) $\frac{1}{z^2(z-\mathrm{i})}$, $0 < |z-\mathrm{i}| < 1$.

5. 证明：对任何复数 z，有 $|e^z - 1| \leqslant e^{|z|} - 1 \leqslant |z| e^{|z|}$.

6. 证明：若幂级数 $\sum_{n=0}^{\infty} C_n z^n$ 的收敛半径为 R，则级数
$$\sum_{n=0}^{\infty} (\mathrm{Re}\, C_n) z^n$$
的收敛半径 $\geqslant R$.

7. 利用级数
$$\sum_{n=0}^{\infty} z^n = \frac{1}{1-z}, \quad |z| < 1$$
证明实三角级数
$$\sum_{n=0}^{\infty} r^n \cos n\theta = \frac{1 - r\cos\theta}{1 - 2r\cos\theta + r^2}, \quad 0 < r < 1;$$
$$\sum_{n=0}^{\infty} r^n \sin\theta = \frac{1 - r\sin\theta}{1 - 2r\cos\theta + r^2}, \quad 0 < r < 1.$$
（提示：令 $z = re^{i\theta}, 0 < r < 1$）.

8. 下列函数有哪些奇点，如果是极点，指出它的阶数.

(1) $\dfrac{1}{z(z^2+1)^2}$;

(2) $\dfrac{1}{z^3 - z^2 - z + 1}$;

(3) $\dfrac{\ln(z+1)}{z}$;

(4) $\dfrac{z^{2n}}{1 + z^n}$, n 是自然数；

(5) $\dfrac{1}{\sin z^2}$;

(6) $\dfrac{1}{(1+z^2)(1+e^{\pi z})}$.

9. 设 $f(z)$ 在区域 D 内解析，且在 D 内某一点 z_0 有
$$f^{(n)}(z_0) = 0, \quad n = 1, 2, \cdots,$$
试证 $f(z)$ 在 D 内必恒为常数.

10. 回答下列问题，并说明理由.

(1) 幂级数

$$\sum_{n=0}^{\infty} C_n(z-2)^n$$

能否在 $z=0$ 收敛, 而在 $z=3$ 发散?

(2) 用长除法得

$$\frac{z}{1-z} = z+z^2+z^3+\cdots,$$

$$\frac{z}{z-1} = 1+\frac{1}{z}+\frac{1}{z^2}+\frac{1}{z^3}+\cdots.$$

因为

$$\frac{z}{1-z}+\frac{z}{z-1}=0,$$

所以

$$1+z+z^2+z^3+\cdots=0.$$

这种说法对吗?

(3) $f(z)=(\cos\frac{1}{z-1})^{-1}$ 在 $z=1$ 能否展开成罗朗级数?

(4) 设函数 $\varphi(z),\psi(z)$ 分别以 $z=a$ 为 m 阶与 n 阶极点, 那么下列三个函数

(a) $\varphi(z)+\psi(z)$;   (b) $\dfrac{\varphi(z)}{\psi(z)}$;   (c) $\varphi(z)\psi(z)$

在 $z=a$ 处各有什么性质? 其中 $m\neq n$.

(5) $f(z)=\dfrac{2}{z(z-1)^2}$ 在 $z=1$ 处有一个二阶极点, 这个函数又有下边的罗朗展开式

$$\frac{1}{z(z-1)^2}=\cdots+\frac{1}{(z-1)^5}+\frac{1}{(z-1)^4}+\frac{1}{(z-1)^3}, \ |z-1|>1,$$

所以 $z=1$ 又是 $f(z)$ 的本性奇点, 这种说法对吗?

第五章 残数及其应用

积分理论与级数理论相结合得出的残数理论,不但为积分计算提供了一个新的方法,而且是估计解析函数在某区域内零点的工具,同时还是研究保形映射等问题的理论基础.

§5.1 残数的一般理论

5.1.1 残数基本定理

设函数 $f(z)$ 在 $0<|z-z_0|<R\ (R>0)$ 内解析,则在 $0<|z-z_0|<R$ 内,$f(z)$ 可展开成罗朗级数

$$f(z) = \sum_{n=-\infty}^{\infty} C_n(z-z_0)^n$$

$$= \sum_{n=0}^{\infty} C_n(z-z_0)^n + \sum_{n=1}^{\infty} \frac{C_{-n}}{(z-z_0)^n},$$

对上式逐项积分,得

$$\int_C f(z)\mathrm{d}z = \sum_{n=0}^{\infty} \int_C C_n(z-z_0)^n \mathrm{d}z + \sum_{n=1}^{\infty} \int_C \frac{C_{-n}}{(z-z_0)^n}\mathrm{d}z$$
$$= 2\pi \mathrm{i} C_{-1}.$$

因此 C_{-1} 是上述逐项积分过程中唯一残存或保留下来的一个特殊的系数.

定义 5.1 设 z_0 是 $f(z)$ 的孤立奇点,则存在着 $R>0$,使 $f(z)$ 在 $0<|z-z_0|<R$ 内能展成罗朗级数

$$f(z) = \sum_{n=-\infty}^{\infty} C_n (z-z_0)^n,$$

其中项 $\dfrac{1}{z-z_0}$ 的系数 $C_{-1} = \dfrac{1}{2\pi \mathrm{i}} \int_C f(z)\mathrm{d}z$, $C:|z-z_0|=\rho$, $0<\rho<R$ 称为 $f(z)$ 在点 z_0 的**残数**(residue), 记为 $\mathrm{Res}(f,z)$ 或 $\mathrm{Res}\limits_{z=z_0} f(z)$.

例 5.1 $z=0$ 是函数 $f(z) = \dfrac{1-\mathrm{e}^{2z}}{z^4}$ 的孤立奇点, 因

$$f(z) = \frac{1}{z^4}(1-\mathrm{e}^{2z}) = \frac{1}{z^4}\left(1-\sum_{n=0}^{\infty}\frac{2^n z^n}{n!}\right)$$

$$= \frac{1}{z^4} - \sum_{n=0}^{\infty} \frac{2^n z^{n-4}}{n!}$$

$$= \frac{1}{z^4} - \frac{1}{z^4} - \frac{2}{z^3} - \frac{2}{z^2} - \frac{2^3}{3!z} - \frac{2^4}{4!} - \cdots$$

$$= -\frac{2}{z^3} - \frac{2}{z^2} - \frac{4}{3z} - \frac{2}{3} - \cdots,$$

故 $\mathrm{Res}(f,0) = -\dfrac{4}{3}$.

例 5.2 设 z_0 是 $f(z)$ 的可去奇点, 则显然有 $\mathrm{Res}(f,z_0)=0$.

下面的定理称为**柯西残数定理**, 它是残数的基本定理.

定理 5.1 设 D 是围线或复合闭路 C 包围的区域, 函数 $f(z)$ 在 D 内除去有限个奇点 $z_1,z_2,\cdots,z_n$ 外, 在每点解析, 并且 $f(z)$ 在 $\overline{D}=D+C$ 除去 $z_1,z_2,\cdots,z_n$ 外连续, 则

$$\int_C f(z)\mathrm{d}z = 2\pi\mathrm{i}\sum_{k=1}^{n} \mathrm{Res}(f,z_k). \tag{5-1}$$

证 因 $f(z)$ 在 D 内只有有限多个奇点 $z_1,z_2,\cdots,z_n$, 故这 n 个奇点都是 $f(z)$ 的孤立奇点. 作 $\varGamma_k:|z-z_k|=\rho_k$, 使 $|z-z_k|\leqslant\rho_k$ 含于 D 内 ($k=1,2,\cdots,n$) 且两两相隔离(图 5-1), 则有

$$\int_C f(z)\mathrm{d}z = \sum_{k=1}^{n}\int_{\Gamma_k} f(z)\mathrm{d}z = 2\pi\mathrm{i}\sum_{k=1}^{n}\mathrm{Res}(f,z_k).$$

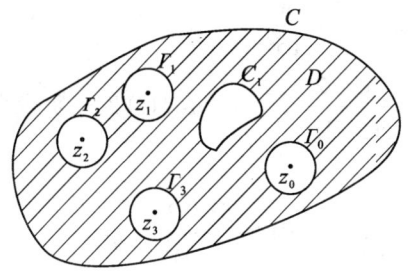

图 5-1

5.1.2 残数的计算

定理 5.2 设 z_0 是 $f(z)$ 的 m 阶极点,
$$f(z) = \frac{\lambda(z)}{(z-z_0)^m}.$$
$\lambda(z)$ 在 z_0 解析, 且 $\lambda(z_0) \neq 0$, 则

$$\mathrm{Res}(f,z_0) = \frac{\lambda^{(m-1)}(z_0)}{(m-1)!}, \tag{5-2}$$

其中 $\lambda^{(0)}(z_0) = \lambda(z_0)$, 并且 $\lambda^{(m-1)}(z_0) = \lim_{z \to z_0}\lambda^{(m-1)}(z)$.

证 $\mathrm{Res}(f,z_0) = \dfrac{1}{2\pi\mathrm{i}}\displaystyle\int_C \dfrac{\lambda(z_0)}{(z-z_0)^m}\mathrm{d}z = \dfrac{\lambda^{(m-1)}(z_0)}{(m-1)!}.$

当 $m=1$ 时 z_0 是 $f(z)$ 的一阶极点,
$$\mathrm{Res}(f,z_0) = \lambda(z_0) = \lim_{z \to z_0}(z-z_0)f(z), \tag{5-3}$$

当 $m=2$ 时 z_0 是 $f(z)$ 的二阶极点,
$$\mathrm{Res}(f,z_0) = \lambda'(z_0). \tag{5-4}$$

例 5.3 $f(z) = \dfrac{1}{(z^2+1)^3} = \dfrac{1}{(z-\mathrm{i})^3(z+\mathrm{i})^3}$, $z = \pm\mathrm{i}$ 是 $f(z)$ 的三阶极点, 由式 (5.2),

$$\operatorname{Res}(f,\mathrm{i}) = \frac{1}{2}(\frac{1}{(z+\mathrm{i})^3})''|_{z=\mathrm{i}} = \frac{1}{2}(\frac{12}{(z+\mathrm{i})^5})|_{z=\mathrm{i}} = \frac{-3\mathrm{i}}{16}.$$

同法求出 $\operatorname{Res}(f,-\mathrm{i}) = \frac{3\mathrm{i}}{16}$.

例 5.4 $f(z) = \frac{5z-2}{z(z-1)^2}$, $z=0$ 是 $f(z)$ 的一阶极点, $z=1$ 是 $f(z)$ 的二阶极点, 于是有

$$\operatorname{Res}(f,0) = \frac{5z-2}{(z-1)^2}\bigg|_{z=0} = -2;$$

$$\operatorname{Res}(f,1) = (\frac{5z-2}{z})'\bigg|_{z=1} = 2.$$

例 5.5 $f(z) = \frac{\mathrm{e}^z}{z^2+1} = \frac{\mathrm{e}^z}{(z-\mathrm{i})(z+\mathrm{i})}$, $z=\pm\mathrm{i}$ 是 $f(z)$ 的一阶极点, 故

$$\operatorname{Res}(f,\mathrm{i}) = \frac{\mathrm{e}^z}{z+\mathrm{i}}\bigg|_{z=\mathrm{i}} = \frac{\mathrm{e}^\mathrm{i}}{2\mathrm{i}}, \quad \operatorname{Res}(f,-\mathrm{i}) = \frac{\mathrm{e}^z}{z-\mathrm{i}}\bigg|_{z=-\mathrm{i}} = \frac{\mathrm{e}^{-\mathrm{i}}}{-2\mathrm{i}}.$$

定理 5.3 设 $f(z) = \frac{\varphi(z)}{\psi(z)}$, $\varphi(z)$ 与 $\psi(z)$ 在点 z_0 解析, 若 z_0 是 $\varphi(z)$ 的 n 阶零点, 又是 $\psi(z)$ 的 $n+1$ 阶零点, 则

$$\operatorname{Res}(f,z_0) = \frac{(n+1)\varphi^{(n)}(z_0)}{\psi^{(n+1)}(z_0)}. \tag{5-5}$$

证 显然 z_0 是 $f(z)$ 的一阶极点, 由式(5-3)和例 3.17 得

$$\operatorname{Res}(f,z_0) = \lim_{z \to z_0} \frac{(z-z_0)\varphi(z)}{\psi(z)}$$
$$= \lim_{z \to z_0} \frac{(z-z_0)\varphi'(z) + \varphi(z)}{\psi'(z)}$$
$$= \lim_{z \to z_0} \frac{(z-z_0)\varphi''(z) + 2\varphi'(z)}{\psi''(z)}$$
$$= \cdots$$

$$= \lim_{z \to z_0} \frac{(z-z_0)\varphi^{(n+1)}(z) + (n+1)\varphi^{(n)}(z)}{\psi^{(n+1)}(z)}$$

$$= \frac{(n+1)\varphi^{(n)}(z_0)}{\psi^{(n+1)}(z_0)}$$

特别地，当 $n=0$ 时（$\varphi(z_0) \neq 0, \psi(z_0) = 0, \psi'(z_0) \neq 0$），(5-5)变为

$$\mathrm{Res}(\frac{\varphi(z)}{\psi(z)}, z_0) = \frac{\varphi(z_0)}{\psi'(z_0)}. \tag{5-6}$$

例 5.6 $f(z) = \tan \pi z = \dfrac{\sin \pi z}{\cos \pi z}$，求 $f(z)$ 在奇点处的残数.

解 $\cos \pi z = 0$，得 $z = \dfrac{1}{2} + k, k = 0, \pm 1, \pm 2, \cdots$，于是，$f(z)$ 只以 $z = \dfrac{1}{2} + k, (k = 0, \pm 1, \pm 2, \cdots,)$ 为一阶极点. 故

$$\mathrm{Res}(f(z), \frac{1}{2} + k) = \left.\frac{\sin \pi z}{(\cos \pi z)'}\right|_{z = \frac{1}{2}+k} = -\frac{1}{\pi}, \quad k = 0, \pm 1, \cdots.$$

例 5.7 $f(z) = \dfrac{z \sin z}{(1-\mathrm{e}^z)^3}$，$z = 0$ 是 $f(z)$ 的孤立奇点，因

$$(z \sin z)|_{z=0} = (z \sin z)'|_{z=0} = 0,$$
$$(z \sin z)''|_{z=0} = 2,$$

故 $z = 0$ 是 $z \sin z$ 的二阶零点，又因

$$\left[(1-\mathrm{e}^z)^3\right]\Big|_{z=0} = \left[(1-\mathrm{e}^z)^3\right]'\Big|_{z=0} = \left[(1-\mathrm{e}^z)^3\right]''\Big|_{z=0} = 0,$$
$$\left[(1-\mathrm{e}^z)^3\right]'''\Big|_{z=0} = -6$$

故 $z = 0$ 是 $(1-\mathrm{e}^z)^3$ 三阶零点，于是有

$$\mathrm{Res}(f, 0) = \frac{3 \times 2}{-6} = -1.$$

例 5.8 据定理 5.1 和例 5.3，例 5.4，例 5.6 及例 5.7 可得如下积分：

(1) $\int_{|z|=2} \dfrac{1}{(z^2+1)^3} dz = 2\pi i[\text{Res}(f,i) + \text{Res}(f,-i)]$

$\qquad\qquad\qquad = 2\pi i[-\dfrac{3i}{16} + \dfrac{3i}{16}] = 0;$

(2) $\int_{|z|=2} \dfrac{5z-2}{z(z-1)^3} dz = 2\pi i[\text{Res}(f,0) + \text{Res}(f,1)]$

$\qquad\qquad\qquad = 2\pi i[-2+2] = 0;$

(3) $\int_{|z|=n} \tan\pi z\, dz = 2\pi \sum\limits_{\frac{1}{2}+k<n} [\text{Res}(\tan\pi z, \dfrac{1}{2}+k)$

$\qquad\qquad\qquad = 2\pi i(\dfrac{-2n}{\pi}) = -4ni;$

(4) $\int_{|z|=1} \dfrac{z\sin z}{(1-e^z)^3} dz = 2\pi i \text{Res}(\dfrac{z\sin z}{(1-e^z)^3}, 0)$

$\qquad\qquad\qquad = 2\pi i[-1] = -2\pi i.$

由此看出，柯西残数定理把求沿闭路积分的整体问题，可转化为计算各孤立奇点残数的局部问题.

5.1.3 函数在无穷点的残数

定义 5.2 设 ∞ 是函数 $f(z)$ 的一个孤立奇点，即 $f(z)$ 在 $0 \leqslant r < |z| < +\infty$ 内解析，则称

$$\dfrac{1}{2\pi i}\int_{C^-} f(z) dz \quad C: |z|=\rho > r$$

为 $f(z)$ 在点 ∞ 的**残数**，记为 $\text{Res}(f,\infty)$ 或 $\operatorname*{Res}\limits_{z=\infty} f(z)$，这里 C^- 是指顺时针方向(这个方向自然看作是绕点 ∞ 的正方向).

设 $f(z)$ 在 $0 \leqslant r < |z| < \infty$ 内的罗朗展开式是

$$f(z) = \cdots \dfrac{C_{-n}}{z^n} + \cdots + \dfrac{C_{-1}}{z} + C_0 + C_1 z \cdots + C_n z^n + \cdots,$$

对上式逐项积分得

$$\text{Res}(f,\infty) = \frac{1}{2\pi i}\int_{C^-} f(z)\mathrm{d}z = -C_{-1},$$

即 $\text{Res}(f,\infty)$ 等于 $f(z)$ 在点∞的罗朗展式中 $\frac{1}{z}$ 这一项的系数的相反数.

若点∞是 $f(z)$ 的可去奇点(或解析点)，则 $\text{Res}(f,\infty)$ 可以不是零. 如 $z=\infty$ 是 $\frac{1}{z}$ 的可去奇点，但

$$\text{Res}(\frac{1}{z},\infty) = -1.$$

定理 5.4 若 $f(z)$ 在扩充 z 平面上只有有限个孤立奇点(包括点∞在内)，设为 $z_1, z_2, \cdots, z_n, \infty$，则 $f(z)$ 在各点的残数之和为 0.

证 以 $z=0$ 点为圆心，并取半径 R 为

$$R > \max\{|z_1|,|z_2|,\cdots,|z_n|\},$$

作圆周 $C:|z|=R$，则由定理 5.1，得

$$\int_C f(z)\mathrm{d}z = 2\pi i \sum_{k=1}^{n}\text{Res}(f,z_k),$$

两边除以 $2\pi i$，并移项，得

$$\sum_{k=1}^{n}\text{Res}(f,z_k) + \text{Res}(f,\infty) = 0.$$

例 5.9 求 $f(z) = \dfrac{z^7}{(z^2-1)^3(z^2+2)}$ 在各有限孤立奇点处的残数和.

解 $f(z)$ 的有限孤立奇点是 ± 1 与 $\pm\sqrt{2}i$. 直接算出每点的残数再相加比较麻烦，用定理 5.4 求解就方便多了. 因

$$f(z) = \frac{z^7}{(z^2-1)^3(z^2+2)} = \frac{z^7}{(z^2)^3(1-\frac{1}{z^2})^3(1+\frac{2}{z^2})z^2}$$

$$= \frac{1}{z}(1-\frac{1}{z^2})^{-3}(1+\frac{2}{z^2})^{-1} = \frac{1}{z}(1+\frac{3}{z^2}+\cdots)(1-\frac{2}{z^2}+\cdots)$$

$$= \frac{1}{z} + \frac{1}{z^3} + \cdots,$$

故 $\mathrm{Res}(f,\infty) = -1$,于是 $f(z)$ 在孤立奇点 ± 1、$\pm\sqrt{2}\mathrm{i}$ 的残数和为 1.

这样在计算 $f(z)$ 在沿 $C:|z|=2$ 积分时就有

$$\int_C \frac{z^7}{(z^2-1)^3(z^2+2)}\mathrm{d}z = -2\pi\mathrm{i}\,\mathrm{Res}\left(\frac{z^7}{(z^2-1)^3(z^2+2)},\infty\right)$$
$$= -2\pi\mathrm{i}\times(-1) = 2\pi\mathrm{i}.$$

§5.2 利用残数计算实积分

许多实积分的计算,特别是实广义积分的计算比较麻烦,而沿闭路的复积分却有种种有效的计算方法. 因此,我们把一些实积分的计算化归为沿闭路的复积分的计算,就是一个很好的思路.

例如,设 $R(\cos\theta,\sin\theta)$ 是 $\cos\theta$ 与 $\sin\theta$ 的有理函数,且在 $[0,2\pi]$ 上连续,令 $z = \mathrm{e}^{\mathrm{i}\theta}$,则有

$$\cos\theta = \frac{z+z^{-1}}{2},\ \sin\theta = \frac{z-z^{-1}}{2\mathrm{i}},\ \mathrm{d}\theta = \frac{1}{\mathrm{i}z}\mathrm{d}z.$$

记 $C:|z|=1$,有

$$\int_0^{2\pi} R(\cos\theta,\sin\theta)\mathrm{d}\theta = \int_C R\left(\frac{z+z^{-1}}{2},\frac{z-z^{-1}}{2\mathrm{i}}\right)\frac{1}{\mathrm{i}z}\mathrm{d}z,$$

右端是 z 的有理函数的闭路积分,并且积分路径上无奇点.

例 5.10 计算

$$I = \int_0^{2\pi} \frac{\sin^2\theta\,\mathrm{d}\theta}{a+b\cos\theta},\quad a > b > 0.$$

解 $C:|z|=1$,则 $I = \int_C \frac{\left(\frac{z-z^{-1}}{2\mathrm{i}}\right)^2}{a+b\left(\frac{z+z^{-1}}{2}\right)}\frac{1}{\mathrm{i}z}\mathrm{d}z$. 令

$$f(z) = \frac{(\frac{z-z^{-1}}{2i})^2}{a+b(\frac{z+z^{-1}}{2})} \frac{1}{iz} = \frac{i}{2b} \frac{(z^2-1)^2}{z^2(z^2+\frac{2az}{b}+1)}$$

$$= \frac{i}{2b} \frac{(z^2-1)^2}{z^2(z-\alpha)(z-\beta)},$$

其中 $\alpha = \frac{1}{b}(-a+\sqrt{a^2-b^2})$, $\beta = \frac{1}{b}(-a-\sqrt{a^2-b^2})$.

而 $z=0$ 是 $f(z)$ 的二阶极点, $z=\alpha$ 是 $f(z)$ 的一阶极点, 且 $|\alpha|<1$, $z=\beta$ 是 $f(z)$ 的一阶极点, 且 $|\beta|>1$. 故有

$$I = 2\pi i[\text{Res}(f,0) + \text{Res}(f,\alpha)]$$

$$= 2\pi i[\frac{i}{2b}(\frac{(z^2-1)^2}{(z^2+\frac{2az}{b}+1)})'\bigg|_{z=0} + \frac{i}{2b}\frac{(z^2-1)^2}{z^2(z-\beta)}\bigg|_{z=0}]$$

$$= \frac{i}{2b} 2\pi i[-\frac{2a}{b} + \frac{2\sqrt{a^2-b^2}}{b}] = \frac{2\pi}{b^2}[a - \sqrt{a^2-b^2}].$$

以下主要是用残数基本定理计算一些实无穷积分. 为此, 先介绍几个引理.

引理 5.1 若函数 $f(z)$ 在圆弧 S_R: $z=Re^{i\theta}$ (R 充分大, $\theta_1 \leq \theta \leq \theta_2$) 上连续, 且

$$\lim_{R \to +\infty} zf(z) = \lambda$$

于 S_R 上一致成立(即与 $\theta_1 \leq \theta \leq \theta_2$ 中 θ 无关), 则有

$$\lim_{R \to +\infty} \int_{S_R} f(z)dz = i(\theta_2 - \theta_1)\lambda.$$

证 由假设, 对任给的 $\varepsilon > 0$, 存在只与 ε 有关的 $K>0$, 使当 $R>K$ 时, 对任何 $[\theta_1, \theta_2]$ 中的 θ, 都有

$$|f(Re^{i\theta})Re^{i\theta} - \lambda| < \frac{\varepsilon}{\theta_2 - \theta_1}.$$

从而当 $R>K$ 时, 有

$$|\int_{S_R} f(z)\mathrm{d}z - \mathrm{i}(\theta_2 - \theta_1)\lambda|$$
$$=|\int_{S_R} f(z)\mathrm{d}z - \lambda \int_{S_R} \frac{1}{z}\mathrm{d}z|=|\int_{S_R} \frac{zf(z)-\lambda}{z}\mathrm{d}z|$$
$$< \frac{\varepsilon}{\theta_2 - \theta_1} \frac{\ell}{R} = \varepsilon \quad (\ell = R(\theta_2 - \theta_1) \text{为} S_R \text{的长度}).$$

引理 5.2 若函数 $f(z)$ 在圆弧 S_r: $z - z_0 = r\mathrm{e}^{\mathrm{i}\theta}$ ($\theta_1 \leqslant \theta \leqslant \theta_2$, r 充分小) 上连续, 且
$$\lim_{r \to 0}(z - z_0)f(z) = \lambda$$
在 S_r 上一致成立, 则有
$$\lim_{r \to 0}\int_{S_r} f(z)\mathrm{d}z = \mathrm{i}(\theta_2 - \theta_1)\lambda.$$

此引理的证明与引理 5.1 的证明类似.

引理 5.3 (约当引理) 若 $g(z)$ 在半圆周 C_R: $z = R\mathrm{e}^{\mathrm{i}\theta}$ ($0 \leqslant \theta \leqslant \pi$, R 充分大) 上连续, 且
$$\lim_{R \to +\infty} g(z) = 0$$
在 C_R 上一致成立, 则有
$$\lim_{R \to +\infty}\int_{C_R} g(z)\mathrm{e}^{\mathrm{i}mz}\mathrm{d}z = 0 \quad (m > 0).$$

证 由假设, 对任意给定的 $\varepsilon > 0$, 存在只与 ε 有关的 $K > 0$, 使当 $R > K$ 时, 对任何 $\theta \in [0, \pi]$ 都有
$$|g(R\mathrm{e}^{\mathrm{i}\theta})| < \varepsilon,$$
从而当 $R > K$ 时, 有
$$|\int_{C_R} g(z)\mathrm{e}^{\mathrm{i}mz}\mathrm{d}z| = |\int_0^\pi g(R\mathrm{e}^{\mathrm{i}\theta})\mathrm{e}^{\mathrm{i}mR\mathrm{e}^{\mathrm{i}\theta}} \mathrm{i}R\mathrm{e}^{\mathrm{i}\theta}\mathrm{d}\theta|$$
$$\leqslant \int_0^\pi |g(R\mathrm{e}^{\mathrm{i}\theta})\mathrm{e}^{\mathrm{i}mR\mathrm{e}^{\mathrm{i}\theta}}\mathrm{i}R\mathrm{e}^{\mathrm{i}\theta}|\mathrm{d}\theta$$
$$< R\varepsilon \int_0^\pi |\mathrm{e}^{\mathrm{i}mR\mathrm{e}^{\mathrm{i}\theta}}|\mathrm{d}\theta$$

$$= R\varepsilon \int_0^\pi |e^{imR(\cos\theta + i\sin\theta)}| d\theta$$

$$= R\varepsilon \int_0^\pi e^{-mR\sin\theta} d\theta = 2R\varepsilon \int_0^{\frac{\pi}{2}} e^{-mR\sin\theta} d\theta$$

$$\leqslant 2R\varepsilon \int_0^{\frac{\pi}{2}} e^{-\frac{2mR}{\pi}\theta} d\theta = 2R\varepsilon [\frac{1}{-\frac{2mR}{\pi}} e^{-\frac{2mR}{\pi}\theta}]\Big|_{\theta=0}^{\theta=\frac{\pi}{2}}$$

$$= \frac{\pi}{m}\varepsilon (1 - e^{-mR}) < \frac{\pi\,\varepsilon}{m}.$$

定理 5.5 设 $f(z) = \dfrac{Q(z)}{P(z)}$，其中 $Q(z)$ 与 $P(z)$ 分别为 m 次与 n 次多项式，且 $n - m \geqslant 2, Q(z)$ 与 $P(z)$ 互质，在实轴上，$P(z) \neq 0$；若 $z_1, z_2, \cdots, z_n$ 是 $f(z)$ 在上半平面的孤立奇点，则有

$$\int_{-\infty}^{+\infty} f(x) dx = 2\pi i \sum_{k=1}^n \mathrm{Res}[f(z), z_k]. \tag{5-7}$$

证 因 $\int_{-\infty}^{+\infty} f(x) dx$ 存在，故

$$\int_{-\infty}^{+\infty} f(x) dx = \lim_{R \to +\infty} \int_{-R}^R f(x) dx,$$

令 $R_0 = \max(|z_1|, |z_2|, \cdots, |z_n|)$，取 $R > R_0$，作上半圆周 $C_R : |z| = R$ ($0 \leqslant \arg z \in \pi$)，用 C 表示由实轴上线段 $\overline{-RR}$ 和 C_R 组成的闭路(图 5-2). 因 $f(z)$ 在 C 上连续，$n - m \geqslant 2$，故

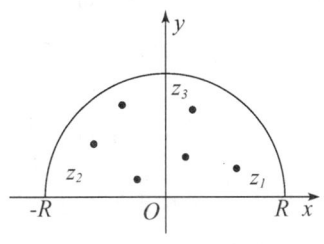

图 5-2

$$\lim_{R\to+\infty} zf(z) = \lim_{R\to+\infty} z\frac{Q(z)}{P(z)} = 0,$$

由引理 5.1 知

$$\lim_{R\to+\infty}\int_{C_R} f(z)\mathrm{d}z = 0.$$

因 $f(z)$ 在 C 上和 C 的内部除 $z_1, z_2, \cdots, z_n$ 外在每点解析,故有

$$\int_C f(z)\mathrm{d}z = 2\pi\mathrm{i}\sum_{k=1}^n \mathrm{Res}(f, z_k),$$

但

$$\lim_{R\to+\infty}\int_C f(z)\mathrm{d}z = \lim_{R\to+\infty}(\int_{C_R} f(z)\mathrm{d}z + \int_{-R}^R f(x)\mathrm{d}x)$$

$$= \lim_{R\to+\infty}\int_{-R}^R f(x)\mathrm{d}x$$

$$= \int_{-\infty}^{+\infty} f(x)\mathrm{d}x,$$

从而得到

$$\int_{-\infty}^{+\infty} f(x)\mathrm{d}x = 2\pi\mathrm{i}\sum_{k=1}^n \mathrm{Res}(f, z_k).$$

例 5.11 计算 $\int_{-\infty}^{+\infty} \frac{\mathrm{d}x}{(1+x^2)^2}$.

解 因

$$f(z) = \frac{1}{(1+z^2)^2} = \frac{1}{(z+\mathrm{i})^2(z-\mathrm{i})^2}$$

有两个二阶极点 $z = \pm\mathrm{i}$,且只有一个 $z = \mathrm{i}$ 在上半平面内,由式(5.7)

$$\int_{-\infty}^{+\infty} \frac{\mathrm{d}x}{(1+x^2)^2} = 2\pi\mathrm{i}\,\mathrm{Res}[f(z),\mathrm{i}]$$

$$= 2\pi\mathrm{i}\lim_{z\to\mathrm{i}}[\frac{1}{(z+\mathrm{i})^2}]' = \frac{\pi}{2}.$$

应用引理 5.3 和类似定理 5.5 的证明方法可得

定理 5.6 设 $f(z) = \frac{Q(x)}{P(x)}\mathrm{e}^{\mathrm{i}mx}$,$P(x)$,$Q(x)$ 是两个互质的多项式,

$P(x)$ 的次数大于 $Q(x)$ 的次数. 在实轴上, $P(z) \neq 0$, 且 $m > 0$, 若 $z_1, z_2, \cdots, z_n$ 是 $f(z)$ 在上半平面的孤立奇点, 则有

$$\int_{-\infty}^{+\infty} f(x)dx = 2\pi i \sum_{k=1}^{n} \text{Res}(f(z), z_k),$$

即

$$\int_{-\infty}^{+\infty} f(x)dx = 2\pi i \sum_{k=1}^{n} \text{Res}(\frac{Q(z)}{P(z)}e^{imz}, z_k). \tag{5-8}$$

例 5.12 计算实积分

$$\int_{-\infty}^{+\infty} \frac{\cos\beta x}{x^2+\alpha^2}dx \ 与 \int_{-\infty}^{+\infty} \frac{\sin\beta x}{x^2+\alpha^2}dx, \quad (\beta>0, \alpha>0).$$

解 由式(5-8),

$$\int_{-\infty}^{+\infty} \frac{e^{i\beta x}}{x^2+\alpha^2} = 2\pi i \text{Res}\left[\frac{e^{i\beta z}}{z^2+\alpha^2}, \alpha i\right]$$

$$= 2\pi i \lim_{z \to \alpha i} \frac{e^{i\beta z}}{z+\alpha i}$$

$$= 2\pi i e^{-\alpha\beta} \frac{1}{2\alpha i} = \frac{\pi}{\alpha} e^{-\alpha\beta}.$$

又

$$\int_{-\infty}^{+\infty} \frac{e^{i\beta x}}{x^2+\alpha^2} = \int_{-\infty}^{+\infty} \frac{\cos\beta x}{x^2+\alpha^2}dx + i\int_{-\infty}^{+\infty} \frac{\sin\beta x}{x^2+\alpha^2}dx,$$

于是, 得到

$$\int_{-\infty}^{+\infty} \frac{\cos\beta x}{x^2+\alpha^2}dx = \frac{\pi}{\alpha}e^{-\alpha\beta},$$

$$\int_{-\infty}^{+\infty} \frac{\sin\beta x}{x^2+\alpha^2}dx = 0.$$

上边两个定理都假定 $P(x) \neq 0$, 即 $P(z)$ 在实轴上无零点, 若 $P(z)$ 在实轴上有零点, 式(5-7)与(5-8)不能直接应用, 不过可以遵照用沿闭路的复积分计算实积分的基本途径去处理, 即

(1) 选择相应的复变函数和适当的闭路;

(2) 用残数基本定理计算选定的复变函数沿选定的闭路的积分;

(3) 处理沿附加路径的积分,绕过奇点(选合适的闭路)来计算积分.

例 5.13 计算实无穷积分

$$\int_0^{+\infty} \frac{\sin x}{x} dx.$$

解 积分 $\int_0^{+\infty} \frac{\sin x}{x} dx$ 存在,且 $\int_0^{+\infty} \frac{\sin x}{x} dx = \frac{1}{2}\int_{-\infty}^{+\infty} \frac{\sin x}{x} dx$. 考虑

函数 $f(z) = \dfrac{e^{iz}}{z}$ 沿图 5-3 所示路径 C 的积分,据柯西积分定理得

$$\int_C f(z) dz = 0,$$

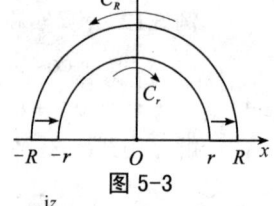

图 5-3

即

$$\int_r^R \frac{e^{ix}}{x} dx + \int_{C_R} \frac{e^{iz}}{z} dz + \int_{-R}^{-r} \frac{e^{ix}}{x} dx + \int_{C_r} \frac{e^{iz}}{z} dz = 0. \quad (5\text{-}9)$$

这里

$$C_r: \quad z = re^{i\theta} \ (\ 0 \leqslant \theta \leqslant \pi \ , r < R),$$
$$C_R: \quad z = Re^{i\theta} \ (\ 0 \leqslant \theta \leqslant \pi \ ).$$

由引理 5.2、引理 5.3 知

$$\lim_{r \to 0} \int_{C_r} \frac{e^{iz}}{z} dz = i\pi, \quad \lim_{R \to +\infty} \int_{C_R} \frac{e^{iz}}{z} dz = 0.$$

在式(5-9)中令 $r \to 0, R \to +\infty$ 取极限即得

$$\int_{-\infty}^{+\infty} \frac{e^{ix}}{x} dx = i\pi,$$

故

$$\int_0^{+\infty} \frac{\sin x}{x} dx = \frac{1}{2}\int_{-\infty}^{+\infty} \frac{\sin x}{x} dx = \frac{\pi}{2}.$$

§5.3 辐角原理及其应用

残数基本定理的一个重要应用是由它可以推出一个关于解析函数

在闭曲线内部零点的个数的公式.

引理 5.4 设 $f(z)$ 在闭路 C 上解析且无零点,在 C 的内部 D 除可能有有限个极点外解析,则 $f(z)$ 在 D 内至多有有限个极点和零点.

证 只需证明后者,用反证法. 若 $f(z)$ 在 D 内有无穷多个零点,在 D 内去掉有限多个极点后得到的区域记为 D_1,则 $f(z)$ 在 D_1 有无穷多个零点,取彼此不同的零点组成点列 $\{z_n\}$. 因 $\{z_n\}$ 有界,故存在收敛的子列 $\{z_{n_k}\}$,使 $\lim\limits_{k \to \infty} z_{n_k} = z_0$,显然 $z_0 \in \overline{D_1}$,且 $\lim\limits_{n \to \infty} f(z_n) = 0$,从而 $\lim\limits_{z \to z_0} f(z) \neq \infty$,故 $z_0 \in D_1$. $f(z)$ 在 D_1 解析,由解析函数唯一性定理,$f(z) \equiv 0$,$z \in D_1$,又 $f(z)$ 在 C 上解析,故存在区域 $G \supset D_1 + C$,使 $f(z)$ 在 G 解析,故 $f(z) \equiv 0$,$z \in C$,与假设矛盾.

定理 5.7 若函数 $f(z)$ 在 C 上解析且无零点,在 C 的内部除可能有限个极点外解析,则

$$\frac{1}{2\pi i} \int_C \frac{f'(z)}{f(z)} dz = N - P. \tag{5-10}$$

其中,N 及 P 分别表示 $f(z)$ 在 C 的内部零点及极点的个数,而且每个 k 阶零点或极点分别算作 k 个零点或极点.

证 据引理 5.4 可设 K_S 是 $f(z)$ 在 C 内部零点 α_S 的阶数 ($s = 1, 2, \cdots, m$),L_q 是 $f(z)$ 在 C 内部极点 β_q 的阶数($q = 1, 2, \cdots, n$),则

$$N = \sum_{S=1}^{m} K_S, \quad P = \sum_{q=1}^{n} L_q.$$

令

$$f(z) = (z - \alpha_s)^{K_s} \varphi(z),$$

其中,$\varphi(\alpha_s) \neq 0$,$\varphi(z)$ 在 $|z - \alpha_s| < \delta_1$ 解析,则

$$\frac{f'(z)}{f(z)} = \frac{K_s}{z - \alpha_s} + \frac{\varphi'(z)}{\varphi(z)},$$

因 $\dfrac{\varphi'(z)}{\varphi(z)}$ 解析,所以 α_s 是 $\dfrac{f'(z)}{f(z)}$ 的一阶极点,且

$$\text{Res}(\frac{f'}{f}, \alpha_s) = K_s \ (s = 1, 2, \cdots, m).$$

又设

$$f(z) = \frac{\psi(z)}{(z - \beta_q)^{L_q}},$$

其中，$\psi(\beta_q) \neq 0, \psi(z)$ 在 $|z - \beta_q| < \delta_2$ 解析，则

$$\frac{f'(z)}{f(z)} = \frac{-L_q}{z - \beta_q} + \frac{\psi'(z)}{\psi(z)},$$

因 $\frac{\psi'(z)}{\psi(z)}$ 解析，故 β_q 是 $\frac{f'(z)}{f(z)}$ 的一阶极点，且

$$\text{Res}(\frac{f'}{f}, \beta_q) = -L_q \quad (q = 1, 2, \cdots, n).$$

据残数基本定理可得

$$\begin{aligned}\frac{1}{2\pi i} \int_C \frac{f'(z)}{f(z)} dz &= \sum_{S=1}^m \text{Res}(\frac{f'}{f}, \alpha_s) + \sum_{q=1}^n \text{Res}(\frac{f'}{f}, \beta_q) \\ &= \sum_{S=1}^m K_s + \sum_{q=1}^n (-L_s) \\ &= N - P.\end{aligned}$$

如果定理 5.7 中的 $f(z)$ 在 C 的内部是解析的，那么便有

$$\int_C \frac{f'(z)}{f(z)} dz = 2\pi i N.$$

例 5.14 设 $C: |z| = 1$，则

(1) $\int_C \cot z \, dz = \int_C \frac{\cos z}{\sin z} dz = 2\pi i \cdot 1 = 2\pi i$；

(2) $\int_C \frac{\sin 2z}{\sin^2 z} dz = 2\pi i \cdot 2 = 4\pi i$.

式(5-10)有如下的几何解释.

$$\frac{1}{2\pi i}\int_C \frac{f'(z)}{f(z)}dz = \frac{1}{2\pi i}\int_C \frac{d}{dz}[\ln f(z)]dz$$
$$= \frac{1}{2\pi i}\int_C d\ln f(z)$$
$$= \frac{1}{2\pi i}\int_C d\ln|f(z)| + \frac{1}{2\pi i}\int_C d\arg f(z)$$

函数 $\ln|f(z)|$ 是 z 的单值函数，当 z 从 z_0 起绕行闭路 C 一周而回到 z_0 时，有

$$\int_C d\ln|f(z)| = \ln|f(z_0)| - \ln|f(z_0)| = 0.$$

而当 z 从 z_0 起沿闭路 C 的正方向绕行一周而回到 z_0 时，$\arg f(z)$ 可能改变，如图 5-4 对应的 $w=f(z)$ 从 $w_0=f(z_0)$ 起围绕原点 $w=0$ 两周后又回到起点 $w_0=f(z_0)$，显然 $\arg f(z)$ 的终值 φ_1 与始值 φ_0 相差 4π，于是有

$$\frac{1}{2\pi i}\int_C \frac{f'(z)}{f(z)}dz = \frac{i(\varphi_1-\varphi_0)}{2\pi i} = \frac{\Delta_c \arg f(z)}{2\pi}.$$

式中 $\Delta_c \arg f(z)$ 表示 z 沿 C 的正方向绕行一周后 $\arg f(z)$ 的改变量，它一定是 2π 的整倍数.

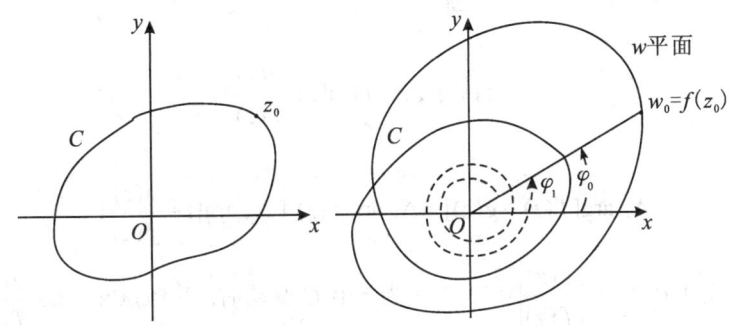

图 5-4

于是，可把定理 5.7 改写成辐角原理.

辐角原理 在定理 5.7 的条件下，$f(z)$ 在闭路 C 内部零点的个数与极点个数之差，等于沿 C 之正方向绕行一周后 $\arg f(z)$ 的改变量

$\Delta_c \arg f(z)$ 除以 2π，即

$$N - P = \frac{\Delta_c \arg f(z)}{2\pi}. \tag{5-10}$$

特别地，如果 $f(z)$ 在闭路 C 的内部解析，且 $f(z)$ 在 C 上不为零，则

$$N = \frac{\Delta_c \arg f(z)}{2\pi}. \tag{5-11}$$

作为辐角原理的一个直接应用，是考察在区域内，函数零点的分布状况，为此，介绍下边的**儒歇(Rouche)定理**。

定理 5.8 设函数 $f(z)$ 与 $g(z)$ 在闭路 C 上及其内部解析，且在 C 上有 $|f(z)| > |g(z)|$，则在 C 的内部，$f(z)$ 与 $f(z)+g(z)$ 的零点个数相同。

证 由假设，在 C 上 $|f(z)| > 0$，且

$$|f(z)+g(z)| \geq |f(z)| - |g(z)| > 0,$$

记 N 为 $f(z)$ 在 C 内部零点的个数，N' 为 $f(z)+g(z)$ 在 C 内部零点的个数，则

$$N = \frac{1}{2\pi}\Delta_c \arg f(z),$$

$$N' = \frac{1}{2\pi}\Delta_c \arg[f(z)+g(z)].$$

因

$$f(z)+g(z) = f(z)[1+\frac{g(z)}{f(z)}],$$

故

$$\Delta_c \arg[f(z)+g(z)] = \Delta_c \arg f(z) + \Delta_c \arg[1+\frac{g(z)}{f(z)}].$$

由于在 C 上 $\left|\frac{g(z)}{f(z)}\right| < 1$，于是当 z 沿 C 变动时，其像点 $w = 1 + \frac{g(z)}{f(z)}$ 不会绕原点 $w=0$ 转圈，所以可以断定

$$\Delta_c \arg[1+\frac{g(z)}{f(z)}] = 0.$$

从而得到

$$\Delta_c \arg[f(z)+g(z)] = \Delta_c \arg f(z),$$
两端除以 2π 再由式(5.11)便得到
$$N' = N.$$

例 5.15 证明 $4z^5 - 2z + 1$ 有 5 个零点,且都在 $|z|<1$ 内.

证 因 $z=0$ 是 $f(z) = 4z^5$ 的 5 阶零点,故在 $|z|<1$ 内有 5 个零点,令 $g(z) = -2z+1$,则在 $|z|=1$ 上,有
$$|f(z)| = |4z^5| = 4 > 3 = |2z|+1 \geqslant |-2z+1| = |g(z)|,$$
据儒歇定理知 $f(z) + g(z) = 4z^5 - 2z + 1$ 在 $|z|<1$ 内有 5 个零点.

例 5.16 证明多项式
$$p(z) = a_0 z^n + a_1 z^{n-1} + \cdots + a_n \ (a_0 \neq 0)$$
的系数满足关系
$$|a_\ell| > |a_0| + |a_1| + \cdots + |a_{\ell-1}| + |a_{\ell+1}| + \cdots + |a_n|$$
时,$p(z)$ 在 $|z|<1$ 内有 $n-\ell$ 个根.

证 令
$$f(z) = a_\ell z^{n-\ell},$$
$$g(z) = a_0 z^n + a_1 z^{n-1} + \cdots + a_{\ell-1} z^{n-\ell} + a_{\ell+1} z^{n-\ell-1} + \cdots + a_n.$$
由假设知,$|f(z)| > |g(z)|$ 在 $z=1$ 上成立,因 $f(z)$ 在 $|z|<1$ 内有 $n-\ell$ 个零点,故依儒歇定理知 $f(z) + g(z) = p(z)$ 在 $|z|<1$ 内有 $n-\ell$ 个零点.

例 5.17 设 $a > e$,证明方程 $e^z = az^n$ 在 $|z|<1$ 内有 n 个根.

证 令 $f(z) = az^n$,$g(z) = -e^z$,由于在 $|z|=1$ 时,
$$|f(z)| = a|z|^n = a > e = e^{|z|} \geqslant e^{\mathrm{Re}\, z} = |e^z| = |-e^z| = |g(z)|,$$
因 $f(z)$ 在 $|z|<1$ 内有 n 个零点,故由儒歇定理,$f(z)+g(z) = az^n - e^z$ 在 $|z|<1$ 内有 n 个零点,即方程 $e^z = az^n$ 在 $|z|<1$ 内有 n 个根.

例 5.18 应用儒歇定理证明代数基本定理:任一 n 次方程
$$a_0 z^n + a_1 z^{n-1} + \cdots + a_n = 0 \ (a_0 \neq 0),$$
有且只有 n 个根(几重根就算作几个根).

证 令 $f(z) = a_0 z^n$,$g(z) = a_1 z^{n-1} + a_2 z^{n-2} \cdots + a_n$,取

$$R > \max\{\frac{|a_1| + \cdots + |a_n|}{|a_0|}, 1\}$$

有

$$|g(z)| \leq |a_1|R^{n-1} + \cdots + |a_{n-1}|R \cdots + |a_n|$$
$$< (|a_1| + \cdots + |a_n|)R^{n-1}$$
$$< |a_0|R^n = |f(z)|, |z| = R.$$

即在圆周 $|z| = R$ 上有 $|f(z)| > |g(z)|$,由儒歇定理便知,在 $|z| < R$ 内,方程

$$a_0 z^n + a_1 z^{n-1} + \cdots + a_n = 0 \text{ 与 } a_0 z^n = 0$$

有相同个数的根,而 $a_0 z^n = 0$ 在 $|z| < R$ 内有一个 n 重根 $z = 0$,因此原 n 次方程在 $|z| < R$ 内有 n 个根.

另外,在圆周 $|z| = R$ 上或者在它的外部,任取一点 z_0,则 $|z_0| = R_0 \geq R$,于是

$$|a_0 z_0^n + a_1 z_0^{n-1} + \cdots + a_{n-1} z_0 + a_n|$$
$$\geq |a_0 z_0^n| + |a_1 z_0^{n-1}| + \cdots + |a_n|$$
$$\geq |a_0|R_0^n - (|a_1|R_0^{n-1} + \cdots + |a_n|)$$
$$> |a_0|R_0^n - (|a_1| + \cdots + |a_n|)R_0^{n-1}$$
$$> |a_0|R_0^n - |a_0|R_0^n = 0.$$

这说明原 n 次方程在圆周 $|z| = R$ 上及其外部都没有根,故原方程在 z 平面上有且只有 n 个根.

由儒歇定理还可推出下面的一些重要定理.

定理 5.9 若函数 $f(z)$ 在区域 D 内单叶解析,则在 D 内,$f'(z) \neq 0$.

证 用反证法,若在 D 内有点 z_0 使 $f'(z_0) = 0$,则 z_0 必是 $f(z) - f(z_0)$ 的一个 n 阶零点$(n \geq 2)$,由零点孤立性,存在 $\delta > 0$ 使在

圆周 $C: |z-z_0| = \delta$ 上
$$f(z) - f(z_0) \neq 0.$$
在 C 的内部，$f(z) - f(z_0)$ 及 $f'(z_0)$ 没有异于 z_0 的零点.

令 m 为 $|f(z) - f(z_0)|$ 在 C 上的下确界，则由儒歇定理，当 $0 < |-a| < m$ 时，$f(z) - f(z_0) - a$ 在圆周 C 的内部亦恰有 n 个零点，但这些零点无一为多重零点，而 z_0 显然不是 $f(z) - f(z_0) - a$ 的零点.

命 $z_1, z_2, z_2, \cdots, z_n$ 表示 $f(z) - f(z_0) - a$ 的在 C 内部的 n 个相异零点，于是
$$f(z_k) = f(z_0) + a \,(k = 1, 2, \cdots, n),$$
这与 $f(z)$ 在 D 内单叶的假设矛盾. 故在区域 D 内，$f'(z) \neq 0$.

该定理之逆不真. 如对函数 $f(z) = e^z$，它在 z 平面上的每一点 z，都有 $f'(z) \neq 0$，但 $f(z) = f(z + 2\pi i)$，故知 $f(z)$ 在 z 平面上不单叶.

可以证明：若 $f(z)$ 在 z_0 解析，且 $f'(z_0) \neq 0$，则必存在一个 $\delta > 0$，使在 $|z - z_0| < \delta$ 内，$f(z)$ 单叶解析.

定理 5.10 若函数 $w = f(z)$ 在区域 D 内解析，且不恒为常数，则 D 的像集 $A = f(D)$ 也是区域.

证 开集性. 对 A 中任一点 w_0，有 D 内的点 z_0，使 $w_0 = f(z_0)$. 现证 w_0 为 A 的内点，只须证明 w' 与 w_0 充分接近时，w' 也属于 A，即是说，只须证明，当 w' 与 w_0 充分接近时，方程 $w' = f(z)$ 在 D 内有解，为此，考察
$$f(z) - w' = f(z) - w_0 + w_0 - w',$$
由解析函数零点的孤立性，必有以 z_0 为心的某个圆周 C，C 及 C 的内部全含于 D，使得 $f(z) - w_0$ 在 C 上及 C 的内部（除 z_0 外）均不为零，因而在 C 上，$|f(z) - w_0| \geq \delta > 0$，对在 $|w' - w_0| < \delta$ 的点 w' 及在 C 上的点 z，有
$$|f(z) - w_0| \geq \delta > |w' - w_0|.$$

由儒歇定理，在 C 的内部，
$$f(z)-w'=[f(z)-w_0]+w_0-w' 与 f(z)-w_0$$
有相同的零点个数，于是 $w'=f(z)$ 在 D 内有解.

连通性. 现证 A 中任意两点 $w_1=f(z_1)$，$w_2=f(z_2)$ 均可用一条完全含于 A 内的折线联结起来，由于 D 是区域，可在 D 内取一条联结 z_1,z_2 的折线 $C:z=z(t)$, $t_1\leqslant t\leqslant t_2$, $z_1=z(t_1),z_2=z(t_2)$ 于是 $\Gamma:w=f[z(t)]$ ($t_1\leqslant t\leqslant t_2$) 是联结 w_1 及 w_2 的并且完全含于 A 的一条曲线，从而；可找到一条联结 w_1、w_2 内接于 Γ 且完全含于 A 内的折线 Γ_1.

定理 5.11 若 $w=f(z)$ 在区域 D 内单叶解析，并且 $A=f(D)$，则 $w=f(z)$ 存在一个在 A 内单叶解析的反函数 $z=f^{-1}(w)$，并且
$$f^{-1'}(w_0)=\frac{1}{f'(z_0)} \qquad (z_0\in D, w_0=f(z_0)\in A).$$

证 由定理 5.10，知 A 为区域，由定理 5.9 知 $f'(z)\neq 0$，$z_0\in D$，显然，$z=f^{-1}(w)$ 在 A 单叶，于是，当 $w\in A$，$w\neq w_0$，且 $z=f^{-1}(w)$ ($z_0\in D$，$z\neq z_0$) 时，
$$\frac{f^{-1}(w)-f^{-1}(w_0)}{w-w_0}=\frac{z-z_0}{w-w_0}=\frac{1}{\dfrac{w-w_0}{z-z_0}}.$$

因 $f(z)=u(x,y)+iv(x,y)$ 在 D 解析，故 u,v 在 D 满足 C-R 条件，从而
$$\begin{vmatrix}\dfrac{\partial u}{\partial x} & \dfrac{\partial u}{\partial y}\\ \dfrac{\partial v}{\partial x} & \dfrac{\partial v}{\partial y}\end{vmatrix}=\begin{vmatrix}\dfrac{\partial v}{\partial y} & -\dfrac{\partial v}{\partial x}\\ \dfrac{\partial v}{\partial x} & \dfrac{\partial v}{\partial y}\end{vmatrix}=(\dfrac{\partial v}{\partial y})^2+(\dfrac{\partial v}{\partial x})^2$$
$$=\left|\dfrac{\partial v}{\partial y}+i\dfrac{\partial v}{\partial x}\right|^2=|f'(z)|^2\neq 0.$$

由实二元函数的隐函数存在定理知，存在两个函数 $x=x(u,v), y=y(u,v)$ 在点 $w_0=u(x_0,y_0)+iv(x_0,y_0)$ 及其一个邻域 $N(w_0,\varepsilon)$ 内连续，且在 $w\to w_0$ 时，$z=f^{-1}(w)\to f^{-1}(w_0)=z_0$，故

$$\lim_{w\to w_0}\frac{f^{-1}(w)-f^{-1}(w_0)}{w-w_0}=\frac{1}{\lim\limits_{z\to z_0}\dfrac{w-w_0}{z-z_0}}$$

$$=\frac{1}{\lim\limits_{z\to z_0}\dfrac{f(z)-f(z_0)}{z-z_0}}=\frac{1}{f'(z_0)}.$$

由 w_0 或 z_0 的任意性，知 $z=f^{-1}(w)$ 在 A 解析.

定理 5.12 设 $w=f(z)$ 在区域 D 内解析，且不恒为常数，则 $|f(z)|$ 在 D 内任何点都不能达到最大值.

证 由定理 5.10 $A=f(D)$ 是区域，即 $w=f(z)$ 把 D 的内点变成 A 的内点.

若 $|f(z)|$ 在 D 内一点 z_0 达到最大值，则 $w_0=f(z_0)\in A$，由于 w_0 是 A 的内点，必有一个充分小的 w_0 的邻域全含于 A 内. 于是在这邻域内可找到一点 w' 满足 $|w'|>|w_0|$，从而在 D 内有一点 z' 满足 $w'=f(z')$ 及

$$|f(z')|>|f(z_0)|.$$

这就得出矛盾，于是定理得证.

§5.4 习题

1. 求下列函数在奇点处的残数:

(1) $\dfrac{z+1}{z^2-2z}$；   (2) $\dfrac{1-e^{2z}}{z^4}$；

(3) $\dfrac{1+z^4}{(z^2+1)^3}$; (4) $\dfrac{z}{\cos z}$;

(5) $\cos\dfrac{1}{1-z}$; (6) $z^2\sin\dfrac{1}{z}$;

(7) $\dfrac{1}{z\sin z}$; (8) $\dfrac{\sinh z}{\cosh z}$.

2. 利用残数计算下列积分：

(1) $\displaystyle\int_{|z|=\frac{3}{2}}\dfrac{\sin z}{z}\mathrm{d}z$; (2) $\displaystyle\int_{|z|=2}\dfrac{\mathrm{e}^{2z}}{(z-1)^2}\mathrm{d}z$;

(3) $\displaystyle\int_{|z-\mathrm{i}|=1}\tanh z\,\mathrm{d}z$; (4) $\displaystyle\int_{|z|=3}\tan(\pi z)\mathrm{d}z$;

(5) $\displaystyle\int_{|z|=1}\dfrac{\mathrm{d}z}{(z-a)^n(z-b)^n}$, 其中 $|a|\ne 1, |b|\ne 1, |a|<|b|$, n 为自然数;

(6) $\displaystyle\int_C f(z)\mathrm{d}z$, 其中 $f(z)$ 在闭路 C 的内部 D 除去有限个可去奇点外解析, 且在 $\overline{D}=D+C$ 上连续;

(7) $\displaystyle\int_C \dfrac{f(z)}{z-z_0}\mathrm{d}z$, 其中 $C:|z-z_0|=R$, $f(z)$ 在 $0<|z-z_0|<R$ 内解析, z_0 是 $f(z)$ 的可去奇点.

3. $z=\infty$ 是下列函数的什么奇点？并求出函数在 ∞ 点的残数：

(1) $\mathrm{e}^{\frac{1}{z^2}}$; (2) $\cos z-\sin z$; (3) $\dfrac{2z}{3+z^2}$.

4. 求下列函数在 ∞ 点的残数：

(1) $\dfrac{\mathrm{e}^z}{z^2-1}$; (2) $\dfrac{1}{z(z+1)^4(z-4)}$.

5. 计算下列积分：

(1) $\displaystyle\int_{|z|=3}\dfrac{z^{15}}{(z^2+1)^2(z^4+2)^3}\mathrm{d}z$; (2) $\displaystyle\int_{|z|=2}\dfrac{z^3}{1+z}\mathrm{e}^{\frac{1}{z}}\mathrm{d}z$;

(3) $\displaystyle\int_C \dfrac{z^{2n}}{1+z^n}\mathrm{d}z$, 其中, n 为自然数, $C:|z|=r>1$.

6. 计算下列实函数的积分:

(1) $\int_0^{2\pi} \dfrac{dx}{5+3\sin x}$;

(2) $\int_0^{2\pi} \dfrac{a\,dx}{1-2a^2-\cos x}$;

(3) $\int_0^{+\infty} \dfrac{x^2}{1+x^4}dx$;

(4) $\int_{-\infty}^{+\infty} \dfrac{\cos x}{x^2+4x+5}dx$;

(5) $\int_{-\infty}^{+\infty} \dfrac{dx}{(x^2+1)^{n+1}}$.

7. 利用式(5.9)计算下列积分:

(1) $\int_{|z|=3} \dfrac{1}{z}dz$;

(2) $\int_{|z|=3} \dfrac{z}{z^2-1}dz$;

(3) $\int_{|z|=3} \dfrac{dz}{z(z+1)}$.

8. 由儒歇定理求下列方程在|z|<1 内根的个数:

(1) $z^4-5z+1=0$;

(2) $f(z)=z^n$, 这里 $f(z)$ 在 $|z|\leqslant 1$ 上解析, 且在 $|z|=1$ 上, $|f(z)|<1$, n 为自然数;

(3) $z^7-7z^5-3z+1=0$.

9. 若区域 D 中不恒为常数的解析函数 $f(z)$, 在 D 内的点 z_0, 有 $f(z_0)\neq 0$, 则 $|f(z_0)|$ 不可能是 $|f(z)|$ 在 D 内的最小值, 试证之.

第六章 保形映射

保形映射是解析函数的几何理论，它不但是复变函数理论的重要部分，而且是解决流体力学、弹性力学、电磁学和热学中某些实际问题的工具.

§6.1 保形映射的概念

6.1.1 导数的几何意义

设函数 $w=f(z)$ 在区域 D 内解析，$z_0 \in D$，在 z_0 点的导数 $f'(z_0) \neq 0$. 过点 z_0 任意引一条有向连续曲线

$$C: z=z(t) \quad (a \leqslant t \leqslant b),$$

设 $z_0=z(t_0)$，$(a \leqslant t_0 \leqslant b)$ 若 $z'(t_0)$ 存在，且 $z'(t_0) \neq 0$，则 C 在点 z_0 有切线，$z'(t_0)$ 就是切向量，其倾角为 $\varphi = \arg z'(t_0)$.

映射 $w=f(z)$ 把 C 映射成像曲线 Γ，Γ 的参数方程为

$$\Gamma: \quad w=f[z(t)] \quad (a \leqslant t \leqslant b).$$

设 $w_0=w(t_0)=f[z(t_0)]=f(z_0)$，由于 $w'(t_0)=f'(z_0)z'(t_0) \neq 0$，故 Γ 在 w_0 也有切线，$w'(t_0)$ 是切向量，其倾角为

$$\psi = \arg w'(t_0) = \arg f'(z_0) + \arg z'(t_0)$$
$$= \varphi + \arg f'(z_0).$$

设 $f'(z_0) = Re^{i\alpha}$，则 $\arg f'(z_0) = \alpha$，$|f'(z_0)| = R$，于是

$$\psi - \varphi = \alpha, \tag{6-1}$$

且

$$\lim_{\Delta z \to 0} \left| \frac{f(z_0 + \Delta z) - f(z_0))}{\Delta z} \right| = \lim_{\Delta z \to 0} \left| \frac{\Delta w}{\Delta z} \right| = R \neq 0. \quad (6\text{-}2)$$

假定 x 轴与 u 轴,y 轴与 v 轴的正向相同,而且将原曲线的切线正向与映射后像曲线的切线正向间的夹角,理解为原曲线经过映射后的旋转角,则式(6-1)说明:像曲线 Γ 在点 $w_0 = f(z_0)$ 的切线正向,可由原曲线 C 在点 z_0 的切线正向旋转一个角 $\arg f'(z_0)$ 得出. $\arg f'(z_0)$ 仅与点 z_0 有关,而与过 z_0 的曲线选择无关,它称为映射 $w = f(z)$ 在点 z_0 的旋转角,这就是导数辐角的几何意义(图 6-1).

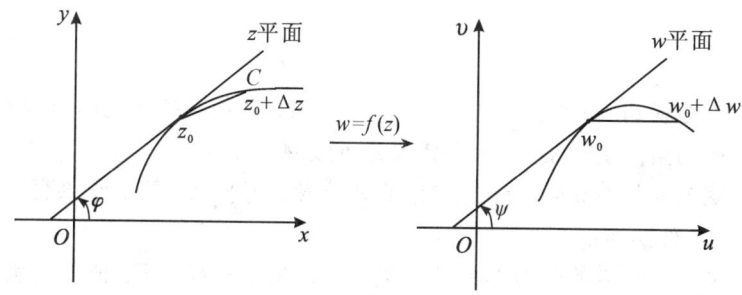

图 6-1

式(6-2)说明:像点间的无穷小距离与原像点间的无穷小距离之比的极限是 $R = |f'(z_0)|$,它仅与 z_0 有关而与过 z_0 的曲线的选择无关. $|f'(z_0)|$ 称为映射在点 z_0 的伸缩率,这就是导数模的几何意义.

下边讨论过点 z_0 的两条连续有向曲线 C_1 与 C_2,设 $C_i (i=1,2)$ 在点 z_0 的切线倾角为 $\varphi_i (i=1,2)$,C_i 在映射 $w = f(z)$ 下的像曲线 $\Gamma_i (i=1,2)$ 在点 $w_0 = f(z_0)$ 的切线倾角为 $\psi_i (i=1,2)$,则由(6-1)得

$$\psi_1 - \varphi_1 = \alpha,$$
$$\psi_2 - \varphi_2 = \alpha,$$

即 $\psi_1 - \varphi_1 = \psi_2 - \varphi_2$,故有

$$\psi_1 - \psi_2 = \varphi_1 - \varphi_2 = \beta.$$

这里 $\varphi_1 - \varphi_2$ 是 C_1 与 C_2 在点 z_0 的夹角(反时针方向为正),$\psi_1 - \psi_2$ 是 Γ_1 与 Γ_2 在点 $w_0 = f(z_0)$ 的夹角(反时针方向为正). 由此可见,这种保角性

既保持夹角的大小，又保持夹角的方向(图 6-2).

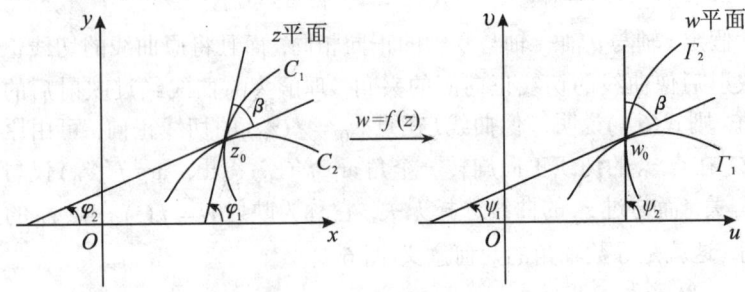

图 6-2

上边谈到的 C_1 与 C_2 的夹角，$\varGamma_1$ 与 $\varGamma_2$ 的夹角都是指它们的切线方向所构成的角，与两曲线的夹角定义是一致的.

定义 6.1 若 $w=f(z)$ 在点 z_0 的邻域内有定义，且在点 z_0 具有：

(1) 伸缩率不变性；

(2) 过 z_0 点的任意两曲线的夹角在映射 $w=f(z)$ 下，既保持大小，又保持方向，

则称函数 $w=f(z)$ 在点 z_0 是保角的，也称 $w=f(z)$ 在点 z_0 处是**保角映射**；若 $w=f(z)$ 在区域 D 内处处都是保角的，则称 $w=f(z)$ 在区域 D 内是保角的，也称 $w=f(z)$ 在 D 内是**保角映射**.

6.1.2 解析函数与单叶解析函数映射特征

由 6.1.1 的讨论可得到

定理 6.1 若 $w=f(z)$ 在区域 D 内解析，则 $w=f(z)$ 在导数不为零的点是保角映射.

由定理 5.9 可以得到

定理 6.2 若 $w=f(z)$ 在区域 D 单叶解析，则 $w=f(z)$ 是在 D 内的保角映射.

定义 6.2 若 $w=f(z)$ 在区域 D 单叶且在 D 内是保角的，则称此映

射在 D 内是保形的, 也称它是 D 内的**保形映射**.

由定理 5.9、定理 5.10 及定理 5.11 可以得到

定理 6.3 若 $w=f(z)$ 在区域 D 单叶解析, $A=f(D)$, 则有

(1) $w=f(z)$ 将区域 D 保形映射成区域 A;

(2) 反函数 $z=f^{-1}(w)$ 将区域 A 保形映射成区域 D.

由定理 6.3 看出: 在区域 D 内的单叶解析函数 $w=f(z)$, 将 D 内的一个无穷小曲边三角形 δ 映射成区域 $A=f(D)$ 内的一个曲边三角形 Δ, 由于它们的对应角相等, 对应边近似地成比例, 故 δ 与 Δ 近似地"相似". 这就是保形变换这一名词的由来(图 6-3).

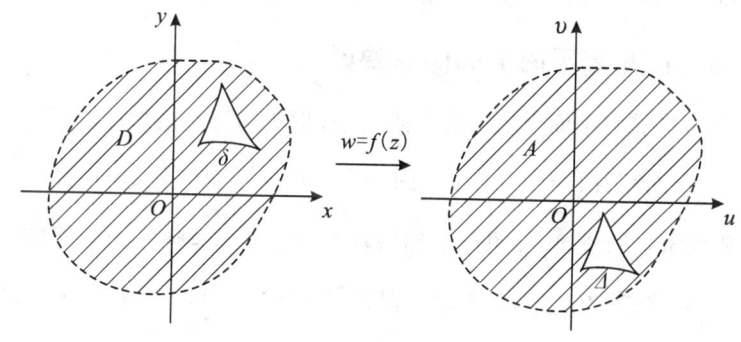

图 6-3

显然, 两个单叶解析函数的复合仍然是单叶解析函数, 因而它们构成的保形映射的复合, 仍然是保形映射, 这样, 便可复合若干个简单的保形映射, 来构成较为复杂的保形映射.

例 6.1 线性映射

$$w=L(z)=\frac{az+b}{cz+d}, \tag{6-3}$$

其中 a,b,c,d 为复常数, 并且满足 $ad-bc\neq 0 (a,c$ 不同时为 $0)$.

$c=0$ 时, $L(z)=\dfrac{az+b}{d}$ 在 z 平面上单叶解析, $w=f(z)$ 在 z 平面内是保形映射.

$c \neq 0$ 时，$L(z)$ 除 $z = -\dfrac{d}{c}$ 外，在 z 平面上每点解析，且当 $z_1 \neq \dfrac{-d}{c}, z_2 \neq \dfrac{-d}{c}, z_2 \neq z_1$ 时，

$$w_1 - w_2 = L(z_1) - L(z_2) = \frac{az_1+b}{cz_1+d} - \frac{az_2+b}{cz_2+d}$$

$$= \frac{(ad-bc)(z_1-z_2)}{(cz_1+d)(cz_2+d)} \neq 0,$$

故 $w = L(z)$ 在 z 平面上除去点 $z = -\dfrac{d}{c}$ 的区域 G 内单叶解析，于是 $w = L(z)$ 是区域 G 内的保形映射．

6.1.3 扩充复平面上的保形映射

考察扩充复平面上的保形变换，只须对无穷远点情形加以讨论．

定义 6.3 若 $\zeta = \dfrac{1}{f(z)}$ 将 z_0 的一个邻域保形映射为 $\zeta = 0$ 的一个邻域，则称 $w = f(z)$ 把 z_0 的一个邻域保形映射为 $w = \infty$ 的一个邻域；若 $t = \dfrac{1}{f(\frac{1}{\zeta})}$ 将 $\zeta = 0$ 的一个邻域，保形映射成 $t = 0$ 的一个邻域；则称 $w = f(z)$ 把 $z = \infty$ 的一个邻域，保形映射成 $w = \infty$ 的一个邻域；若 $w = \dfrac{1}{f(\frac{1}{\zeta})}$ 将 $\zeta = 0$ 的一个邻域保形映射为 $w = w_0 \;(\neq \infty)$ 的一个邻域，则称 $w = f(z)$ 把 $z = \infty$ 的一个邻域，保形映射为 $w = w_0$ 的一个邻域．

例 6.2 将式(6-3)在扩充 z 平面上加以如下的补充定义：

当 $c = 0$ 时，在 $z = \infty$ 处可定义 $w = \infty$．当 $c \neq 0$ 时，在 $z = -\dfrac{d}{c}$ 处定义 $w = \infty$，在 $z = \infty$ 处定义 $w = \dfrac{a}{c}$，这样 $w = L(z) = \dfrac{az+b}{cz+d}, ad-bc \neq 0$ 在整个扩充复平面上有定义．

在例 6.1 中已知 $w = L(z)$ 在 z 平面上去掉 $z = -\dfrac{d}{c}$ 后的区域 G 是保形映射.

当 $c = 0$ 时,$t = \dfrac{1}{L\left(\dfrac{1}{\zeta}\right)} = \dfrac{d\zeta}{a + b\zeta}$ 将 $\zeta = 0$ 一个邻域,保形映射为 $t = 0$ 的一个邻域,故 $w = L(z)$ 将 $z = \infty$ 的一个邻域,保形映射成 $w = \infty$ 的一个邻域.

当 $c \neq 0$ 时,$\zeta = \dfrac{1}{L(z)} = \dfrac{cz + d}{az + b}$ 将 $z = -\dfrac{d}{c}$ 的一个邻域保形映射成 $\zeta = 0$ 的一个邻域,故 $w = L(z)$ 将 $z = -\dfrac{d}{c}$ 的一个邻域,保形映射成 $w = \infty$ 的一个邻域. $w = f\left(\dfrac{1}{\zeta}\right) = \dfrac{b\zeta + a}{d\zeta + c}$ 将 $\zeta = 0$ 的一个邻域,保形映射成为 $w = \dfrac{a}{c}$ 的一个邻域,故 $w = L(z)$ 将 $z = \infty$ 的一个邻域,保形映射成 $w = \dfrac{a}{c}$ 的一个邻域.

综上所述,$w = L(z)$ 将扩充 z 平面保形映射成扩充 w 平面,它是整个扩充 z 平面上的保形映射.

§6.2 关于保形映射的黎曼存在定理和边界对应原理

保形映射理论中的一个基本问题是:

在扩充复平面上任意给定两个单连通区域 D 与 A,是否存在一个单叶解析函数,使 D 保形映射成 A?简单地说,单连通区域 D 能保形映射成单连通区域 A 的条件是什么?唯一性条件为何?

上述问题可简化为:

在扩充复平面上任给单连通区域 D,能否保形映射成单位圆域?在什么条件下,这种映射是唯一的?

事实上，在简化后的问题中，如果存在肯定的答案，又知道唯一性条件，则先将 D 保形映射成单位圆域，然后再将此单位圆域保形映射成 G，两者复合起来就可将 D 保形映射成 G，也能弄清楚这时的唯一性条件。

对于上述简化后的基本问题，有两种极端情形的回答是否定的。第一，区域 D 是扩充复平面；第二，区域 D 是扩充复平面去掉一点（这时 D 只有一个边界点，不妨设除去的是点 ∞，如果除去的是有限点 z_0，只须作映射 $\zeta = \dfrac{1}{z-z_0}$，将 D 先化成扩充 ζ 平面上去掉点 ∞ 的区域）。无论哪一种情形，如果 $w=f(z)$ 将它们保形映射成单位圆域，则 $f(z)$ 在 z 平面上解析，且 $|f(z)|<1$，依柳维尔定理，$f(z)$ 必恒为常数，它就不可能成为我们要求的映射。

除去以上两种情形，答案是肯定的。

定理 6.4 (黎曼存在与唯一性定理)扩充 z 平面上的单连通区域 D，其边界点不止一点，则有一个在 D 内的单叶解析函数 $w=f(z)$，它将 D 保形映射成单位圆域 $|w|<1$；且当符合条件

$$f(a)=0, \quad f'(a)>0 \quad (a \in D) \tag{6-4}$$

时，这种函数 $f(z)$ 是唯一的。

该定理和下边的两个定理都不再给出证明。

定理 6.5 (边界对应定理)设

(1) 单连通区域 D 与 A 的边界分别为简单闭曲线 C 与 Γ；

(2) $w=f(z)$ 将 D 保形映射成 A；则 $f(z)$ 可以扩张成 $F(z)$，使在 D 内 $F(z)=f(z)$，在 $\overline{D}=D+C$ 上，$F(z)$ 连续，并且 $w=F(z)$ 把 C 双方单值且双方连续地变成 Γ。

定理 6.6 (边界对应定理的逆定理)

设单连通区域 D 与 A，分别是两条简单闭曲线 C 与 Γ 的内部，且函数满足下列条件：

(1) $w=f(z)$ 在一个包含 $\overline{D}=D+C$ 的区域内解析；

(2) $w=f(z)$ 将 C 双方单值地变成 Γ,

则

(1) $w=f(z)$ 在 D 内单叶;

(2) $A=f(D)$ (从而 $w=f(z)$ 把 D 保形变成 A).

此定理说明: 寻求将区域 D 映射成区域 A 的保形映射, 只需求将区域 D 的边界双方单值映射成区域 A 的边界的解析函数, 这正是定理 6.6 在实际应用中的价值.

§6.3 线性映射

6.3.1 线性映射的特性

定义 6.4 称

$$w=L(z)=\frac{az+b}{cz+d} \tag{6-5}$$

为**线性映射**, 其中, a,b,c,d 为常数, 且 $ad-bc\neq 0$, 又规定:

当 $c=0$ 时, $L(\infty)=\infty$; 当 $c\neq 0$ 时, $L(\infty)=\dfrac{a}{c}$, $L\left(-\dfrac{d}{c}\right)=\infty$.

这样(6-5)在扩充 z 平面上有定义, 且有定义在扩充 w 平面的单值逆映射

$$z=\frac{-dw+b}{aw-a}, \tag{6-6}$$

式(6-6)也是线性映射.

由例 6.2 知下边定理成立.

定理 6.7 线性映射(6-5)在扩充 z 平面上是保形映射.

定义 6.5 在扩充复平面上有顺序的相异四点 z_1,z_2,z_3,z_4 构成的比

$$\frac{z_4-z_1}{z_4-z_2}:\frac{z_3-z_1}{z_3-z_2},$$

称为它们的**交比**, 记为 (z_1,z_2,z_3,z_4), 即

$$(z_1, z_2, z_3, z_4) = \frac{z_4 - z_1}{z_4 - z_2} : \frac{z_3 - z_1}{z_3 - z_2}.$$

当四点中有一点为∞时,应将包含此点的项用 1 代替,例如 $z_2 = \infty$ 时,有

$$(z_1, z_2, z_3, z_4) = \frac{z_4 - z_1}{1} : \frac{z_3 - z_1}{1}$$

即先视 z_2 为有限,再令 $z_2 \to \infty$ 取极限而得.

定理 6.8 (线性映射的保交比性)在线性映射下,四点的交比不变.

证 设

$$w_i = \frac{az_i + b}{cz_i + d}, \quad i = 1, 2, 3, 4.$$

则

$$w_i - w_j = \frac{(ad - bc)(z_i - z_j)}{(cz_i + d)(cz_j + d)} \quad (i \neq j). \tag{6-7}$$

利用(6-7)便可得到

$$(w_1, w_2, w_3, w_4) = \frac{w_4 - w_1}{w_4 - w_2} : \frac{w_3 - w_1}{w_3 - w_2}$$
$$= \frac{z_4 - z_1}{z_4 - z_2} : \frac{z_3 - z_1}{z_3 - z_2}$$
$$= (z_1, z_2, z_3, z_4).$$

从形式上看,线性映射(6-5)具有四个参数 a, b, c, d ,但由条件 $ad - bc \neq 0$,可知其中至少有一个不为 0,因此可用它去除(6-5)的分子分母,于是(6-5)实际上只依赖于三个参数(六个实参数).

为确定三个复参数,由定理 6.8,只须任意指定三对对应点

$$z_i \xleftrightarrow{w = L(z)} w_i, \quad i = 1, 2, 3,$$

即可,因从

$(w_1, w_2, w_3, w) = (z_1, z_2, z_3, z)$ 便得映射(6-5),即 $w = L(z)$,其中,a, b, c, d 就可由 z_i 与 w_i ($i = 1, 2, 3$)来确定,且除了相差一个常数因

子外是唯一的.

这就证明了下边的定理.

定理 6.9 设线性映射将扩充 z 平面上相异三点 z_1, z_2, z_3 指定变为 w_1, w_2, w_3，则此线性映射就被唯一确定，且可写成

$$\frac{w-w_1}{w-w_2} : \frac{w_3-w_1}{w_3-w_2} = \frac{z-z_1}{z-z_2} : \frac{z_3-z_1}{z_3-z_2}. \tag{6-8}$$

例 6.3 求将 $2, i, -2$ 对应地变成 $-1, i, 1$ 的线性映射.

解 所求线性映射为

$$(-1, i, 1, w) = (2, i, -2, z),$$

即

$$\frac{w+1}{w-i} : \frac{1+1}{1-i} = \frac{z-2}{z-i} : \frac{-2-2}{-2-i},$$

化简，得

$$\frac{w+1}{w-i} = \frac{1+3i}{4} \cdot \frac{z-2}{z-i},$$

于是

$$\frac{w+1}{w+1-w+i} = \frac{(1+3i)(z-2)}{(1+3i)(z-2)-4(z-i)},$$

从而可得

$$w = \frac{z-6i}{3iz-2}.$$

在扩充复平面上，直线可以看成是过 ∞ 点的圆周，或半径无穷大的圆周.

定理 6.10 (线性映射的保圆性) 在线性映射(6-5)下，扩充 z 平面上的圆周映射成扩充 w 平面上的圆周.

证 在圆周的方程

$$A(x^2+y^2)+Bx+Cy+D=0$$

中，令

$$x = \frac{z + \bar{z}}{2}, \quad y = \frac{z - \bar{z}}{2i}, \quad x^2 + y^2 = z\bar{z},$$

则圆周的方程为
$$Az\bar{z} + \beta\bar{z} + \bar{\beta}z + D = 0.$$

其中 A, B, C, D 为实常数，$|\beta|^2 > AD$（在 $A=0$ 时，表示一直线），$\beta = \frac{1}{2}(B + iC)$。在映射(6-5)下，利用式(6-6)及
$$\bar{z} = \frac{-\bar{d}\bar{w} + \bar{b}}{c\bar{w} - \bar{a}},$$

上述圆周变成扩充 w 平面上的圆周
$$Ew\bar{w} + \gamma\bar{w} + \bar{\gamma}w + F = 0.$$

其中
$$E = Ad\bar{d} - (\beta\bar{c}d + \bar{\beta}c\bar{d}) + Dc\bar{c},$$
$$F = Ab\bar{b} - (\beta\bar{a}b + \bar{\beta}a\bar{b}) + Da\bar{a},$$
$$\gamma = -Ab$$

都是实数(在 $E=0$ 时，方程表示直线).

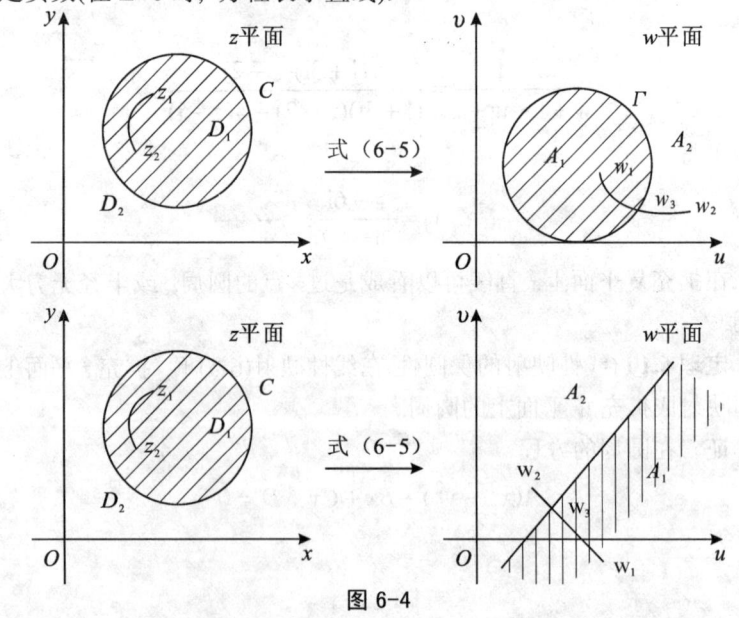

图 6-4

这里要注意：如果式(6-5)把扩充 z 平面上的圆周 C 映射成扩充 w 平面上的圆周 Γ，那么 C 与 Γ 分别把扩充 z 平面和扩充 w 平面分成两个区域 D_1, D_2 与 A_1, A_2. 这里 D_1 只能映射为 A_1 或 A_2，否则，设 z_1, z_2 为 D_1 内任意两点，用曲线段 $\widehat{z_1 z_2}$ 连接 z_1, z_2，如果曲线段 $\widehat{z_1 z_2}$ 的像为圆弧 $\widehat{w_1 w_2}$（或直线段），且 $w_1 \in A_1, w_2 \in A_2$，那么 $\widehat{w_1 w_2}$ 必与 Γ 相交于一点 w_3（图 6-4），因 w_3 在 Γ 上，故必是 C 上一点的像，w_3 又在 $w_1 w_2$ 上，故它不是 D_1 内线段 $z_1 z_2$ 上某一点的象，这与(6-5)是双方单值映射矛盾.

D_1 究竟映射为 A_1, A_2 中的哪一个呢？这可用下述任一方法判定：

(1) 在 D_1 中任取一点 z_1，若 z_1 的像 $w_1 \in A_1$；则(6-5)把 D_1 映射成 A_1；若 z_1 的像 $w_1 \in A_2$，则(6-5)把 D_1 映射成 A_2.

(2) 在 C 上顺序取三点 z_1, z_2, z_3，使得按 $z_1 \to z_2 \to z_3$ 方向沿 C 行走时，D_1 在观察者的左边，则它们的像按 $w_1 \to w_2 \to w_3$ 的方向沿 Γ 行走时，在观察者左方的那个区域就是 D_1 的像区域，理由如下.

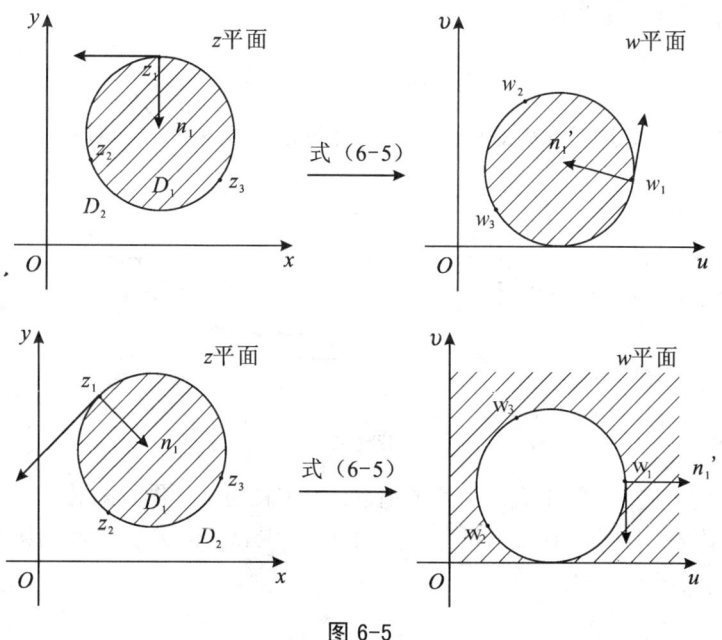

图 6-5

过点 z_1 作 C 的一段法线 n_1，使 n_1 含于 D_1 内(图 6-5 所给的 D_1 是 C 的内部)，故 n_1 指向观察者的左边. n_1 与弧 $z_1 z_2 z_3$ 正交，由映射(6-5)的保形性，n_1 的像 n_1' 也与弧 $w_1 w_2 w_3$ 正交，且保持夹角与方向不变，故 n_1' 也指向观察者的左边(图 6-5).

自然，上述之 C 或 Γ 可以是直线，如图 6-6.

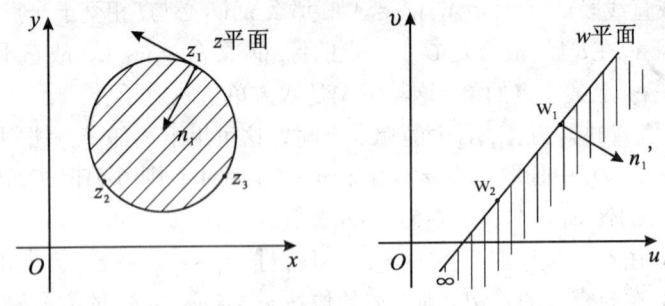

图 6-6

定义 6.6 给定圆周 $C: |z - z_0| = R$，如果两个不取 z_0 的有限点都在过 z_0 的同一射线上，并且满足

$$|z_1 - z_0| \| z_2 - z_0| = R^2,$$

便称 z_1, z_2 关于圆周 C **对称**(图 6-7)，并规定 z_0 与 ∞ 关于 C 对称.

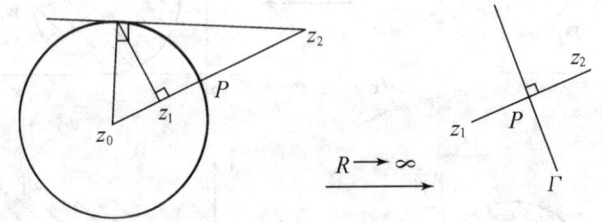

图 6-7

此外，z_1, z_2 关于直线对称的概念，也可视为关于圆周对称的一个特例. 首先，直线可看作半径无穷大的圆周，其次，设 P 是射线与圆周 C 的交点(图 6-7)，则

$$|z_2 - z_0| = R + |z_2 - P|,$$
$$|z_1 - z_0| = R - |z_1 - P|.$$

于是,
$$(R + |z_2 - P|)(R - |z_1 - P|) = R^2.$$

或写作
$$|z_2 - P| - |z_1 - P| = \frac{1}{R}|z_2 - P||z_1 - P|,$$

当 $R \to \infty$ 时,$\frac{1}{R}|z_2 - P||z_1 - P| \to 0$,故有
$$|z_2 - P| = |z_1 - P|.$$

定理 6.11 (线性映射的保对称点性) 在线性映射(6-5)之下,记扩充 z 平面上的圆周 C 的像为 Γ,则关于 C 对称的点 z_1, z_2 的像 w_1, w_2 必关于 Γ 为对称.

为证明本定理,先证明下边的引理.

引理 6.1 两点 z_1, z_2 是关于圆 C 对称的点的充要条件是:过 z_1 及 z_2 的任何圆与圆 C 正交.

证 如果 C 是直线,或者 C 是半径为有限数的圆周,而 z_1, z_2 中有一个是无穷远点,则引理中结论显然成立.

现在考察圆周 C 为 $|z - z_0| = R$ ($0 < R < +\infty$),而 z_1 及 z_2 都是有限点的情况.

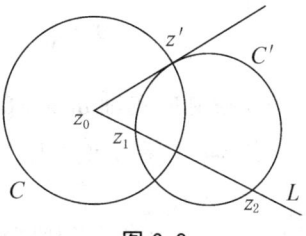

图 6-8

必要性. 设 z_1 及 z_2 关于圆周 C 对称,那么通过 z_1 及 z_2 的任何圆周 C',过 z_0 作 C' 的切线,且设切点为 z' (图 6-8),于是
$$|z' - z_0|^2 = |z_1 - z_0||z_2 - z_0| = R^2,$$

从而

$$|z'-z_0|=R,$$

这表明 $z' \in C$,而上述 C' 的切线恰是圆周 C 的半径,因此,C 与 C' 直交.

充分性.过 z_1, z_2 作一半径有限的圆周 C' 交圆周 C 于 z',由于圆 C 与 C' 正交,C' 在 z' 的切线,通过 C 的圆心 z_0,显然 z_1, z_2 在切线的同一侧,又过 z_1、z_2 作一直线 L,由于 L 与 C 相交,它过圆心 z_0,于是 z_0 及 z_1 在过 z_0 的一条射线上,并且有

$$|z_1-z_0\|z_2-z_0|=R^2,$$

这就证明了 z_0 及 z_1 是关于圆周 C 的对称点,引理得证.

下边证定理 6.11.过 w_1 及 w_2 的任何圆周,都是过 z_1, z_2 的圆周映射而来,据上边的引理,过 z_1 及 z_2 的任何圆周都与 C 直交,从而由线性映射的保形性,过 w_1, w_2 的任何圆周与圆周 Γ 直交,又据上边的引理,w_1, w_2 关于 Γ 对称.定理证完.

6.3.2 典型区域间的线性映射

例 6.4 若 a,b,c,d 为实常数,且 $ad-bc>0$,则映射(6-5)把上半平面 $\mathrm{Im}\,z>0$ 保形映射为上半平面 $\mathrm{Im}\,w>0$.

事实上,当 z 为实数时,$L(z)$ 为实数.由于 $\mathrm{Im}\,\mathrm{i}>0$,而

$$w_\mathrm{i}=L(\mathrm{i})=\frac{a\mathrm{i}+b}{c\mathrm{i}+d}=\frac{ac+bd+\mathrm{i}(ad-bc)}{c^2+d^2},$$

$$\mathrm{Im}\,w_\mathrm{i}=\frac{1}{c^2+d^2}(ad-bc)>0,$$

于是式(6-5)把实轴 $\mathrm{Im}\,z=0$ 映射成实轴 $\mathrm{Im}\,w=0$,且把上半平面一点 $z=\mathrm{i}$ 映射成上半平面的一点 w_i.故在所说条件下,(6.5)把 $\mathrm{Im}\,z>0$ 保形映射成 $\mathrm{Im}\,w>0$.

例 6.5 求把上半平面 $\mathrm{Im}\,z>0$ 映射成单位圆域 $|w|<1$ 的保形映射.

解 这种映射应当把 $\mathrm{Im}\,z>0$ 内的某一点 z_0 映射成点 $w=0$;另一方面把 $\mathrm{Im}\,z=0$ 映射成 $|w|=1$.由于线性映射把关于实轴的对称点映射成关于圆周 $|w|=1$ 的对称点,因此所求映射不仅把点 z_0 映射成点 $w=0$,还应把 $\bar{z}_0$ 映射成点 ∞,故这种映射应为

$$w = k\frac{z-z_0}{z-\bar{z}_0},$$

其中 k 为常数. 其次, 如果 z 取实数, 则有

$$|w| = |k| \left| \frac{z-z_0}{z-\bar{z}_0} \right| = |k| = 1.$$

于是可取 $k = e^{i\theta}$, θ 为实数. 因此所求映射应为

$$w = e^{i\theta} \frac{z-z_0}{z-\bar{z}_0} \quad (\text{Im } z_0 > 0, \theta \text{ 为实数}). \tag{6-9}$$

式(6-9)中的实数 θ 可用下边两种方法确定.

(1) 在 $\text{Im } z > 0$ 内取点 $z_1 (z_1 \neq z_0)$, 给出 z_1 的对应点 w_1, 由

$$w_1 = e^{i\theta} \frac{z_1-z_0}{z_1-\bar{z}_0}$$

定出 θ;

(2) 求出 $\arg w'(z_0)$, 容易验证

$$\theta = \arg w'(z_0) + \frac{\pi}{2}.$$

显然, (6-9)同时把下半平面保形映射为 $|w|>1$.

例 6.6 求把单位圆域 $|z|<1$ 映射为单位圆域 $|w|<1$ 的保形映射.

解 所求映射应把 $|z|<1$ 内一点 z_0 映射成点 $w=0$, 并把圆周 $|z|=1$ 映射成圆周 $|w|=1$. 不难看出 z_0 与 $\dfrac{1}{\bar{z}_0}$ 关于 $|z|=1$ 对称, 因此所求映射还应把点 $\dfrac{1}{\bar{z}_0}$ 映射成点 ∞, 故所求映射应取

$$w = k \frac{z-z_0}{z-\dfrac{1}{\bar{z}_0}} = k_1 \frac{z-z_0}{1-\bar{z}_0 z},$$

其中, $k_1 = -\bar{z}_0 k$ 为常数, 由于 $|z|=1$ 时,

$$|1-\bar{z}_0 z| = |z\bar{z} - \bar{z}_0 z| = |z(\bar{z}-\bar{z}_0)|$$
$$= |z| |\overline{z-z_0}| = |\overline{z-z_0}| = |z-z_0|,$$

于是, 得

$$|w|=|k_1|\left|\frac{z-z_0}{1-\bar{z}_0 z}\right|=|k_1|=1.$$

可取 $k_1 = e^{i\theta}$ (θ 为实数),故所求映射为

$$w = e^{i\theta}\frac{z-z_0}{1-\bar{z}_0 z} \quad (|z_0|<1, \theta \text{ 为实数}). \tag{6-10}$$

式(6-10)中的实数 θ 可用以下两种方法确定.

(1) 给出 $|z|<1$ 内一点 $z_1(z_1 \neq 0)$ 的对应点 w_1,由

$$w_1 = e^{i\theta}\frac{z_1-z_0}{1-\bar{z}_0 z_1}$$

定出 θ;

(2) 求出 $\arg w'(z_0)$,容易验证 $\theta = \arg w'(z_0)$.

显然,公式(6-10)把 $|z_0|>1$ 保形映射为 $|w|>1$.

例 6.7 两圆弧围成的区域,称为**二角形区域**,两圆弧的交点称为它的**顶点**,在顶点处两圆弧切线的交角称为它的**内角**. 容易看出,线性映射

$$w = \frac{z-a}{z-b} \tag{6-11}$$

把以 a,b 为顶点,内角为 $\alpha\pi$ 的二角形区域(图 6-9a)保形映射为张角为 $\alpha\pi$ 的角形区域(图 6-9b).

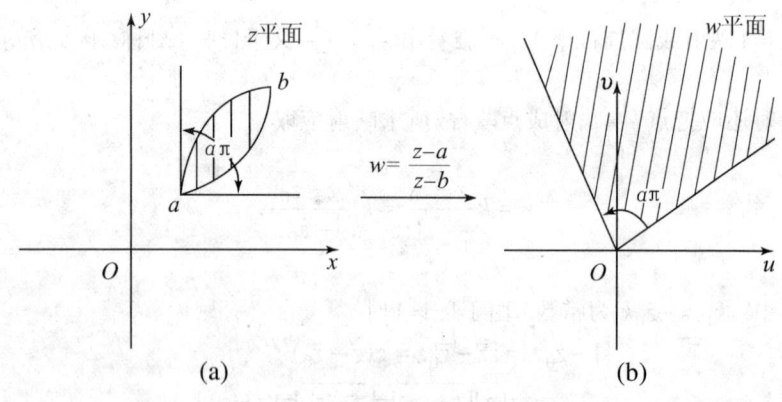

图 6-9

事实上，式(6-11)把点 $z=a, z=b$ 分别映射为点 $w=0, w=\infty$．由线性映射的保圆性，围成二角形区域的两圆弧映射成从原点出发的二射线，从而二角形区域映射成角形区域，再由线性映射的保角性，角形区域的张角应为 $\alpha\pi$．

例 6.8 求将上半平面保形映射为上半平面的线性映射 $w=L(z)$，使合于条件：
$$L(\mathrm{i}) = 1+\mathrm{i} \text{ 及 } L(0) = 0.$$

解 所求映射设为
$$w = \frac{az+b}{cz+d} \tag{6-12}$$

其中，a,b,c,d 是实数，$ad-bc>0$，由 $L(0)=0$，得 $b=0$，从而 $a \neq 0$，(6-12)可写成
$$w = \frac{z}{ez+f}.$$

其中 $e=\dfrac{c}{a}$，$f=\dfrac{d}{a}$（都是实数）．再由 $L(\mathrm{i})=1+\mathrm{i}$，得
$$1+\mathrm{i} = \frac{\mathrm{i}}{e\mathrm{i}+f},$$

即 $f-e+\mathrm{i}(f+e)=\mathrm{i}$，于是得
$$\begin{cases} f-e=0; \\ f+e=1. \end{cases}$$

解之得 $f=e=\dfrac{1}{2}$，故所求映射为
$$w = \frac{z}{\frac{1}{2}z+\frac{1}{2}},$$

即
$$w = \frac{2z}{z+1}.$$

例 6.9 求把 $\mathrm{Im}\, z>0$ 保形映射为 $|w|<1$ 的线性映射 $w=L(z)$，分别合于条件：

(1) $L(\mathrm{i}) = 0$, $\arg L'(\mathrm{i}) = \dfrac{\pi}{2}$；

(2) $L(\mathrm{i}) = 0$, $L'(\mathrm{i}) > 0$.

解 由式(6.9)，所求映射为
$$w = \mathrm{e}^{\mathrm{i}\theta} \frac{z-\mathrm{i}}{z+\mathrm{i}}.$$

(1) $\theta = \arg L'(\mathrm{i}) + \dfrac{\pi}{2} = \pi$，故
$$\mathrm{e}^{\mathrm{i}\theta} = -1$$
所求映射为 $w = -\dfrac{z-\mathrm{i}}{z+\mathrm{i}}$.

(2) 因 $L'(\mathrm{i}) = \mathrm{e}^{\mathrm{i}\theta} \dfrac{1}{2\mathrm{i}} > 0$，可令 $\mathrm{e}^{\mathrm{i}\theta} = \mathrm{i}$，所求映射为 $w = \mathrm{i}\dfrac{z-\mathrm{i}}{z+\mathrm{i}}$.

例 6.10 求把 $|z|<1$ 保形映射为 $|w|<1$ 的线性映射 $w = L(z)$，分别合于条件：

(1) $L(\dfrac{1}{2}) = 0$, $L(1) = -1$；

(2) $L(\dfrac{1}{2}) = 0$, $\arg L'(\dfrac{1}{2}) = -\dfrac{\pi}{2}$.

解 由式(6.10)，所求映射为 $w = \mathrm{e}^{\mathrm{i}\theta} \dfrac{z-\dfrac{1}{2}}{1-\dfrac{1}{2}z} = \mathrm{e}^{\mathrm{i}\theta} \dfrac{2z-1}{2-z}$.

(1) 由 $L(1) = -1$，知 $-1 = \mathrm{e}^{\mathrm{i}\theta}$，所求映射为 $w = \dfrac{2z-1}{z-2}$.

(2) $\theta = -\dfrac{\pi}{2}$，$\mathrm{e}^{\mathrm{i}\theta} = -\mathrm{i}$，所求映射为
$$w = -\mathrm{i}\dfrac{2z-1}{2-z}.$$

§6.4 初等保形映射

在第二章我们曾提到过的一些初等函数的映射性质,本节将从保形映射的意义上再作一个概述,并结合线性映射,讨论一些区域间的保形映射.

初等函数在它的单叶区域内,显然确定一个在该区域内的保形映射.

6.4.1 幂函数

幂函数 $w=z^n$（n 是大于 1 的自然数）,当正数 $\alpha \leqslant \dfrac{2\pi}{n}$ 时,角形区域:$0<\arg z<\alpha$ 是其单叶解析区域,此区域不含点 0 和 ∞,因而 $w=z^n$ 将 $0<\arg z<\alpha$ 保形映射成区域:

$$0<\arg w<n\alpha \quad (\text{图 6-10}).$$

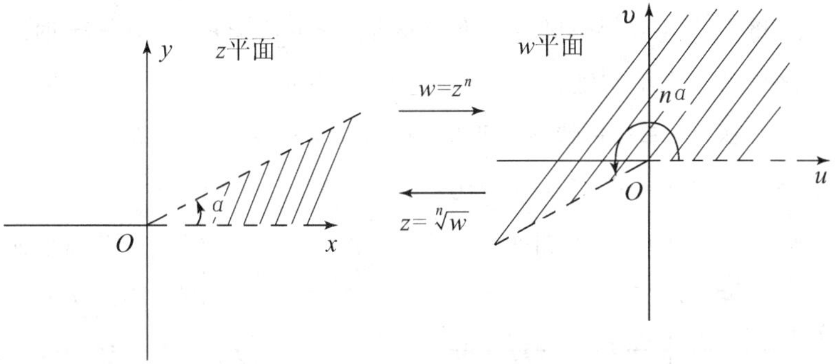

图 6-10

特别当 $\alpha=\dfrac{2\pi}{n}$ 时,$w=z^n$ 将 $0<\arg z<\alpha$ 保形映射为

$$0<\arg w<2\pi \quad (\text{图 6-11}).$$

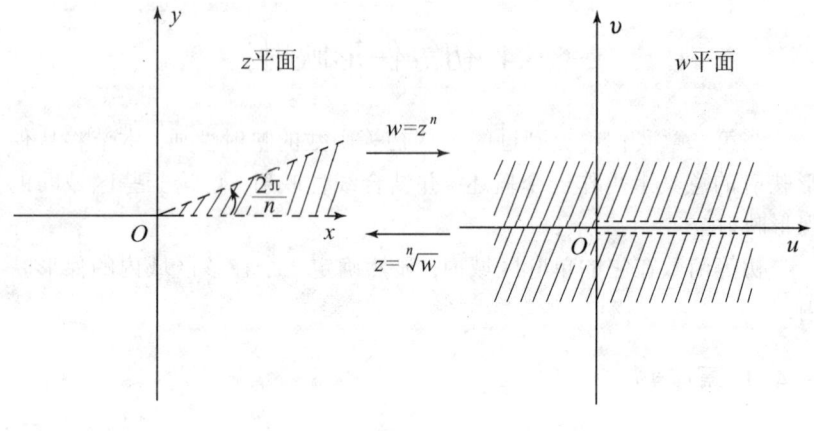

图 6-11

6.4.2 指数函数与对数函数

指数函数 $w=z^n$ 的单叶解析区域是平行于实轴宽度不超过 2π 的带形区域. 例如区域 $0<\mathrm{Im}\,z<h\,(0<h\leqslant 2\pi)$，因为 $\arg w=\mathrm{Im}\,z$，所以 $w=\mathrm{e}^z$ 将上述区域保形映射为角形区域 $0<\arg w<h$（在 $h=2\pi$ 时，此角形区域就是沿正实轴和原点割开了的 w 平面）.

对数函数 $z=\ln w$ 就将角形区域：$0<\arg w<h$（$0<h\leqslant 2\pi$）保形映射为带形区域：$0<\mathrm{Im}\,z<h\,(0<h\leqslant 2\pi)$（图 6-12）.

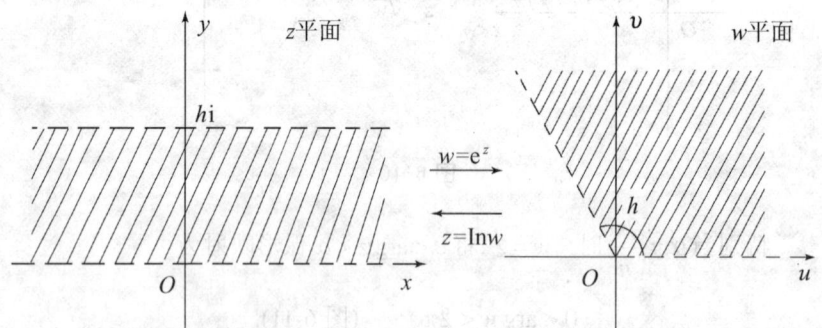

图 6-12

于是,我们看到:将角形区域的张角扩大或缩小的保形映射,可借助于幂函数;而带形区域和角形区域之间的保形映射,可借助于指数函数与对数函数.

例 6.11 求将区域

$$|z|<1 \text{ 且 } \text{Im } z>0$$

保形映射到上半平面 $\text{Im } w>0$ 的映射.

解 区域 $|z|<1$ 且 $\text{Im } z>0$ 是一个二角形区域,其特殊之处,只在于有一边是直边(过∞点的圆弧),因此可先作映射

$$\zeta_1 = \frac{z+1}{z-1}, \tag{6-13}$$

因为 z 平面上的二角形区域的内角是 $\frac{\pi}{2}$. 所以在映射(6-13)下的像区域是 ζ_1 平面上的一个张角为 $\frac{\pi}{2}$ 的角形区域. 又因

$$\left.\frac{\mathrm{d}\zeta_1}{\mathrm{d}z}\right|_{z=-1} = \left[\frac{-2}{(z-1)^2}\right]_{z=-1} = -\frac{1}{2},$$

所以旋转角为 $-\pi$,这样 ζ_1 平面上的角形区域必如图 6-13 中 ζ_1 平面上所示的区域:$\pi < \arg\zeta_1 < \frac{3\pi}{2}$.

作映射 $\zeta_2 = -\zeta_1$,就把 ζ_1 平面上的角形区域映射成 ζ_2 平面上的角形区域:$0 < \arg\zeta_2 < \frac{\pi}{2}$,

再作映射 $w = \zeta_2^2$,就把 ζ_2 平面上的角形区域 $0 < \arg\zeta_2 < \frac{\pi}{2}$ 映射成了上半平面 $\text{Im } w > 0$.

映射过程如图 6-13 所示.

复合图 6-13 的三个映射,即得所求映射为 $w = \left(\dfrac{z+1}{z-1}\right)^2$.

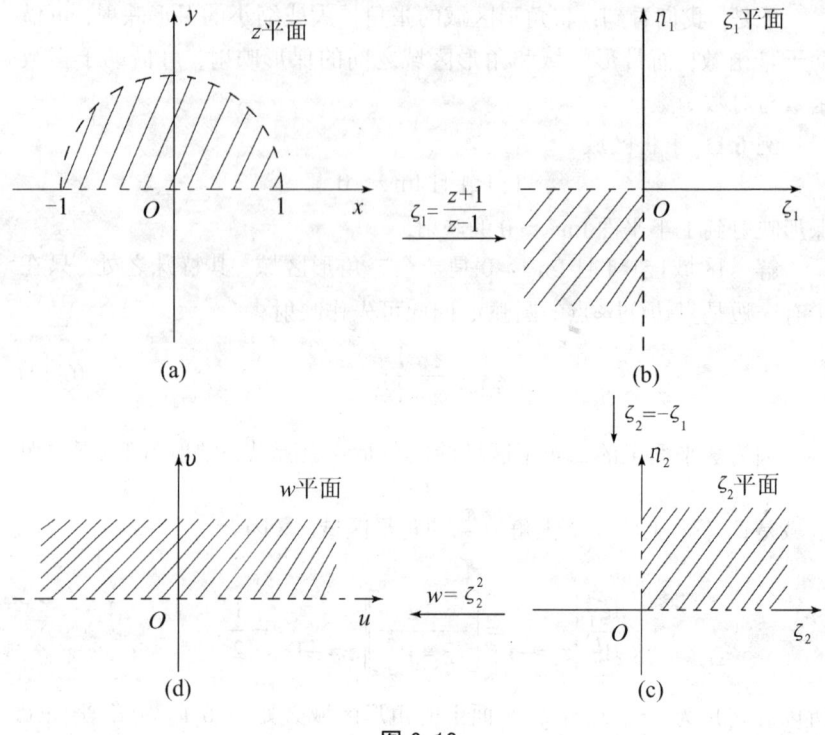

图 6-13

例 6.12 求将月牙形区域

$$|z|<1 \text{ 且 } \left|z-\frac{i}{2}\right|>\frac{1}{2}$$

映射成上半平面 $\text{Im}\,w>0$ 的保形映射.

解 月牙形区域也可视为一个二角形区域,其特殊之处,就在于这个二角形区域两个顶点重合了.

如果作一个线性映射,并把 $z=i$ 映射成点 ∞,因而两圆周都映射成直线,且交于 ∞,那就可指望把月牙形区域映射成带形区域,而对带形区域,可以通过指数函数映射成角形区域,再由角形区域映射成上半平面(图 6-14)

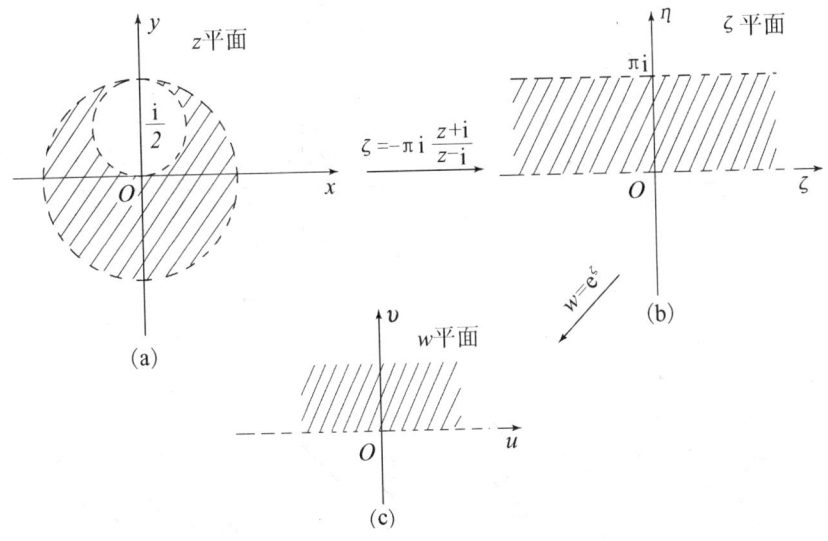

图 6-14

由复合图 6-14 的两个映射,就可得到所求的映射为

$$w = e^{-\pi i \frac{z+i}{z-i}}.$$

例 6.13 求一个保形映射,把具有割痕
$$\operatorname{Re} z = a,\ 0 \leqslant \operatorname{Im} z \leqslant h$$
的上半平面 $\operatorname{Im} z > 0$ 映射成上半平面 $\operatorname{Im} w > 0$.

解 寻求映射的着眼点是设法把割痕"抹平",把有割痕的区域映射成没割痕的区域,这样就不难映射成上半平面了,如图 6-15 所示. 复合图 6-15,可得所求映射为

$$w = \sqrt{(z-a)^2 + h^2} + a.$$

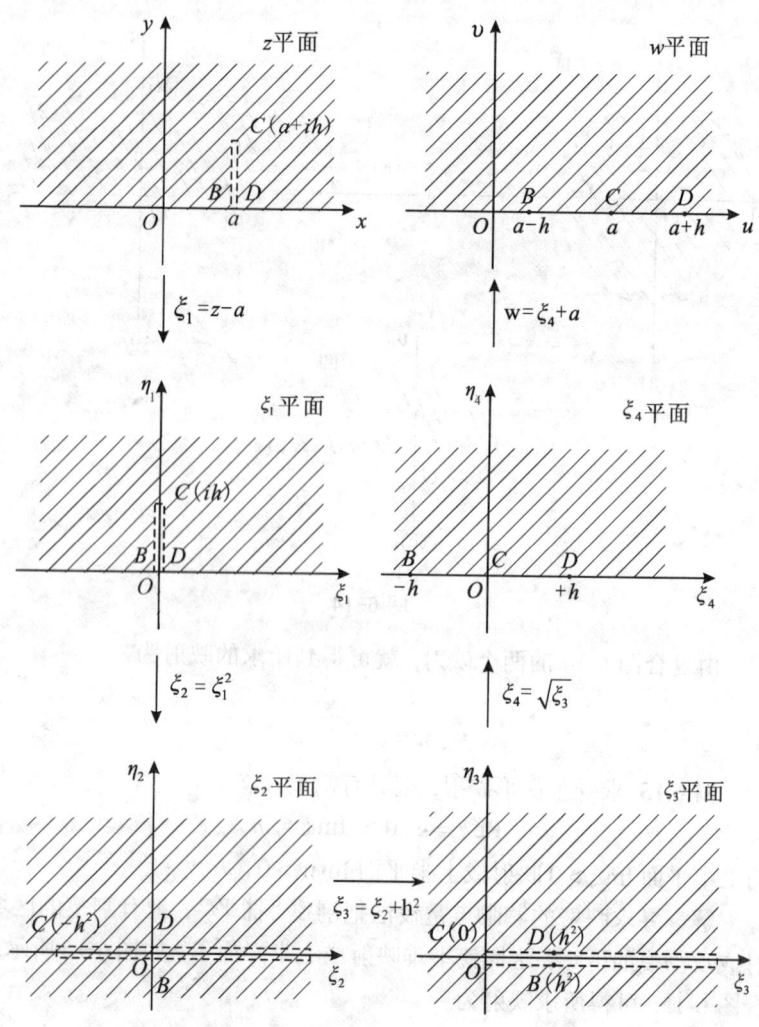

图 6-15

§6.5 习题

1. 求 $w = z^2$ 在 $z = i$ 处的伸缩率和旋转角.

2. 若 $w = \dfrac{az+b}{cz+d}$ 把单位圆周 $|z| = 1$ 映射成直线，其系数应满足什么条件？

3. 求把上半平面 $\operatorname{Im} z > 0$ 映射成单位圆域 $|w| < 1$，并且分别满足下列条件之一的线性映射 $w = L(z)$：

(1) $L(i) = 0$, $\quad L(-1) = 1$;

(2) $L(i) = 0$, $\quad \arg L'(i) = 0$.

4. 求把单位圆域 $|z| < 1$ 映射成单位圆域 $|w| < 1$，并且分别满足下列条件之一的线性映射 $w = L(z)$：

(1) $L(\dfrac{1}{2}) = 0$, $\quad \arg L'(\dfrac{1}{2}) = 0$;

(2) $L(0) = 0$, $\quad \arg L'(0) = -\dfrac{\pi}{2}$.

5. 求出把上半平面 $\operatorname{Im} z > 0$，保形映射成圆域 $|w| < R$ 的线性映射 $w = L(z)$，使合于条件 $L(i) = 0$，若再要求 $L'(i) = 1$，此映射是否存在？

6. 求出角形域 $0 < \arg z < \dfrac{\pi}{4}$ 到单位圆域 $|w| < 1$ 的一个保形映射.

7. 求把圆域 $|z| < \rho$ 保形映射成圆域 $|w| < R$ 的线性映射，使 $z = a (|a| < \rho)$ 变成 $w = 0$.

8. 求出圆域 $|z| < 2$ 到半平面 $\operatorname{Re} w > 0$ 的保形映射 $w = f(z)$，使合于条件

$$f(0) = 1, \quad \arg f'(0) = \dfrac{\pi}{2}.$$

9. 下列区域在指定映射下，映射成什么？

(1) $\operatorname{Re} z > 0$, $w = iz + i$;

(2) $\operatorname{Im} z > 0$, $\quad w = (1+i)z$;

(3) $0 < \text{Im } z < \dfrac{1}{2}$, $w = \dfrac{1}{z}$.

10. 求出第一象限到上半平面的保形映射，使 $z = \sqrt{2}\,\text{i}, 0, 1$ 对应地变成 $w = 0$, ∞, -1.

11. 把下列边界为直线或圆弧的区域，保形映射成上半平面，求出实现该映射的任一个函数.

(1) $\text{Im } z > 1$, $|z| < 2$；

(2) $|z| > 2$, $|z - \sqrt{2}| < \sqrt{2}$；

(3) $|z| < 2$, $0 < \arg z < \dfrac{\pi}{4}$；

(4) $|z| < 2$, $0 < \arg z < \dfrac{3}{2}\pi$；

(5) 沿连结 $z = 0$ 和 $z = a\text{i}$ 的线段有割痕的上半平面；

(6) 单位圆周的外部，且沿虚轴，由 i 到 ∞ 有割痕的区域；

(7) 单位圆周的内部，且沿由 0 到 1 的半径为割痕的区域；

(8) $|z| < 2$, $|z - 1| > 1$；

(9) $a < \text{Re } z < b$；

(10) $\text{Re } z > 0$, $0 < \text{Im } z < a$.

第七章 含复参数函数的积分

§7.1 含复参数函数的定积分

定义 7.1 设 $[a, b]$ 为实数区间，E 为复数集，若对任意取定的 $t \in [a, b]$，$z \in E$，通过规律 f，都有唯一确定的复数，记为 $f(t, z)$，与之对应，则称 f 为 t 和 z 的函数，习惯上，也用 $f(t, z)$ 表示函数 f，即 $f(t, z)$ 既表示在 t 和 z 的函数值，又表示函数本身.

定义 7.2 设 E 为区域，给定函数 $f(t, z)$，$t \in [a, b]$，$z \in E$，把此函数分成实、虚部
$$f(t, z) = f(t, x + \mathrm{i}y) = \varphi(t, x, y) + \mathrm{i}\psi(t, x, y),$$
其中 φ 与 ψ 是 t, x, y 的实函数，若 φ 与 ψ 都是 t, x, y 的连续函数，则称 $f(t, z)$ 是 t 和 z 的连续函数.

设 D 是以闭路为边界的有界区域，若对 D 内每一取定的 z，定积分都存在，设其值为 $F(z)$，即
$$F(z) = \int_a^b f(t, z)\mathrm{d}t,$$
$F(z)$ 称为含参量函数的定积分，显然，$F(z)$ 是 D 内的单值函数.

定理 7.1 若 $f(t, z)$ 是 t 和 z 的连续函数，$t \in [a, b]$，$z \in D$，D 是区域，则 $F(z)$ 在 D 内一致连续.

证 设 $\overline{G}$ 是 D 内的任一有界闭域，由假设，$f(t, z)$ 关于变量 t 与 z 在 $[a, b]$ 和 $\overline{G}$ 一致连续，于是对任意给定的 $\varepsilon > 0$，存在 $\delta = \delta(\varepsilon)$（不依赖于 t, z），使当 $|\Delta z| < \delta$ 时，恒有
$$|f(t, z + \Delta z) - f(t, z)| < \varepsilon.$$

从而

$$|F(z+\Delta z)-F(z)|=|\int_a^b f(t,z+\Delta z)\mathrm{d}t - \int_a^b f(t,z)\mathrm{d}t|$$

$$\leqslant \int_a^b |f(t,z+\Delta z)-f(t,z)|\mathrm{d}t$$

$$\leqslant \varepsilon \int_a^b \mathrm{d}t = (b-a)\varepsilon.$$

这就说明了 $F(z)$ 在 $\overline{G}$ 一致连续，于是 $F(z)$ 在 D 一致收敛.

定理 7.2 设 D 为区域，且

(1) $f(t,z)$ 是 t 和 z 的连续函数，$t\in[a,b], z\in D$；

(2) 对 $[a,b]$ 上任一 t，$f(t,z)$ 是 D 内的解析函数，

则

$$F(z)=\int_a^b f(t,z)\mathrm{d}t \tag{7-1}$$

是 D 内的解析函数，且

$$F'(z)=\int_a^b \frac{\partial}{\partial z}f(t,z)\mathrm{d}t. \tag{7-2}$$

证 设 z 是 D 内任意取定的一点，在 D 内作闭路 C 包围点 z，由柯西积分公式得

$$f(t,z)=\frac{1}{2\pi\mathrm{i}}\int_C \frac{f(t,\zeta)}{\zeta-z}\mathrm{d}\zeta,$$

C 取正向．代入(7-1)，并交换积分次序(因被积函数连续，这样做是允许的)，得

$$F(z)=\int_a^b \frac{1}{2\pi\mathrm{i}}\int_C \frac{f(t,\zeta)\mathrm{d}\zeta}{\zeta-z}\mathrm{d}t$$

$$=\frac{1}{2\pi\mathrm{i}}\int_C \frac{\int_a^b f(t,\zeta)\mathrm{d}t}{\zeta-z}\mathrm{d}\zeta$$

$$=\frac{1}{2\pi\mathrm{i}}\int_C \frac{\varphi(\zeta)}{\zeta-z}\mathrm{d}\zeta$$

其中 $\varphi(\zeta) = \int_a^b f(t,\zeta)\mathrm{d}t$. 这是一个柯西型积分(参见§3.5 习题第 9 题), 由定理 7.1 知 $\varphi(\zeta)$ 是 C 上的连续函数, 故有

$$\begin{aligned} F'(z) &= \frac{1}{2\pi\mathrm{i}} \int_C \frac{\varphi(\zeta)}{(\zeta-z)^2} \mathrm{d}\zeta \\ &= \frac{1}{2\pi\mathrm{i}} \int_C \frac{\int_a^b f(t,\zeta)\mathrm{d}t}{(\zeta-z)^2} \mathrm{d}\zeta \\ &= \int_a^b \frac{1}{2\pi\mathrm{i}} \int_C \frac{f(t,\zeta)}{(\zeta-z)^2} \mathrm{d}\zeta \mathrm{d}t \\ &= \int_a^b \frac{\partial}{\partial z} f(t,z) \mathrm{d}t. \end{aligned}$$

该定理也适用于 $f(t,z)$ 在 $[a,b]$ 有第一类间断点的情形,因为在这种情形,上面的柯西型积分中的 $\varphi(\zeta)$ 仍是连续函数.

§7.2 含复参数函数的无穷积分

给定函数 $f(t,z)$,$t \in [a,b], z \in D$,D 为区域,若对任一 $z \in D$,积分

$$\int_a^{+\infty} f(t,z)\mathrm{d}t$$

收敛,其值必是 z 的函数,记为

$$\phi(z) = \int_a^{+\infty} f(t,z)\mathrm{d}t. \tag{7-3}$$

(7-3)用不等式描述,即是:

给定 $\varepsilon > 0$,存在实数 $A_0 = A_0(\varepsilon, z) > a$,使当 $A > A_0$ 时,恒有

$$|\int_a^A f(t,z)\mathrm{d}t - \int_a^{+\infty} f(t,z)\mathrm{d}t|$$

$$= |\int_A^{+\infty} f(t,z)\mathrm{d}t| < \varepsilon.$$

定义 7.3 若对任意给定的 $\varepsilon > 0$，存在实数 $A_0 = A_0(\varepsilon) > a$，使 $A > A_0$ 时，对一切 $z \in D$ (区域)，恒有

$$|\int_A^{+\infty} f(t,z) dt | < \varepsilon,$$

则称积分 $\int_a^{+\infty} f(t,z) dt$ 在 D 内一致收敛.

定理 7.3 积分(7-3)在区域 D 内一致收敛的充要条件是：对任意给定的 $\varepsilon > 0$，存在 $A_0 = A_0(\varepsilon) > a$，使 $A_2 > A_1 > A_0$ 时，对一切 $z \in D$ 恒有

$$|\int_{A_1}^{A_2} f(t,z) dt | < \varepsilon.$$

证 充分性. 由 $|\int_{A_1}^{A_2} f(t,z) dt | < \varepsilon$，令 $A_2 \to +\infty$，便得

$$|\int_{A_1}^{+\infty} f(t,z) dt | \leqslant \varepsilon.$$

必要性. 若 $|\int_{A_1}^{+\infty} f(t,z) dt | < \varepsilon$，且 $A_2 > A_1 > A_0$，则

$$|\int_{A_1}^{A_2} f(t,z) dt | = |\int_{A_1}^{+\infty} f(t,z) dt - \int_{A_2}^{+\infty} f(t,z) dt |$$

$$\leqslant |\int_{A_1}^{+\infty} f(t,z) dt | + |\int_{A_2}^{+\infty} f(t,z) dt |$$

$$< 2\varepsilon.$$

定理 7.4 设 D 为区域，若

(1) 对每个 $A > a$，积分 $\int_a^A f(t,z) dt$ 都存在;

(2) 存在与 z 无关的函数 $\varphi(t)$，使对一切 $z \in D$ 及所有的 $t \geqslant a$，有 $|f(t,z)| \leqslant \varphi(t)$，若积分 $\int_a^{+\infty} \varphi(t) dt$ 收敛，则积分

$$\int_a^{+\infty} f(t,z) dt$$

在 D 一致收敛.

证 任给 $\varepsilon > 0$,由 $\int_a^{+\infty} \varphi(t)dt$ 收敛,必存在 $A_0 > a$,使当 $A_2 > A_1 > A_0$ 时,在 D 内都有

$$|\int_{A_1}^{A_2} f(t,z)dt| \leq \int_{A_2}^{A_2} |f(t,z)|dt \leq \int_{A_2}^{A_2} \varphi(t)dt < \varepsilon.$$

定理 7.5 设 D 为单连通区域,且

(1) $f(t,z)$ 是 t 和 z 的连续函数,$t \geq a$,$z \in D$;

(2) 对任何 $t \geq a$,$f(t,z)$ 在 D 内解析;

(3) 积分 $\int_a^{+\infty} f(t,z)dt$ 在 D 内一致收敛,

则

(1) $F(z)$ 在 D 内解析;

(2) $F'(z) = \int_a^{+\infty} \dfrac{\partial}{\partial z} f(t,z)dt$.

证 设 $\{a_n\}$ 为任意一实数列,且 $a_n > a$ $(n=1,2,\cdots)$,$\lim\limits_{n\to\infty} a_n = +\infty$

令

$$F_n(z) = \int_a^{a_n} f(t,z)dt \quad (n=1,2,\cdots),$$

由定理 7.2,知 $F_n(z)$ $(n=1,2,\cdots)$ 是一个解析函数列.再按假设条件(3),$F_n(z)$ 一致收敛于 $F(z)$,故 $F(z)$ 在 D 内解析,且

$$F'(z) = \lim_{n\to+\infty} F_n'(z) = \lim_{n\to+\infty} \int_a^{a_n} \frac{\partial}{\partial z} f(t,z)dt$$
$$= \int_a^{+\infty} \frac{\partial}{\partial z} f(t,z)dt.$$

此定理也适用 $f(t,z)$ 在 $t \geq a$ 有第一类间断点的情形.

§7.3 习题

1. 设 $\varphi(t)$ 在 $[0,+\infty)$ 连续,且 $\int_0^{+\infty} \varphi(t)\mathrm{d}t$ 收敛,试证

$$\int_0^{+\infty} \mathrm{e}^{-zt}\varphi(t)\mathrm{d}t$$

在扇形域 $|z| \leqslant r$,$|\arg z| \leqslant \delta$ $(r > 0, 0 < \delta < \dfrac{\pi}{2})$ 内一致收敛.

2. 设 D 为 z 平面上去掉射线:$y = 0, x \leqslant -1$ 及 $y = 0, x \geqslant 1$ 后的区域,试证

$$F(z) = \int_0^{2\pi} \frac{\mathrm{d}t}{1 + z\sin t}$$

是 D 内的解析函数.

3. 试证

$$\phi(z) = \int_0^{+\infty} \mathrm{e}^{-zt}\mathrm{d}t$$

在 $\operatorname{Re} z > 0$ 内解析.

4. 试证

$$\int_0^{+\infty} t^{z-1}\cos t\,\mathrm{d}t$$

在 $0 < \operatorname{Re} z < 1$ 内解析.

5. 设 $f(t,z)$ 是 t 和 z 的连续函数,$t \geqslant a, z \in D$(区域),并设光滑曲线 C 包含在 D 内的一个有界闭域内,如果

$$\int_a^{+\infty} f(t,z)\mathrm{d}t$$

在 D 内的任一个有界闭域上一致收敛,试证 $\int_a^{+\infty} f(t,z)\mathrm{d}t$ 在 D 连续,且

$$\int_C \int_a^{+\infty} f(t,z)\mathrm{d}t\mathrm{d}z = \int_a^{+\infty} \int_C f(t,z)\mathrm{d}z\mathrm{d}t.$$

第八章 拉普拉斯变换

拉普拉斯(Laplace)变换是一种应用广泛的数学工具,通常称为运算微积.本章将说明拉普拉斯变换的基本原理和它的一些应用,特别是在解微分方程和积分方程方面的应用.

§8.1 拉普拉斯变换的概念及其存在定理

定义 8.1 设函数 $f(t) \geqslant 0$,而且积分

$$\int_0^{+\infty} f(t) \mathrm{e}^{-st} \mathrm{d}t \qquad (s \text{ 是一个复参数})$$

在 s 的某一个区域内收敛,此积分可写成

$$F(s) = \int_0^{+\infty} f(t) \mathrm{e}^{-st} \mathrm{d}t, \tag{8-1}$$

$F(s)$ 称为 $f(t)$ 的**拉普拉斯变换**(或称**像函数**),记为 $F(s) = \mathscr{L}[f(t)]$.

若 $F(s)$ 是 $f(t)$ 的拉普拉斯变换,则称 $f(t)$ 为 $F(s)$ 的**拉普拉斯逆变换**(或称为**像原函数**),记为:

$$f(t) = \mathscr{L}^{-1}[F(s)].$$

定理 8.1 设 $f(t)$ 满足下列条件:

(1) $f(t)$ 在 $[0, +\infty)$ 连续,最多只有第一类间断点,但在任一有限区间上只有有限个第一类间断点;

(2) 存在常数 $M>0$ 及 $C \geqslant 0$,使对任何 $t(0 \leqslant t < +\infty)$,

$$|f(t)| \leqslant M \mathrm{e}^{ct} \tag{8-2}$$

成立(满足此条件的函数,称它的增大是**指数级的**,C 为它的**增长指数**),

则 $f(t)$ 的拉普拉斯变换 $F(s)$ 在半平面 $\operatorname{Re} s > C$ 内存在，且在此半平面内，$F(s)$ 是解析函数，同时

$$F'(s) = \int_0^{+\infty} \frac{\partial}{\partial s}[f(t)\mathrm{e}^{-st}]\mathrm{d}t. \tag{8-3}$$

证 设 $\operatorname{Re} s = \beta$，由(8-2)知

$$|f(t)\mathrm{e}^{-st}| = |f(t)\mathrm{e}^{-\beta t}| \leqslant M\mathrm{e}^{-(\beta-C)t},$$

任取一正数 δ，使 $\beta - C \geqslant \delta$，则

$$|f(t)\mathrm{e}^{-st}| \leqslant M\mathrm{e}^{-\delta t},$$

从而由

$$\int_0^{+\infty} M\mathrm{e}^{-\delta t}\mathrm{d}t = \frac{M}{\delta}$$

知积分(依定理 7.4)

$$\int_0^{+\infty} f(t)\mathrm{e}^{-st}\mathrm{d}t$$

在 $\operatorname{Re} s \geqslant C + \delta$ 内一致收敛，再由定理7.5便可断定 $F(s)$ 在 $\operatorname{Re} s > C$ 内解析，且(8-3)成立.

显然定理 8.1 的条件，只是拉普拉斯变换存在的充分条件，但在通常的应用中，大多数函数 $f(t)$ 都能满足这两个条件，对于不满足这两个条件的拉普拉斯变换式，须在遇到这种情况时，单独讨论.

由于 $F(s)$ 在 $\operatorname{Re} s = \beta > C$ 内解析，于是在计算 $F(s)$ 时，可先计算出

$$\int_0^{+\infty} f(t)\mathrm{e}^{-\beta t}\mathrm{d}t = G(\beta),$$

若 $G(s)$ 在 $\operatorname{Re} s > C$ 解析，则由解析函数唯一性定理便可得出 $F(s) = G(s),\ \operatorname{Re} s > C$.

例 8.1 设

$$u(t) = \begin{cases} 1, & t \geqslant 0; \\ 0, & t < 0. \end{cases}$$

求 $\mathscr{L}[u(t)]$.

解 $|u(t)| \leqslant 1$, $(M=1, C=0, e^0=1)$,

因

$$\int_0^{+\infty} u(t)e^{-\beta t}dt \quad (\beta = \mathrm{Re}\, s)$$

$$= \int_0^{+\infty} e^{-\beta t}dt$$

$$= \frac{e^{-\beta t}}{-\beta}\bigg|_0^{+\infty} = \frac{1}{\beta},$$

而 $F(s) = \dfrac{1}{s}$ 在 $\mathrm{Re}\, s > 0$ 解析, 故

$$\mathscr{L}[u(t)] = \frac{1}{s}, \quad \mathrm{Re}\, s > 0.$$

例 8.2 求 $f(t) = e^{kt}$ (k 为实数)的拉普拉斯变换.

解 $|f(t)| = e^{kt}$ $(M=1, C=k)$ 因

$$\int_0^{+\infty} e^{kt}e^{-\beta t}dt = \int_0^{+\infty} e^{-(\beta-k)t}dt = \frac{1}{\beta - k} \quad (\mathrm{Re}\, s = \beta),$$

而 $\dfrac{1}{s-k}$ 在 $\mathrm{Re}\, s > k$ 内解析, 故

$$\mathscr{L}[e^{kt}] = \frac{1}{s-k}, \mathrm{Re}\, s > k.$$

例 8.3 求 $f(t) = \sin kt$ (k 为实数)的拉普拉斯变换.

解 $|\sin kt| \leqslant 1$ $(M=1, C=0)$. 因

$$\int_0^{+\infty} \sin kt\, e^{-\beta t}dt = \frac{e^{-\beta t}}{\beta^2 + k^2}[-\beta \sin kt - k\cos kt]\bigg|_0^{+\infty}$$

$$= \frac{k}{\beta^2 + k^2} \quad (\mathrm{Re}\, s = \beta),$$

而 $F(s) = \dfrac{k}{s^2 + k^2}$ 在 $\mathrm{Re}\, s > 0$ 解析, 故

$$\mathscr{L}[\sin kt] = \frac{k}{s^2+k^2}, \operatorname{Re} s > 0.$$

同理可得

$$\mathscr{L}[\cos kt] = \frac{s}{s^2+k^2}, \operatorname{Re} s > 0.$$

例 8.4 设 $f_T(t)$ 是以 T 为周期的周期函数, 且在一个周期上, 只有有限多个第一类间断点, 试证:

$$\mathscr{L}[f_T(t)] = \frac{1}{1-\mathrm{e}^{-sT}} \int_0^T f_T(t)\mathrm{e}^{-st}\mathrm{d}t, \quad \operatorname{Re} s > 0.$$

证 由假设条件, $f_T(t)$ 是有界函数, 故存在 $M>0$, 使 $|f_T(t)| \leqslant M$, 它的增大是指数级的 $(C=0)$, 从而 $f_T(t)$ 满足定理 8.1 的条件, 于是在 $\operatorname{Re} s>0$ 时, 有

$$\mathscr{L}[f_T(t)] = \int_0^{+\infty} f_T(t)\mathrm{e}^{-st}\mathrm{d}t = \int_0^T f_T(t)\mathrm{e}^{-st}\mathrm{d}t + \int_T^{+\infty} f_T(t)\mathrm{e}^{-st}\mathrm{d}t.$$

在右端第二个积分中, 令 $t=u+T$, 则

$$\int_0^{+\infty} f_T(t)\mathrm{e}^{-st}\mathrm{d}t = \int_0^{+\infty} f_T(u+T)\mathrm{e}^{-s(u+T)}\mathrm{d}u$$

$$= \mathrm{e}^{-sT} \int_0^{+\infty} f_T(u)\mathrm{e}^{-su}\mathrm{d}u$$

$$= \mathrm{e}^{-sT} \mathscr{L}[f_T(t)],$$

于是得到

$$\mathscr{L}[f_T(t)] = \int_0^T f_T(t)\mathrm{e}^{-st}\mathrm{d}t + \mathrm{e}^{-sT}\mathscr{L}[f_T(t)],$$

即

$$\mathscr{L}[f_T(t)] = \frac{1}{1-\mathrm{e}^{-sT}} \int_0^T f_T(t)\mathrm{e}^{-st}\mathrm{d}t.$$

例 8.5 求图 8-1 中所示周期函数的拉普拉斯变换.

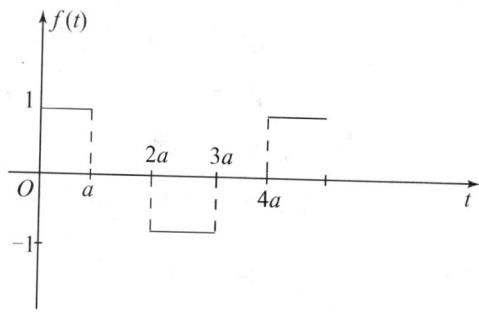

图 8-1

解 图 8-1 所示周期函数 $f_T(t)$ 的周期 $T=4a$,

$$\int_0^T f_T(t)e^{-st}dt = \int_0^a e^{-st}dt + \int_{2a}^{3a}(-e^{-st})dt$$

$$= \frac{1-e^{-sa}+e^{-3sa}-e^{-2sa}}{s},$$

于是,

$$\mathscr{L}[f_T(t)] = \frac{1}{s(1-e^{-4as})}[1-e^{-sa}+e^{-3sa}-e^{-2sa}]$$

$$= \frac{(1-e^{-sa})(1-e^{-2sa})}{s(1+e^{-2sa})(1-e^{-2sa})} = \frac{1-e^{-sa}}{s(1+e^{-2sa})}.$$

§8.2 拉普拉斯变换的性质

以下假定求拉普拉斯变换的函数,都满足定理 8.1 的条件.

1. **线性性质** 设 a_1, a_2 为常数,$f_1(t), f_2(t)$ 皆在集合 E 上连续,且

$$\mathscr{L}[f_1(t)] = F_1(s), \quad \mathrm{Re}\, s > C_1;$$

$$\mathscr{L}[f_2(t)] = F_2(s), \quad \mathrm{Re}\, s > C_2,$$

设 $C = \max\{C_1, C_2\}$,则有

$$\mathcal{L}[a_1 f_1(t) + a_2 f_2(t)] = a_1 F_1(s) + a_2 F_2(s), \operatorname{Re} s > C; \qquad (8\text{-}4)$$

$$\mathcal{L}^{-1}[a_1 F_1(s) + a_2 F_2(s)] = a_1 f_1(t) + a_2 f(t), \qquad t > 0, t \in E \qquad (8\text{-}5)$$

该性质由定义 8.1 及积分的线性性质便可推出.

例 8.6 求 $f(t) = \dfrac{1}{2} e^{-t} + 2 e^{2t} + \sin t$ 的拉普拉斯变换.

解 $\mathcal{L}[f(t)] = \mathcal{L}[\dfrac{1}{2} e^{-t} + 2 e^{2t} + \sin t]$

$$= \dfrac{1}{2} \mathcal{L}[e^{-t}] + 2 \mathcal{L}[e^{2t}] + \mathcal{L}[\sin t]$$

$$= \dfrac{1}{2(s+1)} + \dfrac{2}{s-2} + \dfrac{1}{s^2+1}, \quad \operatorname{Re} s > 2.$$

2. 位移性质 设 a 为常数

$$\mathcal{L}[f(t)] = F(s), \quad \operatorname{Re} s > C,$$

则

$$\mathcal{L}[e^{at} f(t)] = F(s-a), \quad \operatorname{Re}(s-a) > C. \qquad (8\text{-}6)$$

证

$$\mathcal{L}[e^{at} f(t)] = \int_0^{+\infty} e^{at} f(t) e^{-st} dt$$

$$= \int_0^{+\infty} f(t) e^{-(s-a)t} dt = F(s-a), \quad \operatorname{Re}(s-a) > C.$$

例 8.7 求 $f(t) = e^{-3t} \cos 2t$ 的拉普拉斯变换.

解 因 $\mathcal{L}[\cos 2t] = \dfrac{s}{s^2 + 2^2}$, $\operatorname{Re} s > 0$, 故依(8-6), 有

$$\mathcal{L}[e^{-3t} \cos 2t] = \dfrac{(s+3)}{(s+3)^2 + 2^2}.$$

3. 延迟性质 若 $\mathcal{L}[f(t)] = F(s)$, $\operatorname{Re} s > C$, 且 $t < 0$ 时, $f(t) < 0$, 则对任意的非负实数 τ, 有

$$\mathcal{L}[f(t-\tau)] = e^{-s\tau} F(s), \quad \operatorname{Re} s > C. \qquad (8\text{-}7)$$

或

$$\mathscr{L}^{-1}[e^{-s\tau}F(s)] = f(t-\tau).$$

证
$$\mathscr{L}[f(t-\tau)] = \int_0^{+\infty} f(t-\tau)e^{-st}dt$$
$$= \int_0^{\tau} f(t-\tau)e^{-st}dt + \int_{\tau}^{+\infty} f(t-\tau)e^{-st}dt,$$

因 $t < \tau$ 时，$f(t-\tau) = 0$，故上式右端第一个积分为 0，对第二个积分，令 $t - \tau = u$，则得到
$$\mathscr{L}[f(t-\tau)] = \int_0^{+\infty} f(u)e^{-s(u+\tau)}du$$
$$= e^{-s\tau}\int_0^{+\infty} f(u)e^{-su}du = e^{-s\tau}F(s), \quad \text{Re}\, s > C.$$

函数 $f(t-\tau)$ 与 $f(t)$ 相比，$f(t)$ 从 $t=0$ 开始有非零数值，而 $f(t-\tau)$ 从 $t=\tau$ 有非零数值，即延迟了一段时间 τ，从它们的图像来讲，$f(t-\tau)$ 的图像由 $f(t)$ 的图像沿 t 轴向右平移距离 τ 而得，如图 8-2 所示.

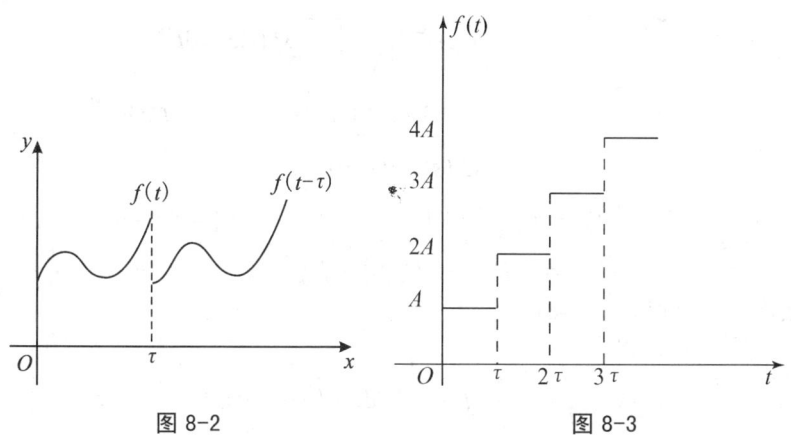

图 8-2　　　　　　图 8-3

例 8.8 求 $u(t-\tau) = \begin{cases} 1, & t \geqslant \tau; \\ 0, & t < \tau \end{cases}$ 的拉普拉斯变换.

解 由 $\mathscr{L}[u(t)] = \dfrac{1}{s}, \text{Re}\, s > 0$ 及式(8-7)得

$$\mathscr{L}[u(t-\tau)] = \frac{1}{s}e^{-s\tau}, \quad \mathrm{Re}\,s > 0.$$

例 8.9 求由图 8-3 所示阶梯函数的拉普拉斯变换.

解 $f(t) = A[u(t) + u(t-\tau) + u(t-2\tau) + \cdots]$,

$$\mathscr{L}[f(t)] = A(\frac{1}{s} + \frac{1}{s}e^{-s\tau} + \frac{1}{s}e^{-2s\tau} + \cdots) = \frac{A}{s}(1 + e^{-s\tau} + e^{-2s\tau} + \cdots).$$

因当 $\mathrm{Re}\,s > 0$ 时,有 $|e^{-s\tau}| < 1$,故有

$$\mathscr{L}[f(t)] = \frac{A}{s}\frac{1}{1-e^{-s\tau}}.$$

4. 微分性质 设 $\mathscr{L}[f(t)] = F(s), \mathrm{Re}\,s > C$,则有

(1) $\mathscr{L}[f^{(n)}(t)] = S^n F(s) - S^{n-1}f(+0) - S^{n-2}f'(+0) - \cdots - f^{(n-1)}(+0)$,

$\mathrm{Re}\,s > C, \quad (n = 1, 2, \cdots)$; $\hfill(8\text{-}8)$

(2) $F^{(n)}(s) = \mathscr{L}[(-t)^n f(t)], \mathrm{Re}\,s > C, (n = 1, 2, \cdots)$. $\hfill(8\text{-}9)$

证 (1) $\mathscr{L}[f'(t)] = \int_0^{+\infty} f'(t)e^{-st}\mathrm{d}t$

$$= f(t)e^{-st}\Big|_0^{+\infty} - \int_0^{+\infty} sf(t)e^{-st}\mathrm{d}t$$

$$= sF(s) + \lim_{t \to +\infty} f(t)e^{-st} - \lim_{t \to +0} f(t)e^{-st}$$

$$= sF(s) - f(+0),$$

$\mathscr{L}[f''(t)] = \mathscr{L}[(f'(t))'] = s[sF(s) - f(+0)] - f'(+0)$

$= s^2 F(s) - sf(+0) - f'(+0).$

依次类推可得到式(8-8).

(2) 由式(8-3)

$$F'(s) = \int_0^{+\infty} \frac{\partial}{\partial s}[f(t)e^{-st}]\mathrm{d}t = \int_0^{+\infty} (-t)[f(t)e^{-st}]\mathrm{d}t$$

$$= \mathscr{L}[(-t)f(t)],$$

$$F''(s) = \int_0^{+\infty} \frac{\partial}{\partial s}[(-t)f(t)e^{-st}]\mathrm{d}t = \int_0^{+\infty} (-t)^2[f(t)e^{-st}]\mathrm{d}t$$

$$= \mathscr{L}[(-t)^2 f(t)],$$

依次类推可得到式(8-9).

例 8.10 求 $f(t)=t^m$ (m 为自然数)的拉普拉斯变换.

解 因
$$f^{(k)}(0)=0, k=1,2,\cdots,m-1, f^{(m)}(t)=m!,$$
故
$$\mathscr{L}[m!]=\mathscr{L}[f^{(m)}(t)]=s^m\mathscr{L}[t^m].$$
而 $\mathscr{L}[m!]=m!\int_0^{+\infty}\mathrm{e}^{-st}\mathrm{d}t=\dfrac{m!}{s},\qquad \mathrm{Re}\,s>0$,从而
$$\mathscr{L}[t^m]=\dfrac{m!}{s^{m+1}},\qquad \mathrm{Re}\,s>0.$$

例 8.11 求 $f(t)=t\mathrm{e}^{-3t}\sin 2t$ 的拉普拉斯变换.

解 $\mathscr{L}[f(t)]=-\mathscr{L}[-t\mathrm{e}^{-3t}\sin 2t]=-(\mathscr{L}[\mathrm{e}^{-3t}\sin 2t])'_s$
$$=-\left(\dfrac{2}{(s+3)^2+4}\right)'_s$$
$$=-\dfrac{4(s+3)}{[(s+3)^2+4]^2}.$$

5. 积分性质 若 $\mathscr{L}[f(t)]=F(s)$, $\mathrm{Re}\,s>C$, 且 $\int_s^\infty F(s)\mathrm{d}s$ 存在, 则有

(1) $\mathscr{L}\left[\int_0^t f(\tau)\mathrm{d}\tau\right]=\dfrac{1}{s}F(s),\qquad \mathrm{Re}\,s>C;$ (8-10)

(2) $\int_s^\infty F(s)\mathrm{d}s=\mathscr{L}\left[\dfrac{f(t)}{t}\right], t>0,\qquad \mathrm{Re}\,s>C.$ (8-11)

证 (1) 因 $f(t)=\left[\int_0^t f(\tau)\mathrm{d}\tau\right]'$, 由式 (8-8)知
$$F(s)=\mathscr{L}[f(t)]=\mathscr{L}\left[\left(\int_0^t f(\tau)\mathrm{d}\tau\right)'\right]=s\mathscr{L}\left[\int_0^t f(\tau)\mathrm{d}\tau\right],$$
故
$$\mathscr{L}\left[\int_0^t f(\tau)\mathrm{d}\tau\right]=\dfrac{1}{s}F(s),\qquad \mathrm{Re}\,s>C;$$

(2)
$$\int_s^\infty F(s)\mathrm{d}s = \int_s^\infty \int_0^{+\infty} f(t)\mathrm{e}^{-st}\mathrm{d}t\mathrm{d}s$$
$$= \int_0^{+\infty} f(t)\int_s^\infty \mathrm{e}^{-st}\mathrm{d}s\mathrm{d}t$$
$$= \int_0^{+\infty} \frac{f(t)}{t}\mathrm{e}^{-st}\mathrm{d}t$$
$$= \mathscr{L}[\frac{f(t)}{t}].$$

一般情况下, 重复使用(8-10)和(8-11)可得到

$$\mathscr{L}[\underbrace{\int_0^t \mathrm{d}t \int_0^t \mathrm{d}t \cdots \int_0^t}_{n 次} f(t)\mathrm{d}t] = \frac{1}{s^n}F(s); \tag{8-12}$$

$$\mathscr{L}[\frac{f(t)}{t^n}] = \underbrace{\int_s^\infty \mathrm{d}s \int_s^\infty \mathrm{d}s \cdots \int_s^\infty}_{n 次} F(s)\mathrm{d}s. \tag{8-13}$$

注 在 $\int_0^{+\infty} \frac{f(t)}{t}\mathrm{e}^{-st}\mathrm{d}t = \int_s^\infty F(s)\mathrm{d}s$ 两边, 令 $s\to 0$, 则有

$$\int_0^{+\infty} \frac{f(t)}{t}\mathrm{d}t = \lim_{s\to 0}\int_s^\infty F(s)\mathrm{d}s. \tag{8-14}$$

例 8.12
$$\int_0^{+\infty} \frac{\sin t}{t}\mathrm{d}t = \lim_{s\to 0}\int_s^\infty \frac{1}{s^2+1}\mathrm{d}s$$
$$= \lim_{s\to 0}[\arctan s]\Big|_s^{+\infty} = \frac{\pi}{2}.$$

在拉普拉斯变换的应用中, 当已知 $f(t)$ 的拉普拉斯变换 $F(s)$, 求 $f(t)$ 时, 有些情况下, 并不关心 $f(t)$ 的具体表达式, 而只需知道 $t\to +0$ 或 $t\to +\infty$ 时它的极限值, 下面的性质可直接由 $F(s)$ 求出这两个极限值.

6. 初值定理与终值定理

设 $\mathscr{L}[f(t)] = F(s), \operatorname{Re} s > C$.

(1) 初值定理

若 $\lim\limits_{s \to \infty} sF(s)$ 存在, 则 $f(+0) = \lim\limits_{s \to \infty} sF(s)$. (8-15)

证 由(8-8)式, 得 $\mathscr{L}[f'(t)] = sF(s) - f(+0)$, 因 $\lim\limits_{s \to \infty} sF(s)$ 存在, 故 $\lim\limits_{\operatorname{Re} s \to +\infty} sF(s)$ 存在, 且 $\lim\limits_{s \to \infty} sF(s) = \lim\limits_{\operatorname{Re} s \to +\infty} sF(s)$, 从而

$$\lim_{\operatorname{Re} s \to +\infty} \mathscr{L}[f'(t)] = \lim_{\operatorname{Re} s \to +\infty}[sF(s) - f(+0)]$$
$$= \lim_{\operatorname{Re} s \to +\infty} sF(s) - f(+0),$$

由于

$$\lim_{\operatorname{Re} s \to +\infty} \mathscr{L}[f'(t)] = \lim_{\operatorname{Re} s \to +\infty} \int_0^{+\infty} f'(t) \mathrm{e}^{-st} \mathrm{d}t$$
$$= \int_0^{+\infty} \lim_{\operatorname{Re} s \to +\infty} f'(t) \mathrm{e}^{-st} \mathrm{d}t = 0,$$

于是 $\lim\limits_{\operatorname{Re} s \to +\infty}[sF(s) - f(+0)] = 0$. 即 $f(+0) = \lim\limits_{\operatorname{Re} s \to +\infty} sF(s)$.

(2) 终值定理

若 $sF(s)$ 所有奇点都在 s 平面的左半部, 则

$$f(+\infty) = \lim_{s \to 0} sF(s). \qquad (8\text{-}16)$$

证 由式(8-8), $\mathscr{L}[f'(t)] = sF(s) - f(+0)$, 于是

$$\lim_{s \to 0}[sF(s) - f(+0)] = \lim_{s \to 0} \int_0^{+\infty} f'(t)\mathrm{e}^{-st}\mathrm{d}t = \int_0^{+\infty} \lim_{s \to 0} f'(t)\mathrm{e}^{-st}\mathrm{d}t$$
$$= \int_0^{+\infty} f'(t)\mathrm{d}t = f(t)\Big|_0^{+\infty} = f(+\infty) - f(+0),$$

从而得到 $f(+\infty) = \lim\limits_{s \to 0} sF(s)$.

例 8.13 设 $\mathscr{L}[f(t)] = F(s)$, $F(s)$ 在 $\operatorname{Re} s \geqslant 0$ 解析, 试证:

$$\int_0^{+\infty} f(t)\mathrm{d}t = \lim_{s \to 0} F(s).$$

证 令 $g(t) = \int_0^t f(\tau)d\tau$,则

$$\int_0^{+\infty} f(t)dt = g(+\infty) = \lim_{s \to 0} s \mathscr{L}[g(t)]$$
$$= \lim_{s \to 0} s \mathscr{L}[\int_0^t f(\tau)d\tau]$$
$$= \lim_{s \to 0} s \frac{1}{s} F(s)$$
$$= \lim_{s \to 0} F(s).$$

例 8.14

$$\int_0^{+\infty} t^3 e^{-t} dt = \lim_{s \to 0} s \mathscr{L}[t^3 e^{-t}] = \lim_{s \to 0} \frac{3!}{(s+1)^4} = 6.$$

例 8.15

$$\int_0^{+\infty} \frac{e^{at} - e^{bt}}{t} dt \quad (a < b < 0)$$
$$= \lim_{s \to 0} \int_s^{\infty} \mathscr{L}[e^{at} - e^{bt}] ds$$
$$= \lim_{s \to 0} \int_s^{\infty} (\frac{1}{s-a} - \frac{1}{s-b}) ds$$
$$= \lim_{s \to 0} \ln \frac{s-b}{s-a} = \ln \frac{b}{a}.$$

应用终值定理时,要注意定理的条件.

例如,设 $f(t) = \sin t$,则 $F(s) = \dfrac{1}{s^2+1}$,而 $sF(s) = \dfrac{s}{s^2+1}$ 有两个奇点 $s = \pm i$,都在虚轴上,不满足终值定理条件,不能得出

$$\lim_{t \to +\infty} \sin t = \lim_{s \to +\infty} \frac{s}{s^2+1} = 0.$$

事实上,$\lim\limits_{t \to +\infty} \sin t$ 不存在.

§8.3 拉普拉斯逆变换

前边主要讨论的是已知函数 $f(t)$ 求它的像函数 $F(s)$，在实际应用中，还需由已知的像函数 $F(s)$ 求出它的像原函数，即求出 $F(s)$ 的拉普拉斯逆变换的一般方法.

定理 8.2 在定理 8.1 的条件下，设 $F(s)=\mathscr{L}[f(t)]$，$\operatorname{Re} s>C$，则下边的等式成立：

$$\frac{1}{2\pi \mathrm{i}}\int_{\beta-\mathrm{i}\infty}^{\beta+\mathrm{i}\infty} F(s)\mathrm{e}^{st}\mathrm{d}s = \frac{f(t-0)+f(t+0)}{2}, \quad t>0, \quad (8-17)$$

其中，积分路径是任一直线 $\operatorname{Re} s = \beta, \beta > C$，而

$$\int_{\beta-\mathrm{i}\infty}^{\beta+\mathrm{i}\infty} F(s)\mathrm{e}^{st}\mathrm{d}s = \lim_{\gamma\to+\infty}\int_{\beta-\mathrm{i}\gamma}^{\beta+\mathrm{i}\gamma} F(s)\mathrm{e}^{st}\mathrm{d}s.$$

证

$$\frac{1}{2\pi \mathrm{i}}\int_{\beta-\mathrm{i}\infty}^{\beta+\mathrm{i}\infty} F(s)\mathrm{e}^{st}\mathrm{d}s$$

$$=\frac{1}{2\pi \mathrm{i}}\lim_{\gamma\to+\infty}\int_{\beta-\mathrm{i}\gamma}^{\beta+\mathrm{i}\gamma} F(s)\mathrm{e}^{st}\mathrm{d}s$$

$$=\frac{1}{2\pi \mathrm{i}}\lim_{\gamma\to+\infty}\int_{\beta-\mathrm{i}\gamma}^{\beta+\mathrm{i}\gamma} [\int_0^{+\infty} f(\tau)\mathrm{e}^{-s\tau}\mathrm{d}\tau]\mathrm{e}^{st}\mathrm{d}s$$

$$=\frac{1}{2\pi \mathrm{i}}\lim_{\gamma\to+\infty}\int_0^{+\infty} f(\tau)\int_{\beta-\mathrm{i}\gamma}^{\beta+\mathrm{i}\gamma} \mathrm{e}^{s(t-\tau)}\mathrm{d}s\mathrm{d}\tau$$

$$=\frac{1}{2\pi \mathrm{i}}\lim_{\gamma\to+\infty}\int_0^{+\infty} f(\tau)\frac{\mathrm{e}^{\beta(t-\tau)}[\mathrm{e}^{\mathrm{i}\gamma(t-\tau)}-\mathrm{e}^{-\mathrm{i}\gamma(t-\tau)}]}{t-\tau}\mathrm{d}\tau$$

$$=\frac{1}{\pi}\lim_{\gamma\to+\infty}\int_0^{+\infty} f(\tau)\mathrm{e}^{\beta(t-\tau)}\frac{\sin\gamma(t-\tau)}{t-\tau}\mathrm{d}\tau.$$

令 $u=\tau-t$，$g(u)=\mathrm{e}^{-\beta u}f(t+u)$，则

$$\frac{1}{2\pi \mathrm{i}}\int_{\beta-\mathrm{i}\infty}^{\beta+\mathrm{i}\infty} F(s)\mathrm{e}^{st}\mathrm{d}s$$

$$= \frac{1}{\pi} \lim_{\gamma \to +\infty} \int_{-t}^{+\infty} g(u) \frac{\sin \gamma u}{u} du$$

$$= \frac{1}{\pi} \lim_{\gamma \to +\infty} [\int_{-t}^{0} g(u) \frac{\sin \gamma u}{u} du + \int_{0}^{+\infty} g(u) \frac{\sin \gamma u}{u} du]$$

$$= \frac{1}{\pi} \frac{\pi}{2} [g(-0) + g(+0)] = \frac{1}{2}[f(t-0) + f(t+0)], \quad t > 0.$$

定理 8.3 在定理 8.1 的条件下，设 $\mathscr{L}[f(t)] = F(s)$，$\operatorname{Re} s > C$，则在 $f(t)$ 的连续点的集合 E 上，成立

$$f(t) = \frac{1}{2\pi i} \int_{\beta - i\infty}^{\beta + i\infty} F(s) e^{st} ds, \quad t > 0. \tag{8-18}$$

用式(8-18)算出 $f(t)$，通常并不容易，但在 $F(s)$ 满足一定条件时，可用残数计算(8-18)式中的积分，特别是 $F(s)$ 为有理函数时，计算是很方便的.

引理 8.1(推广的约当引理) 作圆周 $s = R e^{i\theta}$ $(0 \leqslant \theta \leqslant 2\pi)$ 与直线 $\operatorname{Re} s = \beta$($\beta$ 为正常数)相交于 A 和 G 两点(图 8-4)，设 G_R 表示圆周的 $\operatorname{Re} s = \beta$ 的左侧部分，若 $R \to +\infty$ 时，$F(s)$ 在 $\frac{\pi}{2} - \delta \leqslant \theta \leqslant \frac{3\pi}{2} + \delta$ (δ 是任意小的正数)内一致收敛于 0，则

$$\lim_{R \to +\infty} \int_{C_R} F(s) e^{st} ds = 0, \quad t > 0. \tag{8-19}$$

证 将 G_R 分为三段圆弧：$AB, BDE, EG,$

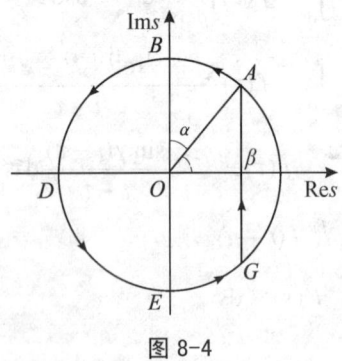

图 8-4

则

$$\int_{C_R} F(s)\mathrm{e}^{st}\mathrm{d}s = \int_{AB} F(s)\mathrm{e}^{st}\mathrm{d}s + \int_{BDE} F(s)\mathrm{e}^{st}\mathrm{d}s$$

$$+ \int_{EG} F(s)\mathrm{e}^{st}\mathrm{d}s, \tag{8-20}$$

(8-20)中第二个积分,作变换 $s = \mathrm{i}z$ (相当于将 s 平面上的左半圆周 BDE 变为 z 平面上的上半圆周 C'_R).由引理 5.3(约当引理)有

$$\int_{BDE} F(s)\mathrm{e}^{st}\mathrm{d}s = \mathrm{i}\int_{C'_R} F(\mathrm{i}z)\mathrm{e}^{\mathrm{i}tz}\mathrm{d}z \to 0, \qquad (R \to +\infty),$$

对于(8-20)中的第一个积分,因在 AB 弧上有 $s = R\mathrm{e}^{\mathrm{i}\theta}$ ($\frac{\pi}{2} - \alpha \leqslant \theta \leqslant \frac{\pi}{2}$) 且 $\cos\theta \leqslant \cos(\frac{\pi}{2} - \alpha) = \sin\alpha$,所以

$$\left|\int_{AB} F(s)\mathrm{e}^{st}\mathrm{d}s\right| \leqslant \int_{AB} |F(s)\mathrm{e}^{st}||\mathrm{d}s| \leqslant \int_{\frac{\pi}{2}-\alpha}^{\pi} |F(s)|\mathrm{e}^{Rt\sin\alpha}R\mathrm{d}\theta,$$

由于对任给的 $\varepsilon > 0$,只要 R 充分大(即 α 充分小),就有 $|F(R\mathrm{e}^{\mathrm{i}\theta})| < \varepsilon$,于是,上式成为

$$\left|\int_{AB} F(s)\mathrm{e}^{st}\mathrm{d}s\right| < \varepsilon\, \mathrm{e}^{Rt\sin\alpha}R\alpha.$$

因 $R\sin\alpha = \beta$ (图 8-4),而 $R \to +\infty$ (即 $\alpha \to 0$)时,$\frac{\alpha}{\sin\alpha} \to 1$,所以,有

$$\lim_{R \to +\infty} \mathrm{e}^{Rt\sin\alpha}R\alpha = \lim_{\alpha \to 0} \mathrm{e}^{\beta t}\frac{\beta\alpha}{\sin\alpha} = \beta\mathrm{e}^{\beta t},$$

从而

$$\lim_{R \to +\infty} \int_{AB} F(s)\mathrm{e}^{st}\mathrm{d}s = 0.$$

同理可证

$$\lim_{R \to +\infty} \int_{EG} F(s)\mathrm{e}^{st}\mathrm{d}s = 0.$$

综上可知(8-19)成立.

定理 8.4 在定理 8.1 的条件下,若 $F(s)$ 只有有限多个奇点 s_1, s_2,…, s_n,且当 $s \to \infty$ 时,在 $0 \leqslant \arg s \leqslant 2\pi$ 内一致收敛于 0, 则在 $f(t)$

的连续点的集合 E 上，有

$$f(t)=\sum_{k=1}^{n}\mathrm{Res}[F(s)\mathrm{e}^{st},s_k], \quad t>0, t\in E. \tag{8-21}$$

证 取足够大的 R，使 $s_1,s_2,\ldots,s_n$ 皆在经圆弧 C_R 和线段 GA 组成的闭路 $C=C_R+GA$ 的内部(图 8-4). 因 e^{st} 在全平面解析，故 $F(s)\mathrm{e}^{st}$ 的奇点就是 $F(s)$ 的奇点，据残数基本定理，得到

$$\int_C F(s)\mathrm{e}^{st}\mathrm{d}s=2\pi\mathrm{i}\sum_{k=1}^{n}\mathrm{Res}[F(s)\mathrm{e}^{st},s_k],$$

即

$$\frac{1}{2\pi\mathrm{i}}[\int_{\beta-\mathrm{i}R}^{\beta+\mathrm{i}R}F(s)\mathrm{e}^{st}\mathrm{d}s+\int_{C_R}F(s)\mathrm{e}^{st}\mathrm{d}s]$$

$$=\sum_{k=1}^{n}\mathrm{Res}[F(s)\mathrm{e}^{st},s_k].$$

在上式两边令 $R\to+\infty$，再利用引理 8.1 便得到

$$\frac{1}{2\pi\mathrm{i}}\int_{\beta-\mathrm{i}\infty}^{\beta+\mathrm{i}\infty}F(s)\mathrm{e}^{st}\mathrm{d}s=\sum_{k=1}^{n}\mathrm{Res}[F(s)\mathrm{e}^{st},s_k],$$

于是(8-21)真.

若 $F(s)$ 是有理函数，即

$$F(s)=\frac{B(s)}{A(s)},$$

其中，$B(s),A(s)$ 是不可约多项式，$B(s)$ 的次数为 m，$A(s)$ 的次数为 n，$m<n$，则 $F(s)$ 是满足定理 8.4 条件的，因此(8-21)成立.

情况一：若 $s_1,s_2,\ldots,s_n$ 都是 $A(s)$ 的一阶零点，则这些点就都是 $F(s)$ 的一阶极点，于是，有

$$f(t)=\sum_{k=1}^{n}\frac{B(S_k)}{A'(S_k)}\mathrm{e}^{S_k t}, t>0. \tag{8-22}$$

情况二：若 $s_1,s_2\ldots s_{n-r}$ 是 $A(s)$ 的一阶零点，s_r 是一个 r 阶零点，则

s_r 是 $F(s)$ 的一个 r 阶极点,$s_1, s_2 \ldots s_{n-r}$ 是 $F(s)$ 的一阶极点,于是,有

$$f(t) = \frac{1}{(r-1)!} \lim_{S \to S_r} [(S-S_r)^r \frac{B(s)}{A(s)} e^{st}]^{(r-1)}$$
$$+ \sum_{k=1}^{n-r} \frac{B(S_k)}{A'(S_k)} e^{S_k t}, t > 0. \tag{8-23}$$

例 8.16 求 $F(s) = \dfrac{1}{s^2(s+1)}$ 的拉普拉斯逆变换.

解 $s=0$ 是 $F(s)$ 的二阶极点,$s=-1$ 是 $F(s)$ 的一阶极点,于是由 (8-23) 得

$$f(t) = \frac{e^{st}}{(s^3+s^2)'}\bigg|_{S=-1} + \lim_{S \to 0} \left(\frac{e^{st}}{s+1}\right)'$$
$$= e^{-t} + \lim_{S \to 0} \frac{1}{(s+1)^2}(te^{st}(s+1) - e^{st})$$
$$= e^{-t} + t - 1, \quad t > 0.$$

例 8.17 求 $F(s) = \dfrac{s}{(s-a)(s-b)(s-c)}$,($a,b,c$ 为常数)的拉普拉斯逆变换.

解 由 (8-22) 得到:

$$f(t) = \frac{se^{st}}{(s-b)(s-c)+(s-a)[(s-b)+(s-c)]'}\bigg|_{s=a}$$
$$+ \frac{se^{st}}{(s-c)(s-a)+(s-b)[(s-c)+(s-a)]'}\bigg|_{s=b}$$
$$+ \frac{se^{st}}{(s-a)(s-b)+(s-c)[(s-a)+(s-b)]'}\bigg|_{s=c}$$
$$= \frac{ae^{at}}{(a-b)(a-c)} + \frac{be^{bt}}{(b-c)(b-a)} + \frac{ce^{ct}}{(c-a)(c-b)}.$$

§8.4 卷积

定义 8.2 设 $t<0$ 时，$f_1(t)=f_2(t)=0$，若积分

$$\int_0^t f_1(\tau)f_2(t-\tau)\mathrm{d}\tau$$

存在，则称此积分为 $f_1(t)$ 与 $f_2(t)$ 的**卷积**，记为 $f_1(t)*f_2(t)$.

容易验证卷积运算满足下面的基本运算律.

(1) 交换律：$f_1(t)*f_2(t)=f_2(t)*f_1(t)$；

(2) 结合律：$f_1(t)*[f_2(t)*f_3(t)]=[f_1(t)*f_2(t)]*f_3(t)$；

(3) 分配律：$[f_1(t)+f_2(t)]*f_3(t)=f_1(t)*f_3(t)+f_2(t)*f_3(t)$.

以下假定作卷积的函数都在 $t<0$ 时是恒为 0 的函数.

例 8.18 求 $\sin t$ 与 $\cos t$ 卷积.

解

$$\begin{aligned}
&\sin t * \cos t \\
&= \int_0^t \sin\tau \cos(t-\tau)\mathrm{d}\tau \\
&= \frac{1}{2}\int_0^t [\sin t + \sin(2\tau - t)]\mathrm{d}\tau \\
&= \frac{t}{2}\sin t.
\end{aligned}$$

卷积无论在拉普拉斯变换的理论方面还是应用方面，都起着重要的作用，这主要是它具有如下定理中所说的性质.

定理 8.5（卷积定理） 设 $f_1(t)$，$f_2(t)$ 都满足定理 8.1 的条件，且

$$\mathscr{L}[f_1(t)]=F_1(s), \operatorname{Re} s > C_1;$$
$$\mathscr{L}[f_2(t)]=F_2(s), \operatorname{Re} s > C_2,$$

则 $f_1(t)*f_2(t)$ 的拉普拉斯变换存在，而且

$$\mathscr{L}[f_1(t)*f_2(t)]=F_1(s)\cdot F_2(s), \tag{8-24}$$

或

$$\mathcal{L}^{-1}[F_1(s) \cdot F_2(s)] = f_1(t) * f_2(t).$$

证 容易验证 $f_1(t) * f_2(t)$ 满足定理 8.1 的条件,所以 $f_1(t) * f_2(t)$ 的拉普拉斯变换存在,而且

$$\mathcal{L}[f_1(t) * f_2(t)] = \int_0^{+\infty} [f_1(t) * f_2(t)] e^{-st} dt$$
$$= \int_0^{+\infty} [\int_0^t f_1(\tau) * f_2(t-\tau) d\tau] e^{-st} dt.$$

这是一个广义二重积分,积分域为 $D: 0 \leqslant t < +\infty$,$0 \leqslant \tau \leqslant t$(图 8-5),由于二重积分在 D 绝对可积,可变换积分次序,所以

$$\mathcal{L}[f_1(t) * f_2(t)] = \int_0^{+\infty} f_1(\tau) [\int_\tau^{+\infty} f_2(t-\tau) e^{-st} dt] d\tau$$

令 $t - \tau = u$,则

$$\int_\tau^{+\infty} f_2(t-\tau) e^{-st} dt$$
$$= \int_0^{+\infty} f_2(u) e^{-s(u+\tau)} du = e^{-s\tau} F_2(s),$$

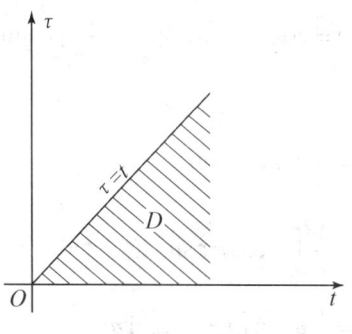

图 8-5

从而,有

$$\mathcal{L}[f_1(t) * f_2(t)] = \int_0^{+\infty} f_1(\tau) e^{-s\tau} F_2(s) d\tau$$

$$= F_2(s) \int_0^{+\infty} f_1(\tau) e^{-s\tau} d\tau$$
$$= F_1(s) F_2(s).$$

式(8-24)推广到一般情形，有：
$$\mathscr{L}[f_1(t) * f_2(t) * \cdots * f_n(t)] = F_1(s) F_2(s) \cdots F_n(s).$$

用卷积定理也可求一些函数的拉普拉斯逆变换.

例 8.19 求 $F(s) = \dfrac{1}{s^2(1+s^2)}$ 的拉普拉斯逆变换.

解 因 $F(s) = \dfrac{1}{s^2} \cdot \dfrac{1}{s^2+1}$，取 $F_1(s) = \dfrac{1}{s^2}$，$F_2(s) = \dfrac{1}{s^2+1}$，由卷积定理得出

$$f(t) = f_1(t) * f_2(t) = t * \sin t = t - \sin t.$$

例 8.20 求 $F(s) = \dfrac{s}{(s^2+a^2)^2}$ (a 为常数)的拉普拉斯变换.

解 $F(s) = \dfrac{1}{a} \dfrac{s}{s^2+a^2} \dfrac{a}{s^2+a^2}$，

$$\mathscr{L}^{-1}\left[\dfrac{s}{s^2+a^2}\right] = \cos at, \quad \mathscr{L}^{-1}\left[\dfrac{a}{s^2+a^2}\right] = \sin at,$$

由卷积定理得到：

$$\mathscr{L}^{-1}[F(s)] = \dfrac{1}{a} \cos at * \sin at$$
$$= \dfrac{1}{a} \int_0^t \cos a\tau \sin a(t-\tau) d\tau$$
$$= \dfrac{1}{a} \dfrac{t}{2} \sin at = \dfrac{t}{2a} \sin at.$$

§8.5 微分、积分方程的拉普拉斯变换解法

由于拉普拉斯变换能将像原函数的微分、积分和卷积运算，变换为

像函数的乘、除运算,于是,可通过拉普拉斯变换,把求解微分、积分方程转化为求解代数方程. 求解过程的示意图见图 8-6.

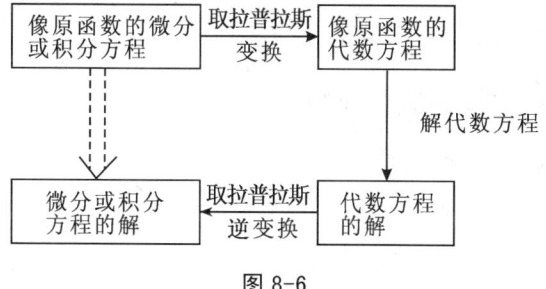

图 8-6

例 8.21 求微分方程初值问题的解:
$$\begin{cases} x'' + 2x' - 3x = e^{-t}; \\ x(0) = 0, x'(0) = 1. \end{cases}$$

解 设 $X(s) = \mathscr{L}[x(t)]$,对方程两边取拉普拉斯变换,并考虑到初始条件,则得
$$s^2 X(s) - sx(0) - x'(0) + 2[sX(s) - x(0)] - 3X(s) = \frac{1}{s+1},$$
即
$$s^2 X(s) - 1 + 2sX(s) - 3X(s) = \frac{1}{s+1},$$
$$(s^2 + 2s - 3)X(s) = \frac{1}{s+1} + 1.$$
这个代数方程的解为
$$X(s) = \frac{1 + \dfrac{1}{s+1}}{s^2 + 2s - 3} = \frac{s+2}{(s+1)(s-1)(s+3)},$$
取 $X(s)$ 的拉普拉斯逆变换,得
$$x(t) = \mathscr{L}^{-1}[X(s)]$$

$$= \frac{(s+2)\mathrm{e}^{st}}{(s-1)(s+3)}\bigg|_{s=-1} + \frac{(s+2)\mathrm{e}^{st}}{(s+3)(s+1)}\bigg|_{s=1} + \frac{(s+2)\mathrm{e}^{st}}{(s+1)(s-1)}\bigg|_{s=-3}$$

$$= -\frac{\mathrm{e}^{-t}}{4} + \frac{3\mathrm{e}^{t}}{8} - \frac{\mathrm{e}^{-3t}}{8}$$

$$= \frac{1}{8}(3\mathrm{e}^{t} - 2\mathrm{e}^{-t} - \mathrm{e}^{3t}),$$

这便是所求微分方程的解.

例 8.22 求微分方程初值问题的解:

$$\begin{cases} x''' + 3x'' + 3x' + x = 6\mathrm{e}^{-t}; \\ x''(0) = x'(0) = x(0) = 0. \end{cases}$$

解 设 $\mathscr{L}[x(t)] = X(s)$,对方程两边取拉普拉斯变换并考虑到初始条件,得

$$s^3 X(s) + 3s^2 X(s) + 3sX(s) + X(s) = \frac{6}{s+1},$$

解出 $X(s)$ 为

$$X(s) = \frac{6}{(s+1)^4}.$$

求出 $X(s)$ 的拉普拉斯逆变换,得到方程的解为

$$x(t) = \mathscr{L}^{-1}[X(s)] = \mathscr{L}^{-1}\left[\frac{3!}{(s+1)^4}\right] = t^3 \mathrm{e}^{-t}.$$

例 8.23 求微分方程组

$$\begin{cases} x' + x - y = \mathrm{e}^{t}; \\ y' + 3x - 2y = 2\mathrm{e}^{t} \end{cases}$$

满足初始条件 $x(0) = y(0) = 1$ 的解.

解 设 $\mathscr{L}[x(t)] = X(s)$, $\mathscr{L}[y(t)] = Y(s)$,对方程组的两个方程两边取拉普拉斯变换,并考虑到初始条件,则得

$$\begin{cases} sX(s)-1+X(s)-Y(s)=\dfrac{1}{s-1}; \\ sY(s)-1+3X(s)-2Y(s)=\dfrac{2}{s-1}. \end{cases}$$

解出 $X(s), Y(s)$ 为

$$X(s)=\frac{1}{s-1}, \quad Y(s)=\frac{1}{s-1}.$$

于是求得原方程组的解为

$$\begin{cases} x(t)=\mathrm{e}^t; \\ y(t)=\mathrm{e}^t. \end{cases}$$

例 8.24 求积分方程

$$\varphi(t)=at+\int_0^t \varphi(\tau)\sin(t-\tau)\mathrm{d}\tau$$

的解.

解 设未知函数 $\varphi(t)$ 的拉普拉斯变换为 $\varPhi(s)$，对方程两边取拉普拉斯变换，得

$$\varPhi(s)=\frac{a}{s^2}+\mathscr{L}[\varphi(t)*\sin t],$$

即

$$\varPhi(s)=\frac{a}{s^2}+\varPhi(s)\frac{1}{s^2+1}.$$

解出 $\varPhi(s)$，为

$$\varPhi(s)=\frac{a(s^2+1)}{s^4}.$$

取逆变换，得原积分方程的解为

$$\varphi(t)=\mathscr{L}^{-1}[\frac{a(s^2+1)}{s^4}]$$

$$=\mathscr{L}^{-1}[\frac{a}{s^2}+\frac{a}{6}\frac{3!}{s^4}]=at+\frac{a}{6}t^3.$$

在电路本身条件有变化，如打开或合上开关，接入或断开某些元

件,增大或减小某些元件的参数,以改变电路中某些接线方式,电路的工作状态就要改变,这种变化总要经历一段时间才能达到稳定状态.在达到稳定状态这段时间内,电路中变化着的工作状态,称为瞬态,研究瞬态过程,常借助于微分或积分方程.

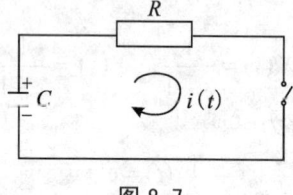

图 8-7

例 8.25 如图 8-7 所示的简单电路中,电容器上储存的初始电荷为 $q(0)$,合上开关后,放电电流 $i(t)$ 满足积分方程

$$Ri(t) + \frac{1}{C}\int_0^t i(t)\mathrm{d}t = \frac{q(0)}{C}.$$

要求出 $i(t)$,可对方程两边取拉普拉斯变换,即

$$R\mathscr{L}[i(t)] + \frac{1}{C}\mathscr{L}\left[\int_0^t i(t)\mathrm{d}t\right] = \frac{q(0)}{C}\mathscr{L}[1].$$

设 $\mathscr{L}[i(t)] = I(s)$,便得 $I(s)$ 满足的代数方程

$$RI(s) + \frac{1}{C}\frac{1}{s}I(s) = \frac{q(0)}{C}\frac{1}{s},$$

解出 $I(s)$ 为

$$I(s) = \frac{q(0)}{Cs\left(R + \dfrac{1}{sC}\right)} = \frac{q(0)}{RC}\left(\frac{1}{s + \dfrac{1}{RC}}\right).$$

再取拉普拉斯逆变换,便得

$$i(t) = \frac{q(0)}{RC}\mathrm{e}^{-\frac{t}{RC}} = \frac{V_0}{R}\mathrm{e}^{-\frac{t}{RC}},$$

其中,$V_0 = \dfrac{q(0)}{C}$ 是电容器的初始电压.

例 8.26 在图 8-7 的 RC 电路中,若外加一个电动势为 $e(t)$(图 8-8),

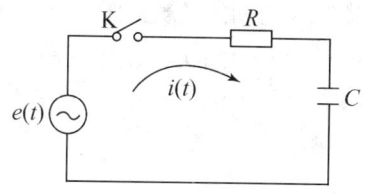

图 8-8

则在开关合上后，电容器两端电压 $u(t)$ 满足微分方程：$RCu'(t)+u(t)=e(t)$，并满足初始条件 $u(0)=0$. 要求出 $u(t)$，可对方程两端取拉普拉斯变换，并考虑到初始条件，则得

$$RC\mathscr{L}[u'(t)]+\mathscr{L}[u(t)]=\mathscr{L}[e(t)].$$

即

$$RCs\mathscr{L}[u(t)]+\mathscr{L}[u(t)]=\mathscr{L}[e(t)].$$

设 $\mathscr{L}[u(t)]=U(s)$，$\mathscr{L}[e(t)]=E(s)$（已知），得 $U(s)$ 满足的代数方程：

$$RCsU(s)+U(s)=E(s),$$

解出 $U(s)$ 为

$$U(s)=\frac{E(s)}{1+RCs}=\frac{1}{RC}\frac{E(s)}{s+\dfrac{1}{RC}}.$$

取逆变换便得到 $\quad u(t)=\dfrac{1}{RC}[\mathrm{e}^{-\frac{t}{RC}}*e(t)].$

§8.6 习题

1. 求下列函数的拉普拉斯变换：

   (1) $f(t)=\begin{cases}3, & 0\leqslant t<2;\\-1, & 2\leqslant t<4;\\0, & t\geqslant 4.\end{cases}$ \qquad (2) $f(t)=|\sin t|.$

(3) 设 $f(t)$ 是以 2π 为周期的函数,且在一周期内的表达式为
$$f(t)=\begin{cases}\sin t, & 0\leqslant t<\pi;\\ 0, & \pi\leqslant t<2\pi.\end{cases}$$

(4) 图 8-9 所示函数.

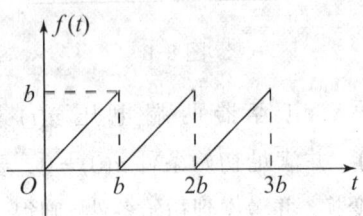

图 8-9

(5) $f(t)=\begin{cases}3, & 0\leqslant t\leqslant\dfrac{\pi}{2};\\ \cos t, & t>\dfrac{\pi}{2}.\end{cases}$

2. 利用拉普拉斯变换的性质,求下列函数的拉普拉斯变换.

(1) $f(t)=t^2+3t+2$; (2) $f(t)=1-te^t$;

(3) $f(t)=(t-1)^2 e^t$; (4) $f(t)=t\cos at$;

(5) $f(t)=e^{2t}\sin 6t$; (6) $f(t)=t^n e^{at}$ (n 为自然数);

(7) $f(t)=\cos^2 t$;

(8) 阶梯函数
$$f(t)=\begin{cases}0, & t<0;\\ 8, & 0\leqslant t<2;\\ 6, & t\geqslant 2.\end{cases}$$

3. (相似性质) 设 $\mathscr{L}[f(t)]=F(s), a>0$,证明 $\mathscr{L}[f(at)]=\dfrac{1}{a}F(\dfrac{s}{a})$.

4. 利用微分性质,计算下列各题:

(1) $f(t)=te^{-3t}\sin 2t$,求 $\mathscr{L}[f(t)]$.

(2) $f(t) = \int_0^t t e^{-3t} \sin 2t \, dt$,求 $\mathscr{L}[f(t)]$.

(3) $F(s) = \ln \dfrac{s+1}{s-1}$,求 $\mathscr{L}^{-1}[F(s)]$.

5. 利用积分性质,计算下列各题

(1) $f(t) = \dfrac{1}{t} e^{-3t} \sin 2t$,求 $\mathscr{L}[f(t)]$;

(2) $f(t) = \int_0^t \dfrac{1}{t} e^{-3t} \sin 2t \, dt$,求 $\mathscr{L}[f(t)]$.

(3) $F(s) = \dfrac{s}{(s^2-1)^2}$,求 $\mathscr{L}^{-1}[F(s)]$.

6. 利用拉普拉斯变换性质,计算下列各积分:

(1) $\int_0^{+\infty} \dfrac{1-\cos t}{t} e^{-t} dt$;

(2) $\int_0^{+\infty} e^{-3t} \cos 2t \, dt$;

(3) $\int_0^{+\infty} t e^{-2t} dt$;

(4) $\int_0^{+\infty} \dfrac{e^{-t} \sin^2 t}{t} dt$;

(5) $\int_0^{+\infty} t^3 e^{-t} \sin t \, dt$;

(6) $\int_0^{+\infty} \dfrac{\sin^2 t}{t^2} dt$.

7. 求下列各函数的拉普拉斯逆变换.

(1) $F(s) = \dfrac{s+1}{s^2+s-6}$;

(2) $F(s) = \dfrac{2s}{s^2+9}$;

(3) $F(s) = \dfrac{s+2}{s(s^2-1)}$;

(4) $F(s) = \dfrac{1}{s^2(s^2-1)}$;

(5) $F(s) = \dfrac{s^2+2s-1}{s(s^2-1)^2}$;

(6) $F(s) = \dfrac{1}{s^4-a^4}$.

8. 查表求下列各函数的拉普拉斯逆变换:

(1) $F(s) = \dfrac{1}{(s^2+4)^2}$;

(2) $F(s) = \ln \dfrac{s^2-1}{s^2}$;

(3) $F(s) = \dfrac{2s+1}{s(s+1)(s+2)}$;

(4) $F(s) = \dfrac{1}{s^4+5s^2+4}$;

(5) $F(s) = \dfrac{s+1}{9s^2+6s+5}$; (6) $F(s) = \dfrac{1}{(s^2+2s+2)^2}$.

9. 设 $f_1(t), f_2(t)$ 均满足定理 8.1 的条件(它们的增长指数均为 C), 且 $\mathscr{L}[f_1(t)] = F_1(s)$, $\mathscr{L}[f_2(t)] = F_2(s)$, 证明 $f_1(t) \cdot f_2(t)$ 的拉普拉斯变换存在, 且

$$\mathscr{L}[f_1(t) \cdot f_2(t)] = \dfrac{1}{2\pi i}\int_{\beta-i\infty}^{\beta+i\infty} F_1(\tau)F_2(s-\tau)\mathrm{d}t \ (\beta > C, \mathrm{Re}\,s > \beta + C).$$

10. 求下列各卷积

 (1) $1*1$; (2) $t*t$;

 (3) $t^m * t^n$ (m, n 均为自然数); (4) $\sin t * \sin t$;

 (5) $t * \sinh t$.

11. 利用卷积定理证明

$$\mathscr{L}^{-1}[\dfrac{1}{\sqrt{s}(s-1)}] = \dfrac{2}{\sqrt{\pi}}\int_0^{\sqrt{t}} \mathrm{e}^{-\tau^2}\mathrm{d}\tau.$$

12. 求下列微分方程的解:

 (1) $\begin{cases} x'' + 4x' + 3x = \mathrm{e}^{-t}; \\ x(0) = x'(0) = 1. \end{cases}$

 (2) $\begin{cases} x'' + 3x' + 2x = u(t-1); \\ x(0) = 0, x'(0) = 1, \end{cases}$ 其中 $u(t-1) = \begin{cases} 1, & t \geqslant 1; \\ 0, & t < 1. \end{cases}$

 (3) $\begin{cases} x'' - x = 4\sin t + 5\cos 2t; \\ x(0) = -1, x'(0) = -2. \end{cases}$

 (4) $\begin{cases} x''' + 3x'' + 3x' + x = 1; \\ x(0) = x'(0) = x''(0) = 0. \end{cases}$

(5) $\begin{cases} x^{(4)} + 2x'' + x = 0; \\ x(0) = x'(0) = x'''(0) = 0, x''(0) = 1. \end{cases}$

13. 求下列微分方程组的解：

(1) $\begin{cases} -x'' + y'' + x' - y = e^t - 2; \\ -x'' + 2y'' - 2y' + x = -t; \\ x(0) = x'(0) = 0; \\ y(0) = y'(0) = 0. \end{cases}$

(2) $\begin{cases} (2x'' - x' + 9x) - (y'' + y' + 3y) = 0; \\ (2x'' + x' + 7x) - (y'' - y' + 5y) = 0; \\ x(0) = x'(0) = 1; \\ y(0) = y'(0) = 0. \end{cases}$

(3) $\begin{cases} x'' + y - x + z = 0; \\ x + y'' - y + z = 0; \\ x + y + z'' - z = 0; \\ x(0) = 1, x'(0) = 0; \\ y(0) = y'(0) = 0; \\ z(0) = z'(0) = 0. \end{cases}$

14. 求解下列积分方程：

(1) $\varphi(t) = \int_0^t \varphi(\tau)\mathrm{d}\tau + 1;$

(2) $\int_0^t \sin(t-\tau)\varphi(\tau)\mathrm{d}\tau = 1 - \cos t;$

(3) $\int_0^t \varphi(\tau)e^{t-\tau}\mathrm{d}\tau = \varphi(t) - e^t.$

15. 设 $\varphi(t), k(t), g(t)$ 均满足定理 8.1 的条件，证明关于 $\varphi(t)$ 的积分方程
$$\varphi(t) = g(t) + \int_0^t k(t-\tau)\varphi(\tau)\mathrm{d}\tau$$
的解为 $\varphi(t) = g(t) + q(t) * g(t)$，
其中
$$q(t) = \mathscr{L}^{-1}\left[\frac{K(s)}{1-K(s)}\right], \quad K(s) = \mathscr{L}[k(t)].$$

第九章 傅里叶变换

傅里叶(Fourier)变换,简称傅氏变换,像拉普拉斯变换一样,它也是一种化繁为简,变难为易的重要数学运算工具,它的理论与方法在数学的许多分支以及其他自然科学和工程技术领域中,都有着广泛的应用.

§9.1 傅里叶变换的概念及其存在定理

定义 9.1 若积分 $\int_{-\infty}^{+\infty} f(t) e^{-i\omega t} dt$ 收敛,记

$$F(\omega) = \mathcal{F}[f(t)] = \int_{-\infty}^{+\infty} f(t) e^{-i\omega t} dt. \tag{9-1}$$

称 $F(\omega)$ 为 $f(t)$ 的**傅里叶变换**,其中 $i^2 = -1$,ω, t 为实数,无穷积分是主值意义下的,即

$$\int_{-\infty}^{+\infty} f(t) e^{-i\omega t} dt = \lim_{A \to +\infty} \int_{-A}^{A} f(t) e^{-i\omega t} dt \quad (A > 0).$$

若 $f(t)$ 的傅里叶变换 $F(\omega)$ 存在,则称 $f(t)$ 为 $F(\omega)$ 的**傅里叶逆变换**,记为 $\mathcal{F}^{-1}[F(\omega)]$,即 $f(t) = \mathcal{F}^{-1}[F(\omega)]$.

$F(\omega)$ 又称为 $f(t)$ 的**像函数**,$f(t)$ 称为 $F(\omega)$ 的**像原函数**.

显然,$F(\omega)$ 是在 $(-\infty, +\infty)$ 上定义,取复数值的实变复值函数.

定理 9.1 若 $f(t)$ 在 $(-\infty, +\infty)$ 绝对可积,即 $\int_{-\infty}^{+\infty} |f(t)| dt$ 收敛,则 $F(\omega)$ 在 $(-\infty, +\infty)$ 存在且连续.

证 因

$$|f(t)\mathrm{e}^{-\mathrm{i}\omega t}| \leqslant |f(t)|, t \in (-\infty, +\infty),$$

由假设 $f(t)$ 在 $(-\infty, +\infty)$ 绝对可积，故知 $\int_{-\infty}^{+\infty} f(t)\mathrm{e}^{-\mathrm{i}\omega t} \mathrm{d}t$ 在 $(-\infty, +\infty)$ 一致收敛，于是 $F(\omega)$ 在 $(-\infty, +\infty)$ 存在.

要证 $F(\omega)$ 在 $(-\infty, +\infty)$ 连续，只须证对任意给定的 $\varepsilon > 0$，能找到 $\delta > 0$，使得当 $|\Delta\omega| < \delta$ 时，恒有

$$|\Delta F| = |F(\omega + \Delta\omega) - F(\omega)| < \varepsilon.$$

因 $\int_{-\infty}^{+\infty} |f(t)| \mathrm{d}t$ 收敛，故存在 $K > 0$，使 $\int_{|t| \geqslant K} |f(t)| \mathrm{d}t < \dfrac{\varepsilon}{4}$，而

$$\begin{aligned}
|\Delta F| &= |\int_{-\infty}^{+\infty} f(t)\mathrm{e}^{-\mathrm{i}(\omega + \Delta\omega)t} \mathrm{d}t - \int_{-\infty}^{+\infty} f(t)\mathrm{e}^{-\mathrm{i}\omega t} \mathrm{d}t| \\
&= |\int_{-\infty}^{+\infty} f(t)[\mathrm{e}^{-\mathrm{i}(\omega + \Delta\omega)t} - \mathrm{e}^{-\mathrm{i}\omega t}] \mathrm{d}t| \\
&= |\int_{-\infty}^{+\infty} f(t) \frac{\mathrm{e}^{\mathrm{i}\omega t} - \mathrm{e}^{\mathrm{i}(\omega + \Delta\omega)t}}{\mathrm{e}^{\mathrm{i}\omega t} \cdot \mathrm{e}^{\mathrm{i}(\omega + \Delta\omega)t}} \mathrm{d}t| \\
&\leqslant \int_{-\infty}^{+\infty} |f(t)| |\mathrm{e}^{\mathrm{i}\omega t} - \mathrm{e}^{\mathrm{i}(\omega + \Delta\omega)t}| \mathrm{d}t \\
&\leqslant 2\int_{|t| \geqslant K} |f(t)| \mathrm{d}t + \int_{-K}^{K} |f(t)| |\mathrm{e}^{-\mathrm{i}\Delta\omega t} - 1| \mathrm{d}t \\
&\leqslant 2 \frac{\varepsilon}{4} + |\Delta\omega| K \int_{-K}^{K} |f(t)| \mathrm{d}t.
\end{aligned}$$

取

$$\delta = \frac{\varepsilon}{2K \int_{-K}^{K} |f(t)| \mathrm{d}t},$$

则当 $|\Delta\omega| < \delta$ 时，恒有 $|\Delta F| < \varepsilon$.

在频谱分析中，$F(\omega)$ 称为 $f(t)$ 的**频谱密度函数**，简称**频谱函数**，$|F(\omega)|$ 称为 $f(t)$ 的**振幅频谱**，简称**频谱**，其图形称为**频谱图**，因为 $|F(\omega)|$ 是连续的偶函数，故其图形是关于纵轴对称的连续曲线.

例 9.1 求单个脉冲

$$f(t) = \begin{cases} E, & |t| \leqslant \dfrac{\tau}{2}, E > 0; \\ 0, & |t| > \dfrac{\tau}{2} \end{cases}$$

的频谱函数(图 9-1),并作出频谱图.

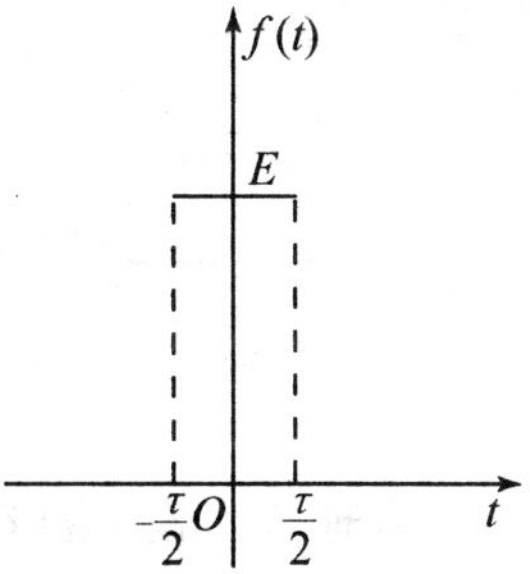

解 当 $\omega = 0$ 时,

$$F(\omega) = \int_{-\infty}^{+\infty} f(t) \mathrm{d}t = \int_{-\frac{\tau}{2}}^{\frac{\tau}{2}} E \mathrm{d}t = E\tau.$$

当 $\omega \neq 0$ 时,

$$F(\omega) = \int_{-\infty}^{+\infty} f(t) \mathrm{e}^{-\mathrm{i}\omega t} \mathrm{d}t = \int_{-\frac{\tau}{2}}^{\frac{\tau}{2}} E \mathrm{e}^{-\mathrm{i}\omega t} \mathrm{d}t$$

$$= -\frac{E}{\mathrm{i}\omega} \mathrm{e}^{-\mathrm{i}\omega t} \bigg|_{-\frac{\tau}{2}}^{\frac{\tau}{2}} = -\frac{E}{\mathrm{i}\omega}(\mathrm{e}^{-\frac{1}{2}\mathrm{i}\omega\tau} - \mathrm{e}^{\frac{1}{2}\mathrm{i}\omega\tau})$$

$$= \frac{2E}{\omega} \sin \frac{\omega\tau}{2}.$$

图 9-1

因 $\lim\limits_{\omega \to 0} \dfrac{2E}{\omega} \sin \dfrac{\omega\tau}{2} = E\tau$,故在工程上也常将 $F(\omega)$ 用统一的公式 $F(\omega) = \dfrac{2E}{\omega} \sin \dfrac{\omega\tau}{2}$ 来表示单个脉冲函数的傅里叶变换,而不再区分 $\omega \neq 0$ 和 $\omega = 0$ 两种情况.当 $\omega = 0$ 时,利用 $F(\omega)$ 在 $\omega \to 0$ 的极限来表示. $f(t)$ 的频谱为

$$|F(\omega)| = 2E \left| \frac{\sin \dfrac{\omega\tau}{2}}{\omega} \right|.$$

频谱图如图 9-2 所示.

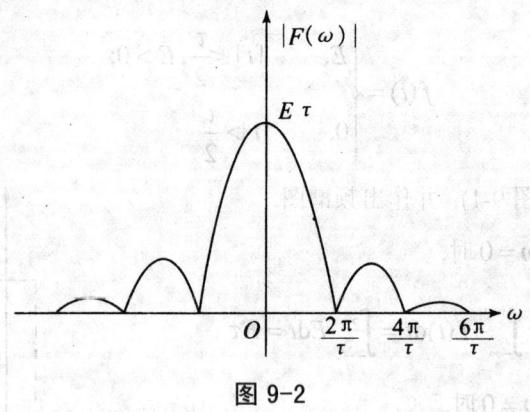

图 9-2

定理 9.2 设 $f(t)$ 在 $(-\infty,+\infty)$ 绝对可积, 且在任一有限区间 (a,b) 满足狄里克雷(Dirichlet)条件:

(1) $f(t)$ 在 (a,b) 连续, 或只有有限多个第一类间断点;

(2) 可将 (a,b) 分成有限多个小区间, 使 $f(t)$ 在每个小区间上单调.

则对每个 $t \in (-\infty,+\infty)$, 有

$$\frac{1}{2\pi}\int_{-\infty}^{+\infty} F(\omega)e^{i\omega t}d\omega = \frac{1}{2}[f(t-0)+f(t+0)]. \tag{9-2}$$

其中的无穷积分是主值意义下的, 即

$$\int_{-\infty}^{+\infty} F(\omega)e^{i\omega t}d\omega = \lim_{A\to+\infty}\int_{-A}^{A} F(\omega)e^{i\omega t}d\omega (A>0).$$

证

$$\frac{1}{2\pi}\int_{-\infty}^{+\infty} F(\omega)e^{i\omega t}d\omega$$
$$= \frac{1}{2\pi}\lim_{A\to+\infty}\int_{-A}^{A} F(\omega)e^{i\omega t}d\omega$$
$$= \frac{1}{2\pi}\lim_{A\to+\infty}\int_{-A}^{A} [\int_{-\infty}^{+\infty} f(\tau)e^{-i\omega\tau}d\tau]e^{i\omega t}d\omega,$$

因 $\int_{-\infty}^{+\infty} f(\tau)e^{-i\omega\tau}d\tau$ 一致收敛, 故上式右边的二次积分可交换次序, 于是

$$\frac{1}{2\pi}\int_{-\infty}^{+\infty}F(\omega)e^{i\omega t}d\omega$$
$$=\frac{1}{2\pi}\lim_{A\to+\infty}\int_{-\infty}^{+\infty}f(\tau)[\int_{-A}^{A}e^{-i\omega(\tau-t)}d\omega]d\tau$$
$$=\frac{1}{\pi}\lim_{A\to+\infty}\int_{-\infty}^{+\infty}f(\tau)\frac{\sin A(\tau-t)}{\tau-t}d\tau,$$

令 $u=\tau-t$，则得

$$\int_{-\infty}^{+\infty}f(\tau)\frac{\sin A(\tau-t)}{\tau-t}d\tau=\int_{-\infty}^{+\infty}f(u+t)\frac{\sin Au}{u}du,$$

而

$$\lim_{A\to+\infty}\int_{-\infty}^{+\infty}f(t+u)\frac{\sin Au}{u}du=\frac{\pi}{2}[f(t-0)+f(t+0)],$$

故得

$$\frac{1}{2\pi}\int_{-\infty}^{+\infty}F(\omega)e^{i\omega t}d\omega=\frac{1}{2}[f(t-0)+f(t+0)].$$

定理 9.3 在定理 9.2 的条件下，若 E 为 $f(t)$ 在 $(-\infty,+\infty)$ 内连续点组成的集合，则 $t\in E$ 时，

$$f(t)=\mathcal{F}^{-1}[F(\omega)]=\frac{1}{2\pi}\int_{-\infty}^{+\infty}F(\omega)e^{i\omega t}d\omega. \qquad (9\text{-}3)$$

证 $t\in E$ 时，$f(t-0)+f(t+0)=f(t)$，由式(9-2)便得式(9-3).

定义 9.2 在定理 9.3 的条件下，有

$$f(t)=\frac{1}{2\pi}\int_{-\infty}^{+\infty}[\int_{-\infty}^{+\infty}f(t)e^{-i\omega t}dt]e^{i\omega t}d\omega \quad (t\in E). \qquad (9\text{-}4)$$

式(9-4)右端的积分，称为 $f(t)$ 的**傅里叶积分**.

由定义 9.2 看出，在定理 9.2 的条件下，在 $f(t)$ 连续点的集合 E 上，

$$F(\omega)=\mathcal{F}[f(t)]=\int_{-\infty}^{+\infty}f(t)e^{-i\omega t}dt$$

与

$$f(t)=\mathcal{F}^{-1}[F(\omega)]=\frac{1}{2\pi}\int_{-\infty}^{+\infty}F(\omega)e^{i\omega t}d\omega$$

组成一个傅里叶变换对,并且有:
$$\mathcal{F}[\mathcal{F}^{-1}[F(\omega)]] = F(\omega);$$
$$\mathcal{F}^{-1}[\mathcal{F}[f(t)]] = f(t), \quad t \in E.$$

例 9.2 求函数
$$f(t) = \begin{cases} e^{-\beta t}, & t \geq 0, \\ 0, & t < 0 \end{cases} \quad (常数 \beta > 0)$$ 的傅里叶变换,作频谱图,

并证明
$$\int_0^{+\infty} \frac{\beta \cos \omega t + \omega \sin \omega t}{\beta^2 + \omega^2} = \begin{cases} 0, & t < 0; \\ \dfrac{\pi}{2}, & t = 0; \\ \pi e^{-\beta t}, & t > 0. \end{cases}$$

解
$$F(\omega) = \int_{-\infty}^{+\infty} f(t) e^{-i\omega t} dt$$
$$= \int_0^{+\infty} e^{-\beta t} e^{-i\omega t} dt = \int_0^{+\infty} e^{-(\beta + i\omega)t} dt$$
$$= \frac{1}{\beta + i\omega} = \frac{\beta - i\omega}{\beta^2 + \omega^2},$$

故 $|F(\omega)| = \dfrac{1}{\sqrt{\beta^2 + \omega^2}}$,其频谱图由图 9-3 表示. 由于

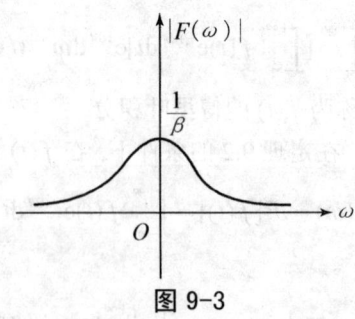

图 9-3

$$f(t) = \frac{1}{2\pi} \int_{-\infty}^{+\infty} \frac{\beta - i\omega}{\beta^2 + \omega^2} e^{i\omega t} d\omega$$

$$= \frac{1}{2\pi} \int_{-\infty}^{+\infty} \frac{\beta \cos\omega t + \omega \sin\omega t}{\beta^2 + \omega^2} d\omega$$

$$= \frac{1}{\pi} \int_{0}^{+\infty} \frac{\beta \cos\omega t + \omega \sin\omega t}{\beta^2 + \omega^2} d\omega.$$

因 $t=0$ 是 $f(t)$ 的第一类间断点，利用式(9-2)便得到

$$\frac{1}{\pi} \int_{0}^{+\infty} \frac{\beta \cos\omega t + \omega \sin\omega t}{\beta^2 + \omega^2} d\omega = \begin{cases} 0, & t < 0; \\ \dfrac{1}{2}, & t = 0; \\ e^{-\beta t}, & t > 0. \end{cases}$$

即

$$\int_{0}^{+\infty} \frac{\beta \cos\omega t + \omega \sin\omega t}{\beta^2 + \omega^2} d\omega = \begin{cases} 0, & t < 0; \\ \dfrac{\pi}{2}, & t = 0; \\ \pi e^{-\beta t}, & t > 0. \end{cases}$$

若 $f(t)$ 是满足定理 9.2 条件的偶函数，则

$$F(\omega) = \int_{-\infty}^{+\infty} f(t) e^{-i\omega t} dt$$

$$= \int_{-\infty}^{+\infty} f(t)[\cos\omega t - i\sin\omega t] dt$$

$$= 2\int_{0}^{+\infty} f(t)\cos\omega t \, dt.$$

记

$$F_C(\omega) = \int_{0}^{+\infty} f(t)\cos\omega t \, dt, \tag{9-5}$$

$F_C(\omega)$ 称为 $f(t)$ 的**傅里叶余弦变换**. 于是有

$$F(\omega) = 2F_C(\omega), \quad F_C(-\omega) = F_C(\omega).$$

又

$$f(t) = \frac{1}{2\pi}\int_{-\infty}^{+\infty} F(\omega)e^{i\omega t}d\omega = \frac{1}{\pi}\int_{-\infty}^{+\infty} F_c(\omega)e^{i\omega t}d\omega$$
$$= \frac{1}{\pi}\int_{-\infty}^{+\infty} F_c(\omega)\cos\omega t d\omega \quad (9\text{-}6)$$
$$= \frac{2}{\pi}\int_{0}^{+\infty} F_c(\omega)\cos\omega t d\omega.$$

式（9-6）称为 $F_c(\omega)$ 的**傅里叶余弦逆变换**.

若 $f(t)$ 是满足定理 9.2 条件的奇函数, 则
$$F(\omega) = \int_{-\infty}^{+\infty} f(t)e^{-i\omega t}dt = \int_{-\infty}^{+\infty} -f(t)i\sin\omega t dt$$
$$= \frac{2}{i}\int_{0}^{+\infty} f(t)\sin\omega t dt.$$

记
$$F_s(\omega) = \frac{2}{i}\int_{0}^{+\infty} f(t)\sin\omega t dt, \quad (9\text{-}7)$$

$F_s(\omega)$ 称为 $f(t)$ 的**傅里叶正弦变换**. 于是有
$$F(\omega) = \frac{2}{i}F_s(\omega), \quad F_s(-\omega) = -F_s(\omega).$$

又
$$f(t) = \frac{1}{2\pi}\int_{-\infty}^{+\infty} F(\omega)e^{i\omega t}d\omega$$
$$= \frac{1}{2\pi}\int_{-\infty}^{+\infty} \frac{2}{i}F_s(\omega)e^{i\omega t}d\omega$$
$$= \frac{2}{\pi}\int_{0}^{+\infty} F_s(\omega)\sin\omega t d\omega \quad (9\text{-}8)$$

式（9-8）称为 $F_s(\omega)$ 的**傅里叶正弦逆变换**.

若函数 $f(t)$ 在 $(0,+\infty)$ 绝对可积且在 $(0,+\infty)$ 的任一有限区间上满足狄里克雷条件, 可定义
$$\varphi(t) = \begin{cases} f(t), & 0 < t < +\infty; \\ c, & t = 0; \\ f(-t), & -\infty < t < 0, \end{cases} \quad (c\text{ 为一个常数}).$$

求出
$$\Phi_c(\omega) = \int_0^{+\infty} \varphi(t)\cos\omega t\,\mathrm{d}t = \int_0^{+\infty} f(t)\cos\omega t\,\mathrm{d}t,$$
则
$$f(t) = \frac{2}{\pi}\int_0^{+\infty} \Phi_c(\omega)\cos\omega t\,\mathrm{d}\omega.$$

也可令
$$g(t) = \begin{cases} f(t), & t > 0; \\ 0, & t = 0; \\ -f(-t), & t < 0. \end{cases}$$

求出
$$G_s(\omega) = \int_0^{+\infty} g(t)\sin\omega t\,\mathrm{d}t = \int_0^{+\infty} f(t)\sin\omega t\,\mathrm{d}t,$$
则
$$f(t) = \frac{2}{\pi}\int_0^{+\infty} G_s(\omega)\sin\omega t\,\mathrm{d}\omega.$$

例 9.3 把函数 $f(t) = \mathrm{e}^{-\beta t}$，$\beta > 0$，$t > 0$ 分别扩张成 $(-\infty, +\infty)$ 的奇函数和偶函数，并计算积分 $\int_0^{+\infty} \dfrac{\cos\omega t}{\beta^2 + \omega^2}\,\mathrm{d}\omega$ 和 $\int_0^{+\infty} \dfrac{\omega\sin\omega t}{\beta^2 + \omega^2}\,\mathrm{d}\omega$.

解 $f(t)$ 扩张为 $(-\infty, +\infty)$ 上的奇函数(如图 9-4 所示)
$$g(t) = \begin{cases} \mathrm{e}^{-\beta t}, & t > 0; \\ 0, & t = 0; \\ -\mathrm{e}^{\beta t}, & t < 0. \end{cases}$$

$f(t)$ 扩张为 $(-\infty, +\infty)$ 上的偶函数(如图 9-5 所示)
$$\varphi(t) = \begin{cases} \mathrm{e}^{-\beta t}, & t \geqslant 0; \\ \mathrm{e}^{\beta t}, & t < 0. \end{cases}$$

由于

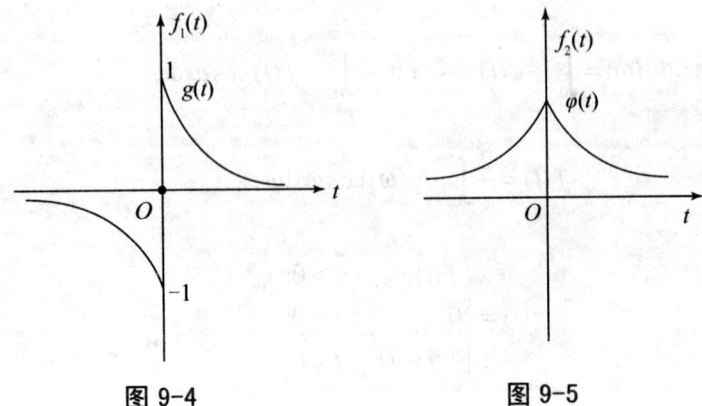

图 9-4   图 9-5

$$\int_0^{+\infty} e^{-\beta t}(\cos\omega t + i\sin\omega t)dt$$
$$=\int_0^{+\infty} e^{-\beta t} e^{i\omega t} dt$$
$$=\int_0^{+\infty} e^{-(\beta-i\omega)t} dt = \frac{\beta + i\omega}{\beta^2 + \omega^2},$$

于是, 得

$$\Phi_c(\omega) = \int_0^{+\infty} e^{-\beta t}\cos\omega t dt = \frac{\beta}{\beta^2 + \omega^2},$$

$$G_s(\omega) = \int_0^{+\infty} e^{-\beta t}\sin\omega t dt = \frac{\omega}{\beta^2 + \omega^2}.$$

利用傅里叶余弦逆变换, 得

$$\frac{2}{\pi}\int_0^{+\infty} \Phi_c(\omega)\cos\omega t d\omega$$
$$=\frac{2}{\pi}\int_0^{+\infty} \frac{\beta\cos\omega t}{\beta^2 + \omega^2}d\omega = e^{-\beta|t|}, \quad t\in(-\infty,+\infty)$$

从而, 得

$$\int_0^{+\infty} \frac{\beta\cos\omega t}{\beta^2 + \omega^2}d\omega = \frac{\pi}{2}e^{-\beta|t|}, \qquad t\in(-\infty,+\infty)$$

再利用傅里叶正弦逆变换, 得

$$\frac{2}{\pi}\int_0^{+\infty} G_s(\omega)\sin\omega t\,d\omega$$

$$=\frac{2}{\pi}\int_0^{+\infty}\frac{\omega\sin\omega t}{\beta^2+\omega^2}d\omega=\begin{cases}e^{-\beta t}, & t>0;\\ 0, & t=0;\\ -e^{\beta t}, & t<0.\end{cases}$$

从而得

$$\int_0^{+\infty}\frac{\omega\sin\omega t}{\beta^2+\omega^2}d\omega=\begin{cases}\dfrac{\pi}{2}e^{-\beta t}, & t>0;\\ 0, & t=0;\\ -\dfrac{\pi}{2}e^{\beta t}, & t<0.\end{cases}$$

例 9.4 把函数

$$f(t)=\begin{cases}1, & 0\leqslant t<a;\\ \dfrac{1}{2}, & t=a;\\ 0, & t>a,\end{cases}$$

扩张成 $(-\infty,+\infty)$ 上的偶函数，求出其傅里叶余弦变换，并计算积分 $\int_0^{+\infty}\dfrac{\sin\omega}{\omega}d\omega$.

解 $f(t)$ 扩张成 $(-\infty,+\infty)$ 上的偶函数为

$$\varphi(t)=\begin{cases}1, & |t|<a;\\ \dfrac{1}{2}, & |t|=a;\\ 0, & |t|>a.\end{cases}$$

其傅里叶余弦变换为

$$\Phi_c(\omega)=\int_0^{+\infty}\varphi(t)\cos\omega t\,dt=\int_0^a\cos\omega t\,dt=\frac{\sin\omega a}{\omega},$$

于是，有

$$\frac{2}{\pi}\int_0^{+\infty} \Phi_c(\omega)\cos\omega t d\omega = \frac{2}{\pi}\int_0^{+\infty} \frac{\sin\omega a}{\omega}\cos\omega t d\omega$$

$$= \begin{cases} 1, & |t|<a; \\ \dfrac{1}{2}, & |t|=a; \\ 0, & |t|>a. \end{cases}$$

当 $a=1, t=0$ 时，得

$$\int_0^{+\infty} \frac{\sin\omega}{\omega}d\omega = \frac{\pi}{2}.$$

§9.2 傅里叶变换的性质

以下为叙述方便，假定要求傅里叶变换的函数都满足定理9.2的条件．

1. 共轭性质 设 $\mathcal{F}[f(t)] = F(\omega)$，$\overline{F(\omega)}$ 是 $F(\omega)$ 的共轭函数，则

$$\overline{F(\omega)} = F(-\omega) \tag{9-9}$$

证

$$F(\omega) = \int_{-\infty}^{+\infty} f(t)e^{-i\omega t}dt$$

$$= \int_{-\infty}^{+\infty} f(t)\cos\omega t dt - i\int_{-\infty}^{+\infty} f(t)\sin\omega t dt,$$

$$\overline{F(\omega)} = \int_{-\infty}^{+\infty} f(t)\cos\omega t dt + i\int_{-\infty}^{+\infty} f(t)\sin\omega t dt$$

$$= \int_{-\infty}^{+\infty} f(t)e^{i\omega t}dt$$

$$= \int_{-\infty}^{+\infty} f(t)e^{-i(-\omega)t}dt = F(-\omega).$$

2. 线性性质 设 a_1, a_2 为常数，$\mathcal{F}[f_1(t)] = F_1(\omega), \mathcal{F}[f_2(t)] = F_2(\omega)$，则

$$\mathcal{F}[a_1 f_1(t) + a_2 f_2(t)] = a_1 F_1(\omega) + a_2 F_2(\omega), \tag{9-10}$$

或

$$\mathcal{F}^{-1}[a_1 F_1(\omega) + a_2 F_2(\omega)] = a_1 f_1(t) + a_2 f_2(t).$$

此性质可直接由积分的线性性质证出.

3. 位移性质 设 t_0, ω_0 为实常数, $\mathcal{F}[f(t)] = F(\omega)$, 则

$$\mathcal{F}[f(t \pm t_0)] = F(\omega) e^{\pm i\omega t_0}; \tag{9-11}$$

$$\mathcal{F}^{-1}[F(\omega \pm \omega_0)] = f(t) e^{\mp i\omega_0 t}. \tag{9-12}$$

证 证式(9-11). 作变换 $\tau = t \pm t_0$ 得

$$\mathcal{F}[f(t \pm t_0)] = \int_{-\infty}^{+\infty} f(t \pm t_0) e^{-i\omega t} dt$$

$$= \int_{-\infty}^{+\infty} f(\tau) e^{-i\omega(\tau \mp t_0)} d\tau$$

$$= e^{\pm i\omega t_0} \int_{-\infty}^{+\infty} f(\tau) e^{-i\omega \tau} d\tau = e^{\pm i\omega t_0} F(\omega).$$

类似地可以证明式(9-12).

4. 相似性质 设 k 为非零实数, $\mathcal{F}[f(t)] = F(\omega)$, 则

$$\mathcal{F}[f(kt)] = \frac{1}{|k|} F\left(\frac{\omega}{k}\right); \tag{9-13}$$

$$\mathcal{F}^{-1}[F(k\omega)] = \frac{1}{|k|} f\left(\frac{\omega}{k}\right). \tag{9-14}$$

证 证式(9-13). $k>0$ 时, 令 $\tau = kt$, 有

$$\mathcal{F}[f(kt)] = \int_{-\infty}^{+\infty} f(kt) e^{-i\omega t} dt$$

$$= \int_{-\infty}^{+\infty} f(\tau) e^{-i\left(\frac{\omega}{k}\right)\tau} \frac{1}{k} d\tau$$

$$= \frac{1}{k} \int_{-\infty}^{+\infty} f(\tau) e^{-i\left(\frac{\omega}{k}\right)\tau} d\tau = \frac{1}{k} F\left(\frac{\omega}{k}\right);$$

$k<0$ 时, 令 $\tau = kt$, 有

$$\mathcal{F}[f(kt)] = \int_{-\infty}^{+\infty} f(kt) e^{-i\omega t} dt$$

$$= \int_{+\infty}^{-\infty} f(\tau) e^{-i(\frac{\omega}{k})\tau} \frac{1}{k} d\tau$$

$$= \frac{1}{-k} \int_{-\infty}^{+\infty} f(\tau) e^{-i(\frac{\omega}{k})\tau} d\tau$$

$$= \frac{1}{-k} F(\frac{\omega}{k}).$$

综上所述知(9-13)成立,类似地可证明式(9-14)成立.

5. 微分性质 设 $\mathcal{F}[f(t)] = F(\omega)$,且 $\lim\limits_{|t| \to +\infty} f^{(k)}(t) = 0$, $k = 0,1,2,\cdots$,则

$$\mathcal{F}[f^{(n)}(t)] = (i\omega)^n F(\omega); \tag{9-15}$$

$$\mathcal{F}^{-1}[F^{(n)}(\omega)] = (-it)^n f(t), \tag{9-16}$$

式(9-16)也可写成

$$(-i)^n \mathcal{F}[t^n f(t)] = F^{(n)}(\omega). \tag{9-17}$$

证 证式(9-15).

$$\mathcal{F}[f'(t)] = \int_{-\infty}^{+\infty} f'(t) e^{-i\omega t} dt = f(t) e^{-i\omega t} \Big|_{-\infty}^{+\infty} + i\omega \int_{-\infty}^{+\infty} f(t) e^{-i\omega t} dt,$$

因 $|f(t)e^{-i\omega t}| = |f(t)|$, $\lim\limits_{|t| \to +\infty} |f(t)| = 0$,故

$$\mathcal{F}[f'(t)] = i\omega F(\omega).$$

又

$$\mathcal{F}[f''(t)] = i\omega \mathcal{F}[f'(t)] = (i\omega)^2 F(\omega).$$

依次类推,便得到式(9-15)成立.

类似地可证明式(9-16)成立.

6. 积分性质 设 $\mathcal{F}[f(t)] = F(\omega)$, $g(t) = \int_{-\infty}^{t} f(\tau) d\tau$,且 $\lim\limits_{t \to +\infty} g(t) = 0$,则

$$\mathcal{F}[g(t)] = \frac{1}{i\omega} F(\omega). \tag{9-18}$$

证 因 $g'(t) = f(t)$，故
$$\mathcal{F}[f(t)] = \mathcal{F}[g'(t)] = i\omega \mathcal{F}[g(t)].$$
从而，得
$$\mathcal{F}[g(t)] = \frac{1}{i\omega} \mathcal{F}[f(t)] = \frac{1}{i\omega} F(\omega).$$

例 9.5 设 $\mathcal{F}[f(t)] = F(\omega)$，则有
$$\mathcal{F}[f(-t)] = \frac{1}{|-1|} F\left(\frac{\omega}{-1}\right) = F(-\omega).$$

例 9.6 已知 $f(t) = \dfrac{\sin 2t}{\pi t}$ 的频谱函数为
$$F(\omega) = \begin{cases} 1, & |\omega| \leqslant 2; \\ 0, & |\omega| > 2. \end{cases}$$
求 $g(t) = f\left(\dfrac{t}{2}\right)$ 的频谱函数 $G(\omega)$．

解 由(9-13)，得
$$G(\omega) = \mathcal{F}[g(t)] = \mathcal{F}\left[f\left(\frac{t}{2}\right)\right] = 2F(2\omega) = \begin{cases} 2, & |\omega| \leqslant 1; \\ 0, & |\omega| > 1. \end{cases}$$

频谱变化情况由图 9-6 表示．从图中可以看出，$g(t)$ 图象变得比 $f(t)$ 的图象平缓，频谱增大，频率变低，频率范围由 $|\omega| < 2$ 变为 $|\omega| < 1$．

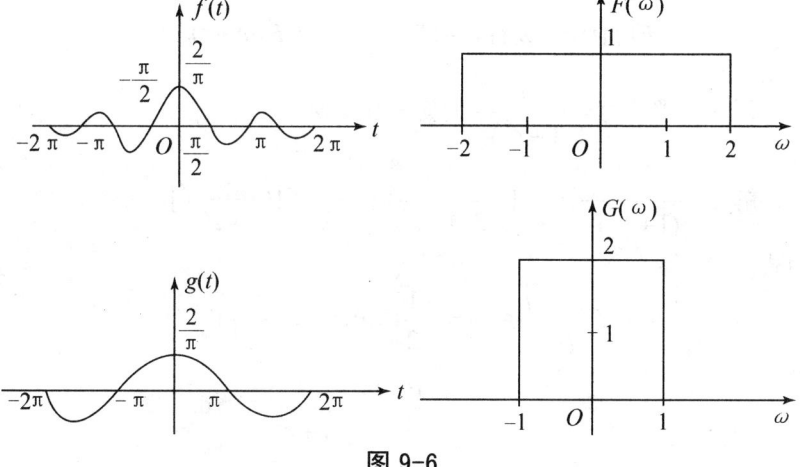

图 9-6

例 9.7 求矩形脉冲 $f(t)=\begin{cases} E, & 0<t<\tau; \\ 0, & 其他 \end{cases}$ 的频谱函数.

解 由例 9.1 知
$$f_1(t)=\begin{cases} E, & -\dfrac{\tau}{2}<t<\dfrac{\tau}{2}; \\ 0, & 其他 \end{cases}$$

的频谱函数为 $F_1(\omega)=\dfrac{2E}{\omega}\sin\dfrac{\omega\tau}{2}$,而 $f(t)$ 是 $f_1(t)$ 在 t 轴上向右平移 $\dfrac{\tau}{2}$.
由式(9-11)得

$$\mathcal{F}[f(t)]=\mathcal{F}[f_1(t-\dfrac{\tau}{2})]=\mathrm{e}^{-\mathrm{i}\omega\frac{\tau}{2}}F_1(\omega)=\dfrac{2E\sin\dfrac{\omega\tau}{2}}{\omega}\mathrm{e}^{-\mathrm{i}\omega\frac{\tau}{2}}.$$

例 9.8 设 $\mathcal{F}[f(t)]=F(\omega)$,求 $\mathcal{F}[f(t)\cos\omega_0 t]$.

解
$$\mathcal{F}[f(t)\cos\omega_0 t]=\mathcal{F}[\dfrac{1}{2}f(t)(\mathrm{e}^{\mathrm{i}\omega_0 t}+\mathrm{e}^{-\mathrm{i}\omega_0 t})]$$
$$=\dfrac{1}{2}\mathcal{F}[f(t)\mathrm{e}^{\mathrm{i}\omega_0 t}]+\dfrac{1}{2}\mathcal{F}[f(t)\mathrm{e}^{-\mathrm{i}\omega_0 t}].$$

由式(9-12)得

$$\mathcal{F}[f(t)\cos\omega_0 t]=\dfrac{1}{2}[F(\omega-\omega_0)+F(\omega+\omega_0)].$$

例 9.9 求 $f(t)=\dfrac{t}{(1+t^2)^2}$ 的傅里叶变换.

解 $\mathcal{F}[\dfrac{t}{(1+t^2)^2}]=\mathcal{F}[-\dfrac{1}{2}(\dfrac{1}{1+t^2})']=\dfrac{-1}{2}\mathcal{F}[(\dfrac{1}{1+t^2})'].$

由式(9-5),得

$$\mathcal{F}[\dfrac{t}{(1+t^2)^2}]=-\dfrac{1}{2}(\mathrm{i}\omega)\mathcal{F}[(\dfrac{1}{1+t^2})].$$
$$=-\dfrac{\mathrm{i}\omega}{2}\int_{-\infty}^{+\infty}\dfrac{1}{1+t^2}\mathrm{e}^{-\mathrm{i}\omega t}\mathrm{d}t$$

$$= -i\omega \int_0^{+\infty} \frac{\cos\omega t}{1+t^2} dt = -\frac{i\omega\pi}{2} e^{-|\omega|}.$$

例 9.10 设 $\mathcal{F}[x(t)] = X(\omega)$，且 $x(t)$ 满足微分及积分性质的条件. $\mathcal{F}[h(t)] = H(\omega)$，求解未知函数 $x(t)$ 的积—微分方程

$$ax'(t) + bx(t) + c\int_{-\infty}^{t} x(\tau)d\tau = h(t),$$

其中，a, b, c 是常数，$h(t)$ 是已知函数.

解 对方程两端取傅里叶变换，得

$$ai\omega X(\omega) + bX(\omega) + \frac{c}{i\omega} X(\omega) = H(\omega).$$

这是一个代数方程，其解为

$$X(\omega) = \frac{H(\omega)}{b + i(a\omega - \frac{c}{\omega})}.$$

于是原方程的解为

$$x(t) = \mathcal{F}^{-1}[X(\omega)] = \frac{1}{2\pi} \int_{-\infty}^{+\infty} \frac{H(\omega)}{b + i(a\omega - \frac{c}{\omega})} e^{i\omega t} d\omega.$$

§9.3 卷积与相关函数

卷积与相关函数的一些基本规律，都是傅里叶变换中更为深刻的性质，这些性质在傅里叶分析的理论系统及其应用中，都占有非常重要的位置.

定义 9.3 积分 $\int_{-\infty}^{+\infty} f_1(\tau)f_2(t-\tau)d\tau$ 称为 $f_1(t)$ 与 $f_2(t)$ 的**卷积**，记为 $f_1(t) * f_2(t)$. 即，

$$f_1(t) * f_2(t) = \int_{-\infty}^{+\infty} f_1(\tau)f_2(t-\tau)d\tau. \tag{9-19}$$

容易验证，卷积满足下边的基本运算律：

1. 交换律： $f_1(t) * f_2(t) = f_2(t) * f_1(t)$;

2. 结合律: $f_1(t)*[f_2(t)*f_3(t)]=[f_1(t)*f_2(t)]*f_3(t)$;

3. 分配律: $f_1(t)*[f_2(t)+f_3(t)]=f_1(t)*f_2(t)+f_1(t)*f_3(t)$.

例 9.11 求下面二函数的卷积.

$$f_1(t)=\begin{cases}e^{-\alpha t}, & t\geqslant 0;\\ 0, & t<0;\end{cases} \quad f_2(t)=\begin{cases}e^{-\beta t}, & t\geqslant 0;\\ 0, & t<0,\end{cases}$$

其中, $\alpha>0, \beta>0, \alpha\neq\beta$.

解 先由图 9-7 给出求 $f_1(t)*f_2(t)$ 的图解过程(图中 $\alpha<\beta$), 再结合图解算出 $f_1(t)*f_2(t)$.

由于

$$f_2(t-\tau)=\begin{cases}e^{-\beta(t-\tau)}, & t-\tau\geqslant 0, \text{即}\tau\leqslant t;\\ 0, & t-\tau<0, \text{即}\tau>t.\end{cases}$$

于是, 在 $t\geqslant 0$ 时,

$$f_1(\tau)f_2(t-\tau)=\begin{cases}e^{-\alpha\tau}e^{-\beta(t-\tau)}, & 0\leqslant\tau\leqslant t;\\ 0, & \tau<0\text{及}\tau>t\end{cases}$$

$$=\begin{cases}e^{-\beta t}e^{-(\alpha-\beta)\tau}, & 0\leqslant\tau\leqslant t;\\ 0, & \tau<0\text{及}\tau>t.\end{cases}$$

在 $t<0$ 时, $f_1(\tau)f_2(t-\tau)=0$;

从而, 在 $t\geqslant 0$ 时,

$$f_1(t)*f_2(t)=\int_0^t e^{-\beta t}e^{-(\alpha-\beta)\tau}\mathrm{d}\tau$$

$$=\frac{e^{-\beta t}}{\beta-\alpha}[e^{-(\alpha-\beta)t}-1]=\frac{e^{-\beta t}}{\beta-\alpha}e^{\beta t}[e^{-\alpha t}-e^{-\beta t}]$$

$$=\frac{1}{\beta-\alpha}[e^{-\alpha t}-e^{-\beta t}].$$

故

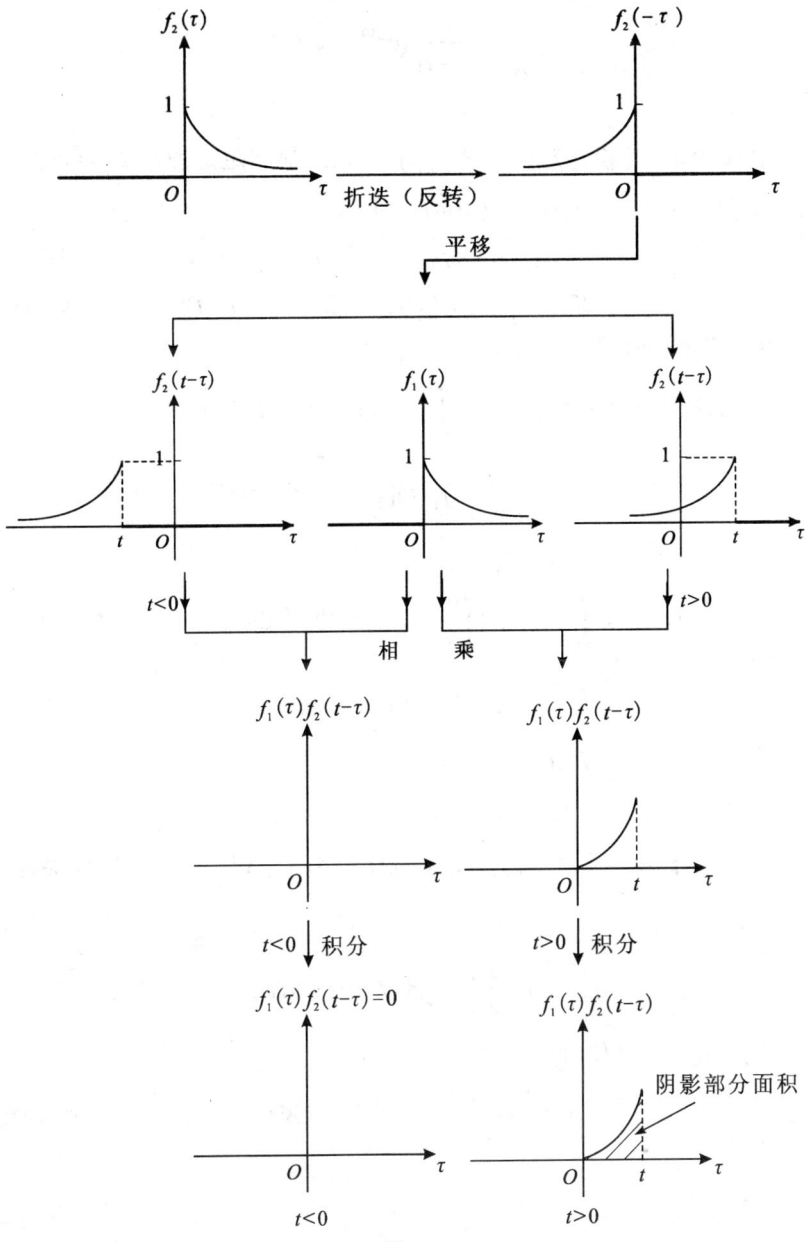

图 9-7

$$f_1(t) * f_2(t) = \begin{cases} \dfrac{1}{\beta - \alpha}[e^{-\alpha t} - e^{-\beta t}], & t \geqslant 0; \\ 0, & t < 0. \end{cases}$$

定理 9.4（卷积定理） 设 $f_1(t)$，$f_2(t)$ 都满足定理 9.2 的条件，$\mathcal{F}[f_1(t)] = F_1(\omega)$，$\mathcal{F}[f_2(t)] = F_2(\omega)$，则

$$\mathcal{F}[f_1(t) * f_2(t)] = F_1(\omega) \cdot F_2(\omega); \qquad (9\text{-}20)$$

$$\mathcal{F}^{-1}[F_1(\omega) * F_2(\omega)] = 2\pi f_1(t) \cdot f_2(t). \qquad (9\text{-}21)$$

证 先证式(9-20).

$$\mathcal{F}[f_1(t) * f_2(t)] = \int_{-\infty}^{+\infty} \left[\int_{-\infty}^{+\infty} f_1(\tau) f_2(t - \tau) \mathrm{d}\tau \right] e^{-i\omega t} \mathrm{d}t$$

$$= \int_{-\infty}^{+\infty} f_1(\tau) \left[\int_{-\infty}^{+\infty} f_2(t - \tau) e^{-i\omega t} \mathrm{d}t \right] \mathrm{d}\tau.$$

在内层积分中令 $u = t - \tau$，得

$$\mathcal{F}[f_1(t) * f_2(t)] = \int_{-\infty}^{+\infty} f_1(\tau) \left[\int_{-\infty}^{+\infty} f_2(u) e^{-i\omega(u+\tau)} \mathrm{d}u \right] \mathrm{d}\tau$$

$$= \int_{-\infty}^{+\infty} f_1(\tau) e^{-i\omega \tau} \mathrm{d}\tau \int_{-\infty}^{+\infty} f_2(u) e^{-i\omega u} \mathrm{d}u$$

$$= F_1(\omega) \cdot F_2(\omega).$$

类似地可以证明(9-21)式成立.

定义 9.4 积分 $\int_{-\infty}^{+\infty} f_1(\tau) f_2(t + \tau) \mathrm{d}\tau$ 称为 $f_1(t)$ 与 $f_2(t)$ 的**互相关函数**，记为 $q_{f_1 f_2}(t)$，即

$$q_{f_1 f_2}(t) = \int_{-\infty}^{+\infty} f_1(\tau) f_2(t + \tau) \mathrm{d}\tau. \qquad (9\text{-}22)$$

当 $f_1(t) = f_2(t) = f(t)$ 时，

$$q_{ff}(t) = \int_{-\infty}^{+\infty} f(\tau) f(t + \tau) \mathrm{d}\tau. \qquad (9\text{-}23)$$

称为 $f(t)$ 的**自相关函数**.

容易验证：

$$q_{f_1f_2}(-t) = q_{f_2f_1}(t); \qquad (9\text{-}24)$$

$$q_{ff}(-t) = q_{ff}(t); \qquad (9\text{-}25)$$

$$q_{f_1f_2}(t) = f_1(-t) * f_2(t). \qquad (9\text{-}26)$$

我们验证(9.26)

$$q_{f_1f_2}(t) = \int_{-\infty}^{+\infty} f_1(u)f_2(t+u)\mathrm{d}u,$$

令 $u = -\tau$，有

$$q_{f_1f_2}(t) = \int_{+\infty}^{-\infty} f_1(-\tau)f_2(t-\tau)(-\mathrm{d}\tau)$$

$$= \int_{-\infty}^{+\infty} f_1(-\tau)f_2(t-\tau)\mathrm{d}\tau$$

$$= f_1(-t) * f_2(t).$$

定理 9.5（相关定理） 设 $f_1(t)$，$f_2(t)$ 都满足定理 9.2 的条件，$\mathcal{F}[f_1(t)] = F_1(\omega)$，$\mathcal{F}[f_2(t)] = F_2(\omega)$，则

$$\mathcal{F}[q_{f_1f_2}(t)] = \overline{F_1(\omega)} \cdot F_2(\omega), \qquad (9\text{-}27)$$

其中 $\overline{F_1(\omega)}$ 是 $F_1(\omega)$ 的共轭函数.

证 由例 9.5，式(9-9)及卷积定理中式(9-20)并用式(9-26)，便得出

$$\mathcal{F}[q_{f_1f_2}(t)] = \mathcal{F}[f_1(-t) * f_2(t)]$$

$$= F_1(-\omega) \cdot F_2(\omega) = \overline{F_1(\omega)} \cdot F_2(\omega).$$

当 $f_1(t) = f_2(t) = f(t)$ 时，(9-27)变成

$$\mathcal{F}[q_{ff}(t)] = |F(\omega)|^2. \qquad (9\text{-}28)$$

定理 9.6 (乘积定理) 在定理 9.5 的条件下，有

$$\int_{-\infty}^{+\infty} f_1(t)f_2(t)\mathrm{d}t = \frac{1}{2\pi} \int_{-\infty}^{+\infty} \overline{F_1(\omega)} \cdot F_2(\omega)\mathrm{d}\omega. \qquad (9\text{-}29)$$

证 由(9-27),知

$$q_{f_1f_2}(t) = \frac{1}{2\pi}\int_{-\infty}^{+\infty} \overline{F_1(\omega)} \cdot F_2(\omega) e^{i\omega t} d\omega,$$

即

$$\int_{-\infty}^{+\infty} f_1(\tau)f_2(t+\tau)d\tau = \frac{1}{2\pi}\int_{-\infty}^{+\infty} \overline{F_1(\omega)} \cdot F_2(\omega) e^{i\omega t} d\omega.$$

在 $t=0$ 时,便得到式(9-29).

当 $f_1(t) = f_2(t) = f(t)$ 时,(9-29)变成了下边的**巴塞瓦(Perseval)公式**

$$\int_{-\infty}^{+\infty} f^2(t)dt = \frac{1}{2\pi}\int_{-\infty}^{+\infty} |F(\omega)|^2 d\omega. \tag{9-30}$$

$\overline{F_1(\omega)} \cdot F_2(\omega)$ 称为 $f_1(t)$ 与 $f_2(t)$ 的**互能量谱密度**,$|F(\omega)|^2$ 称为 $f(t)$ 的**能量谱密度**. 相关定理说明,互相关函数与互能量谱密度构成一个傅里叶变换对,自相关函数与能量谱密度构成一个傅里叶变换对.

例 9.12 设 $f(t) = \begin{cases} e^{-\beta t}, & t \geq 0; \\ 0, & t < 0 \end{cases}$,其中,$\beta > 0$,求 $q_{ff}(t)$ 和 $\mathcal{F}[q_{ff}(t)]$.

解 解法1. 因

$$q_{ff}(t) = \int_{-\infty}^{+\infty} f(\tau)f(t+\tau)d\tau,$$

而

$$f(\tau) = \begin{cases} e^{-\beta\tau}, & \tau \geq 0 \\ 0, & \tau < 0 \end{cases}, \qquad f(t+\tau) = \begin{cases} e^{-\beta(t+\tau)}, & \tau \geq -t; \\ 0, & \tau < -t. \end{cases}$$

它们的图形如图9-8所示.

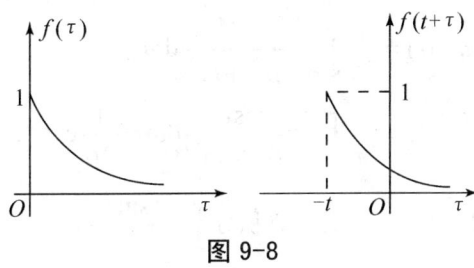

图 9-8

容易看出 $f_1(\tau)f_2(t+\tau) \neq 0$ 的区间是：当 $t \geq 0$ 时应为 $[0,+\infty)$；当 $t < 0$ 时，则为 $[-t,+\infty)$，于是，当 $t \geq 0$ 时，

$$q_{ff}(t) = \int_0^{+\infty} e^{-\beta\tau} e^{-\beta(t+\tau)} d\tau = \frac{1}{2\beta} e^{-\beta t};$$

当 $t < 0$ 时，

$$q_{ff}(t) = \int_{-t}^{+\infty} e^{-\beta\tau} e^{-\beta(t+\tau)} d\tau = \frac{1}{2\beta} e^{\beta t}.$$

故

$$q_{ff}(t) = \frac{1}{2\beta} e^{-\beta|t|}, t \in (-\infty,+\infty).$$

由于 $F(\omega) = \mathcal{F}[f(t)] = \dfrac{\beta - i\omega}{\beta^2 + \omega^2}$，于是

$$\mathcal{F}[q_{ff}(t)] = |F(\omega)|^2 = \frac{1}{\beta^2 + \omega^2}.$$

解法 2. 计算 $q_{ff}(t)$ 时，为了避免定限的困难，也可先求出 $f(t)$ 的能量谱密度 $\mathcal{F}[q_{ff}(t)]$，再由傅里叶逆变换

$$q_{ff}(t) = \frac{1}{2\pi} \int_{-\infty}^{+\infty} |F(\omega)|^2 e^{i\omega t} d\omega,$$

求出 $q_{ff}(t)$.

对本题，$|F(\omega)|^2 = \dfrac{1}{\beta^2 + \omega^2}$，故有

$$q_{ff}(t) = \frac{1}{2\pi}\int_{-\infty}^{+\infty}\frac{e^{i\omega t}}{\beta^2+\omega^2}d\omega$$
$$= \frac{1}{2\pi}\int_{-\infty}^{+\infty}\frac{\cos\omega t}{\beta^2+\omega^2}d\omega = \frac{1}{2\beta}e^{-\beta|t|}.$$

例 9.13 利用巴塞瓦公式计算积分 $\int_{-\infty}^{+\infty}\frac{\sin^2 t}{t^2}dt$.

解 设 $f(t)=\frac{\sin t}{t}$，则

$$F(\omega)=\int_{-\infty}^{+\infty}\frac{\sin t}{t}e^{-i\omega t}dt = 2\int_0^{+\infty}\frac{\sin t\cos\omega t}{t}dt.$$

为计算右端积分，考虑函数

$$f_1(t)=\begin{cases}1, & |t|\leqslant 1;\\ 0, & |t|>1\end{cases}$$

的傅里叶余弦变换及其逆变换，可得

$$\int_0^{+\infty}\frac{\sin t\cos\omega t}{t}dt = \begin{cases}\dfrac{\pi}{2}, & |\omega|<1;\\[4pt] \dfrac{\pi}{4}, & |\omega|=1;\\[4pt] 0, & |\omega|>1.\end{cases}$$

再由巴塞瓦公式，得

$$\int_{-\infty}^{+\infty}\frac{\sin^2 t}{t^2}dt = \frac{1}{2\pi}\int_{-1}^{1}\pi^2 d\omega = \pi.$$

例 9.14 设 $x(t), k(t), g(t)$ 都满足定理 9.2 的条件，$x(t)$ 为未知函数，求解积分方程

$$x(t) = g(t) + \int_{-\infty}^{+\infty}k(t-\tau)x(\tau)d\tau.$$

解 求解的积分方程是卷积型积分方程：$x(t) = g(t) + x(t)*k(t)$. 两边取傅里叶变换，设

$$\mathcal{F}[x(t)] = X(\omega), \quad \mathcal{F}[g(t)] = G(\omega), \quad \mathcal{F}[k(t)] = K(\omega),$$

此积分方程变为代数方程

$$X(\omega) = G(\omega) + X(\omega) \cdot K(\omega).$$

此代数方程的解为

$$X(\omega) = \frac{G(\omega)}{1 - K(\omega)}.$$

再取傅里叶逆变换,得积分方程的解为

$$x(t) = \frac{1}{2\pi} \int_{-\infty}^{+\infty} \frac{G(\omega)}{1 - K(\omega)} e^{i\omega t} d\omega.$$

§9.4 δ-函数的傅里叶变换

在物理学和工程技术领域中,有许多物理现象具有脉冲性质,它们仅在某一点或某一瞬间出现,如点电荷、脉冲电流、瞬时冲激力等,这些物理量都不能用通常意义下的函数来研究. 狄拉克(Dirac)最先于 1930 年在量子力学中引入了 δ-函数,以后便成为物理学中一个非常有用的工具. 虽然它完全不同于普通函数,不能用通常意义下的值对应关系来定义,但它却反映了现实世界中一种量的关系,给物理学和工程技术中的不连续的量提出了方便的描述,因而促进了人们对这种函数的研究,并建立了它的严格的数字理论,由于工科数学教学内容和课时的限制,很难深入介绍 δ-函数的数学理论,只对它及其傅里叶变换作一些既重要又可接受的一般性介绍.

9.4.1 δ-函数及其性质

给定函数序列

$$\delta_\varepsilon(t - t_0) = \begin{cases} \dfrac{1}{\varepsilon}, & |t - t_0| \leqslant \dfrac{\varepsilon}{2}; \\ 0, & |t - t_0| > \dfrac{\varepsilon}{2}. \end{cases}$$

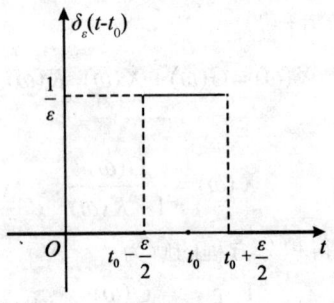

图 9-9

通常是由这个函数序列引入 δ-函数,这个函数序列具有如下特征:

1、令 $\delta(t-t_0) = \lim\limits_{\varepsilon \to 0} \delta_\varepsilon(t-t_0)$,则

$$\delta(t-t_0) = \begin{cases} +\infty, & t = t_0; \\ 0, & t \neq t_0. \end{cases}$$

2、$\int_{-\infty}^{+\infty} \delta_\varepsilon(t)\mathrm{d}t = \int_{t_0-\frac{\varepsilon}{2}}^{t_0+\frac{\varepsilon}{2}} \frac{1}{\varepsilon}\mathrm{d}t = 1$.

3、设 $\varphi(t)$ 在 $(-\infty,+\infty)$ 连续,则

$$\lim_{\varepsilon \to 0} \int_{-\infty}^{+\infty} \delta_\varepsilon(t-t_0)\varphi(t)\mathrm{d}t$$

$$= \lim_{\varepsilon \to 0} \int_{t_0-\frac{\varepsilon}{2}}^{t_0+\frac{\varepsilon}{2}} \frac{1}{\varepsilon}\varphi(t)\mathrm{d}t$$

$$= \lim_{\varepsilon \to 0} \frac{1}{\varepsilon}\varphi(\xi)\varepsilon \quad (\xi \in [t_0-\frac{\varepsilon}{2}, t_0+\frac{\varepsilon}{2}])$$

$$= \varphi(t_0)$$

当 $\varphi(t) \equiv 1$ 时,即为特征 2.

我们基于特征 3 来定义 δ-函数.

定义 9.5 给定函数序列

$$\delta_\varepsilon(t-t_0) = \begin{cases} \dfrac{1}{\varepsilon}, & |t-t_0| \leqslant \dfrac{\varepsilon}{2}; \\ 0, & |t-t_0| > \dfrac{\varepsilon}{2}. \end{cases}$$

对任一个在$(-\infty,+\infty)$无穷次可微的函数$f(t)$,以$\int_{-\infty}^{+\infty}\delta(t-t_0)f(t)\mathrm{d}t$表示

$$\lim_{\varepsilon\to 0}\int_{-\infty}^{+\infty}\delta_{\varepsilon}(t-t_0)f(t)\mathrm{d}t,$$

则满足方程

$$\int_{-\infty}^{+\infty}\delta(t-t_0)f(t)\mathrm{d}t=f(t_0)$$

的函数 $\delta(t-t_0)$ 称为$t=t_0$时的δ-函数. $t_0=0$时,δ-函数自然是满足

$$\int_{-\infty}^{+\infty}\delta(t)f(t)\mathrm{d}t=f(0)$$

的函数$\delta(t)$.

仿以上定义,我们定义 $\delta(t-t_0)$ 的导函数 $\delta'(t-t_0)$.

设$f(t)$是$(-\infty,+\infty)$上的无穷次可微函数.从形式上进行如下运算

$$\int_{-\infty}^{+\infty}\delta'(t-t_0)f(t)\mathrm{d}t=\delta(t-t_0)f(t)\Big|_{-\infty}^{+\infty}-\int_{-\infty}^{+\infty}\delta(t-t_0)f'(t)\mathrm{d}t$$

$$=-\int_{-\infty}^{+\infty}\delta(t-t_0)f'(t_0)\mathrm{d}t=-f'(t_0).$$

若规定 $\int_{-\infty}^{+\infty}\delta'(t-t_0)f(t)\mathrm{d}t$ 的意义为

$$\int_{-\infty}^{+\infty}\delta'(t-t_0)f(t)\mathrm{d}t=-\lim_{\varepsilon\to 0}\int_{-\infty}^{+\infty}\delta_{\varepsilon}(t-t_0)f'(t)\mathrm{d}t,$$

则可把满足 $\int_{-\infty}^{+\infty}\delta'(t-t_0)f(t)\mathrm{d}t=-f'(t_0)$ 的函数 $\delta'(t-t_0)$ 定义为 $\delta(t-t_0)$ 的导数,$\delta(t)$ 的导数自然是满足 $\int_{-\infty}^{+\infty}\delta'(t)f(t)\mathrm{d}t=-f'(0)$ 的函数 $\delta'(t)$.

工程上称δ-函数为**单位脉冲函数**,并用一个长度为1的有向线段来表示(图9-10),这个有向线段的长度表示δ-函数积分值,叫做**冲激强度**.

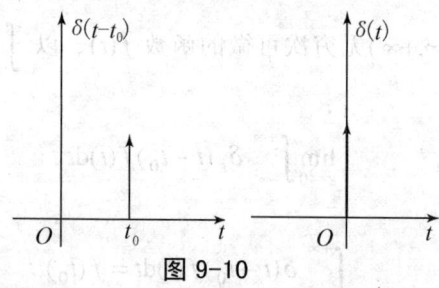

图 9-10

下边给出 δ-函数的三个基本性质. 为叙述方便,下边各式的积分都是定义 9.5 中意义下的积分,被积函数中的 $f(t)$ 都是任一个在 $(-\infty,+\infty)$ 无穷次可微的函数.

基本性质 1. 设 a 为非零常数, $\delta[a(t-t_0)]$ 是满足

$$\int_{-\infty}^{+\infty} \delta[a(t-t_0)]f(t)\mathrm{d}t = \frac{1}{|a|}f(t_0)$$

的函数,则有

$$\delta[a(t-t_0)] = \frac{1}{|a|}\delta(t-t_0). \tag{9-31}$$

证

$$\int_{-\infty}^{+\infty} \delta[a(t-t_0)]f(t)\mathrm{d}t = \frac{1}{|a|}f(t_0) = \int_{-\infty}^{+\infty} \frac{1}{|a|}\delta(t-t_0)f(t)\mathrm{d}t$$

据此性质有

$$\delta[-(t-t_0)] = \delta(t-t_0);$$
$$\delta(-t) = \delta(t).$$

基本性质 2. 设 $\varphi(t)$ 为 $(-\infty,+\infty)$ 上的连续函数,满足

$$\int_{-\infty}^{+\infty} \delta(t-t_0)\varphi(t)f(t)\mathrm{d}t = \varphi(t_0)f(t_0)$$

的函数 $\delta(t-t_0)\varphi(t)$,称为 $\delta(t-t_0)$ 与 $\varphi(t)$ 的乘积函数,则有

$$\delta(t-t_0)\varphi(t) = \varphi(t_0)\delta(t-t_0). \tag{9-32}$$

证

$$\int_{-\infty}^{+\infty} \delta(t-t_0)\varphi(t)f(t)\mathrm{d}t = \varphi(t_0)f(t_0)$$

$$= \varphi(t_0)\int_{-\infty}^{+\infty} \delta(t-t_0)f(t)\mathrm{d}t$$

$$= \int_{-\infty}^{+\infty} \varphi(t_0)\delta(t-t_0)f(t)\mathrm{d}t.$$

显然，$\delta(t-t_0)\varphi(t) = \varphi(t_0)\delta(t-t_0)$.

图 9-11 给出 $\delta(t-t_0)$ 与 $\varphi(t)$ 相乘的图例.

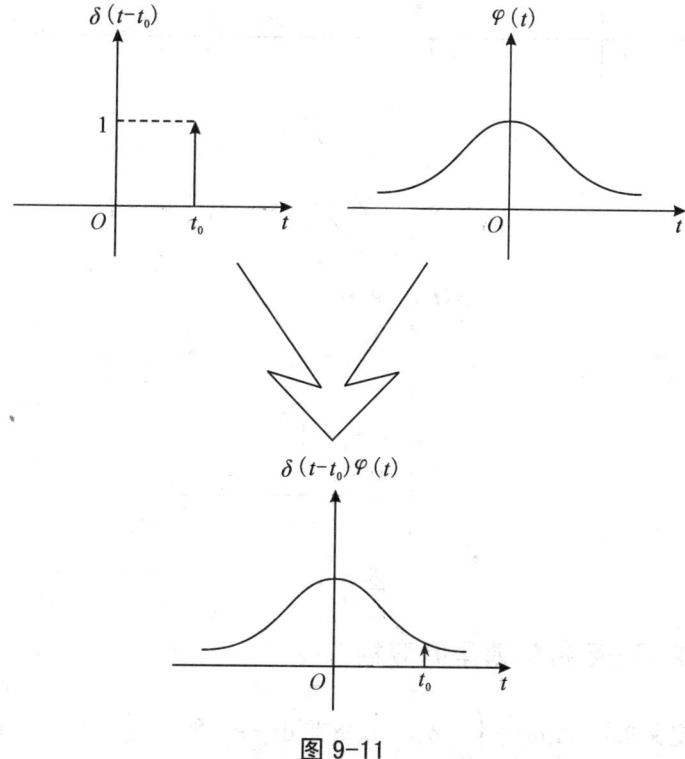

图 9-11

基本性质 3. $\delta(t-t_0)$ 与普通函数 $\varphi(t)$，$t \in (-\infty, +\infty)$ 的卷积记为 $\delta(t-t_0) * \varphi(t)$，定义为

$$\delta(t-t_0) * \varphi(t) = \int_{-\infty}^{+\infty} \delta(\tau-t_0)\varphi(t-\tau)\mathrm{d}\tau,$$

显然,当$\varphi(t)$为连续函数时,
$$\delta(t-t_0)*\varphi(t)=\varphi(t-t_0), \tag{9-33}$$
图 9-12 给出$\delta(t-t_0)$与$\varphi(t)$的卷积的图例.

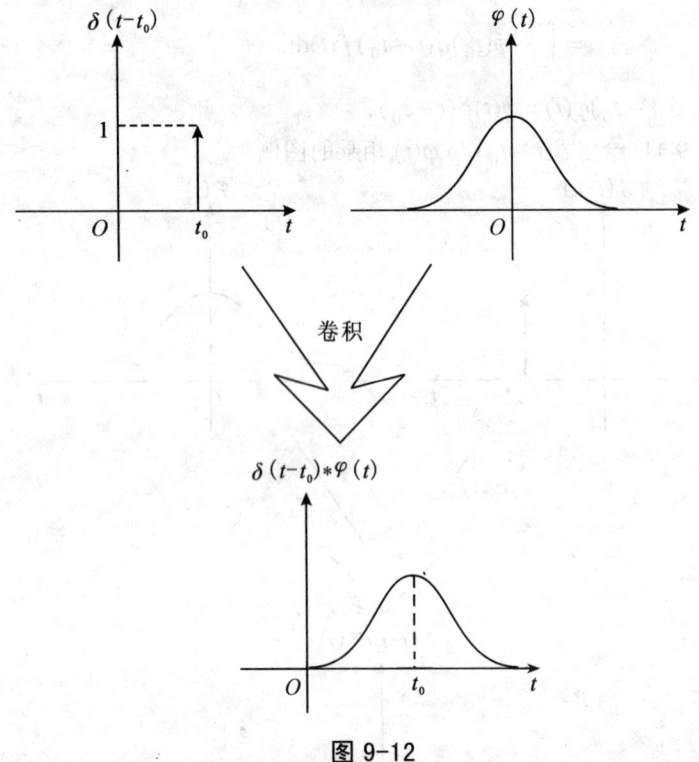

图 9-12

9.4.2 δ-函数的傅里叶变换

定义9.6 $\Delta(\omega)=\int_{-\infty}^{+\infty}\delta(t-t_0)\mathrm{e}^{-\mathrm{i}\omega t}\mathrm{d}t=\mathrm{e}^{-\mathrm{i}\omega t_0}$ (9-34)

称为δ-函数$\delta(t-t_0)$的**傅里叶变换**,记为$\mathcal{F}[\delta(t-t_0)]$.

$$\delta(t-t_0)=\frac{1}{2\pi}\int_{-\infty}^{+\infty}\mathrm{e}^{\mathrm{i}\omega(t-t_0)}\mathrm{d}\omega \tag{9-35}$$

称为$\Delta(\omega)=\mathrm{e}^{-\mathrm{i}\omega t_0}$的**傅里叶逆变换**,记为$\mathcal{F}^{-1}[\Delta\omega]$.

当 $t_0=0$ 时，$\Delta(\omega)=\mathcal{F}[\delta(t)]=1$；$\delta(t)=\mathcal{F}^{-1}[\Delta\omega]=\dfrac{1}{2\pi}\displaystyle\int_{-\infty}^{+\infty}\mathrm{e}^{\mathrm{i}\omega t}\mathrm{d}\omega$.

式(9-34)中的积分，是定义 9.5 中意义下的积分.

它们的图形如图 9-13 所示.

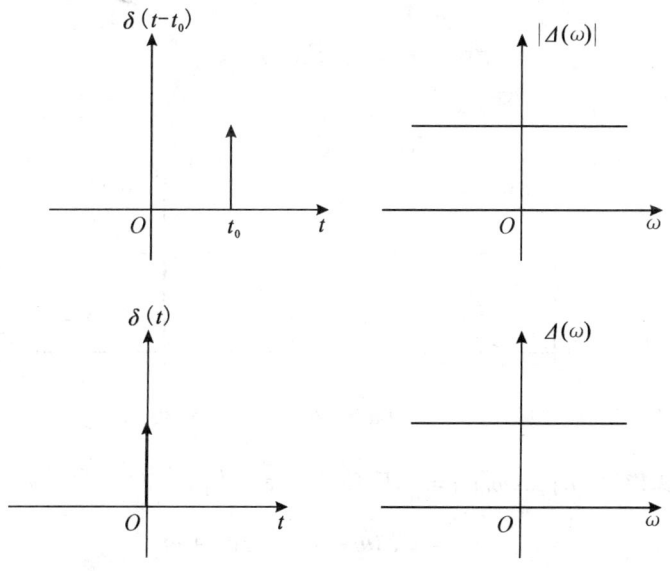

图 9-13

δ-函数的傅里叶变换是一种广义傅里叶变换，由它求出的一些不满足定理 9.2 条件的函数的傅里叶变换也是广义的. 对于这种广义傅里叶变换，§9.2 中所说的性质以及卷积定理等除积分性质的结果稍有不同外，其它性质在形式上也都相同，不同的是变换式中的积分都是定义 9.5 中极限意义下的积分.

例 9.15 $\mathcal{F}[\delta(t+a)+\delta(t-a)+\delta(t+\dfrac{a}{2})+\delta(t-\dfrac{a}{2})]$

$$=\dfrac{1}{2}[\mathrm{e}^{\mathrm{i}\omega a}+\mathrm{e}^{-\mathrm{i}\omega a}+\mathrm{e}^{\mathrm{i}\omega\frac{a}{2}}+\mathrm{e}^{-\mathrm{i}\omega\frac{a}{2}}]$$

$$= \cos\omega a + \cos\frac{\omega a}{2}.$$

例 9.16 $\mathcal{F}^{-1}[\delta(\omega \pm \omega_0)] = \frac{1}{2\pi}\int_{-\infty}^{+\infty}\delta(\omega \pm \omega_0)e^{i\omega t}d\omega = \frac{1}{2\pi}e^{\mp i\omega_0 t}.$

据此, 得
$$\mathcal{F}[e^{\mp i\omega_0 t}] = 2\pi\,\delta(\omega + \omega_0).$$

当 $\omega_0 = 0$ 时, 有 (见图 9-14)
$$\mathcal{F}[1] = 2\pi\,\delta(\omega).$$

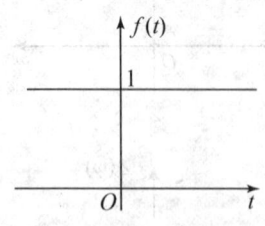 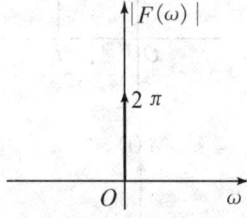

图 9-14

例 9.17 $\mathcal{F}[\cos\omega_0 t] = \frac{1}{2}\mathcal{F}[e^{i\omega_0 t} + e^{-i\omega_0 t}]$
$$= \pi[\delta(\omega - \omega_0) + \delta(\omega + \omega_0)].$$

例 9.18 $\mathcal{F}[\delta'(t - t_0)] = \int_{-\infty}^{+\infty}\delta'(t - t_0)e^{-i\omega t}dt$
$$= -(e^{i\omega t})'_{t=t_0} = -e^{-i\omega t_0}(-i\omega) = i\omega e^{-i\omega t_0},$$

$t_0 = 0$ 时, 得 $\mathcal{F}[\delta'(t)] = i\omega.$

例 9.19 $\mathcal{F}[1 - 2\delta(t) + 3\delta'(t)] = 2\pi\,\delta(\omega) - 2 + 3i\omega.$

例 9.20 设单位阶跃函数为 $u(t) = \begin{cases} 1, & t > 0; \\ 0, & t < 0. \end{cases}$ 求 $\mathcal{F}[u(t)]$.

解 令 $U(\omega) = \frac{1}{i\omega} + \pi\,\delta(\omega)$, 因
$$f(t) = \mathcal{F}^{-1}[U(\omega)]$$

$$= \frac{1}{2\pi}\int_{-\infty}^{+\infty}[\frac{1}{i\omega}+\pi\,\delta(\omega)]e^{i\omega t}d\omega$$

$$= \frac{1}{\pi}\int_{-\infty}^{+\infty}\frac{\sin\omega t}{\omega}d\omega + \frac{1}{2}\int_{-\infty}^{+\infty}\delta(\omega)e^{i\omega t}d\omega,$$

而

$$\int_{-\infty}^{+\infty}\delta(\omega)e^{i\omega t}d\omega = 1,$$

$$\int_{0}^{+\infty}\frac{\sin\omega t}{\omega}d\omega = \begin{cases} \dfrac{\pi}{2}, & t>0; \\ 0, & t=0; \\ -\dfrac{\pi}{2}, & t<0. \end{cases}$$

故 $f(t)=u(t)$,即 $\mathcal{F}[u(t)]=\dfrac{1}{i\omega}+\pi\,\delta(\omega)=U(\omega)$,因此 $u(t)$ 与 $U(\omega)$ 构成一个傅里叶变换对. 所以 $u(t)$ 的积分表达式为

$$u(t) = \frac{1}{2} + \frac{1}{\pi}\int_{0}^{+\infty}\frac{\sin\omega t}{\omega}d\omega \quad (t\neq 0).$$

例 9.21 求 $g(t)=\int_{-\infty}^{t}\delta(\tau)d\tau$ 的傅里叶变换.

解 因

$$\int_{-\infty}^{t}\delta(\tau)d\tau = \int_{-\infty}^{+\infty}\delta(\tau)u(t-\tau)d\tau = \delta(t)*u(t),$$

故

$$\mathcal{F}[\int_{-\infty}^{t}\delta(t)dt] = \Delta(\omega)\cdot U(\omega) = \frac{\Delta(\omega)}{i\omega}+\pi\,\delta(\omega) = \frac{1}{i\omega}+\pi\,\delta(\omega).$$

例 9.22 求 $f(t)=\begin{cases}1, & t>0 \\ -1, & t<0\end{cases}$ 的傅里叶变换.

解: $\mathcal{F}[f(t)] = \mathcal{F}[2u(t)-1]$

$$= 2[\frac{1}{i\omega}+\pi\,\delta(\omega)] - 2\pi\,\delta(\omega) = \frac{2}{i\omega}.$$

例 9.23 求 $f(t) = tu(t)$ 的傅里叶变换

解： 由于 $\mathcal{F}[-itu(t)] = \mathcal{F}([u(t)])'_\omega$

$$= \left(\frac{1}{i\omega} + \pi\delta(\omega)\right)'_\omega = \frac{i}{\omega^2} + \pi\delta'(\omega),$$

于是 $\mathcal{F}[tu(t)] = \dfrac{-1}{\omega^2} + i\pi\delta'(\omega)$.

例 9.24 求 $f(t) = \sin(\omega_0 t) \cdot u(t)$ 的傅里叶变换.

解：
$$\begin{aligned}
\mathcal{F}[f(t)] &= \frac{1}{2i}\int_{-\infty}^{+\infty}(e^{i\omega_0 t} - e^{-i\omega_0 t})u(t)e^{-i\omega t}dt \\
&= \frac{1}{2i}\left[\int_{-\infty}^{+\infty} u(t)e^{-i(\omega-\omega_0)t}dt - \int_{-\infty}^{+\infty} u(t)e^{-i(\omega+\omega_0)t}dt\right] \\
&= \frac{1}{2i}\left[\frac{1}{i(\omega-\omega_0)} + \pi\delta(\omega-\omega_0) - \frac{1}{i(\omega+\omega_0)} + \pi\delta(\omega+\omega_0)\right] \\
&= \frac{\omega_0}{\omega_0^2 - \omega^2} + \frac{\pi}{2i}[\delta(\omega-\omega_0) - \delta(\omega+\omega_0)].
\end{aligned}$$

§9.5 习题

1. 求数 $f(t) = \begin{cases} -1, & -1 \leqslant t < 0; \\ 1, & 0 \leqslant t < 1; \\ 0, & \text{其他} \end{cases}$ 的傅里叶变换，并作出其频谱图.

2. 求单个矩形脉冲函数 $f(t) = \begin{cases} A, & 0 \leqslant t < \tau; \\ 0, & \text{其他} \end{cases}$ 的傅里叶变换.

3. 求下列函数的傅里叶变换：

   (1) $f(t) = \begin{cases} \sin t, & |t| \leqslant \pi; \\ 0, & |t| > \pi. \end{cases}$

   (2) $f(t) = \dfrac{1}{a^2 + t^2}, \quad a > 0$.

4. 求函数 $f(t) = \begin{cases} 1 - t^2, & |t| \leq 1; \\ 0, & |t| > 1 \end{cases}$ 的傅里叶变换，并证明

$$\int_0^{+\infty} (\sin\omega - \omega\cos\omega)\frac{1}{\omega^2}\cos\frac{\omega}{2}\,d\omega = \frac{3}{16}\pi.$$

5. 已知 $\mathcal{F}[f(t)] = \dfrac{\sin\omega}{\omega}$，求 $f(t)$.

6. 设函数 $f(t) = \begin{cases} t, & a \leq t \leq b; \\ 0, & \text{其他,} \end{cases}$ 其中，$0 < a < b$，把 $f(t)$ 扩张成 $(-\infty, +\infty)$ 上的奇函数，并求其傅里叶正弦变换.

7. 求关于 $y(x)$ 的积分方程的解：

$$\int_0^{+\infty} y(x)\cos xt\,dx = \begin{cases} 1-t, & 0 \leq t \leq 1; \\ 0, & t > 1. \end{cases}$$

8. 设函数 $f(t) = \begin{cases} \dfrac{1}{2\varepsilon}, & |t| < \varepsilon; \\ 0, & |t| > \varepsilon \end{cases}$ 求 $\lim\limits_{\varepsilon \to +0} \mathcal{F}[f(t)]$.

9. 证明对称性质：若 $F(\omega) = \mathcal{F}[f(t)]$，则 $\mathcal{F}[F(\mp t)] = 2\pi f(\pm\omega)$.

10. 利用上题结果求 $\mathcal{F}[\dfrac{\sin t}{t}]$.

11. 利用位移性质求 $\mathcal{F}^{-1}\left[\dfrac{1}{1+\mathrm{i}+\mathrm{i}\omega}\right]$.

12. 若 $F(\omega) = \mathcal{F}[f(t)]$，证明

$$\mathcal{F}[f(t)\sin\omega_0 t] = \frac{1}{2\mathrm{i}}[F(\omega - \omega_0) - F(\omega + \omega_0)].$$

13. 设 $\mathcal{F}[f(t)] = F(\omega)$，$\overline{F(\omega)}$ 是 $F(\omega)$ 的共轭函数，证明

$$f(t) = \frac{1}{2\pi}\int_{-\infty}^{+\infty} \overline{F(\omega)} \mathrm{e}^{-\mathrm{i}\omega t}\,d\omega.$$

14. 求下列函数 $f_1(t)$ 与 $f_2(t)$ 的卷积：

(1) $f_1(t) = f_2(t) = \begin{cases} 1, & |t| \leqslant 1; \\ 0, & |t| \geqslant 1. \end{cases}$

(2) $f_1(t) = \begin{cases} e^{-t}, & t \geqslant 0; \\ 0, & t < 0. \end{cases}$ $\qquad f_2(t) = \begin{cases} \sin t, & 0 \leqslant t \leqslant \dfrac{\pi}{2}; \\ 0, & \text{其他}. \end{cases}$

15. 设 $f_1(t) = \begin{cases} \dfrac{b}{a} t, & 0 \leqslant t \leqslant a; \\ 0, & \text{其他}. \end{cases}$ $\qquad f_2(t) = \begin{cases} 1, & 0 \leqslant t \leqslant a; \\ 0, & \text{其他}. \end{cases}$

求 $f_1(t)$ 与 $f_2(t)$ 的互相关函数.

16. 利用巴塞瓦公式, 计算下积分：

(1) $\int_{-\infty}^{+\infty} \left(\dfrac{1-\cos t}{t} \right)^2 dt$;

(2) $\int_{-\infty}^{+\infty} \dfrac{\sin^4 t}{t^2} dt$;

(3) $\int_{-\infty}^{+\infty} \dfrac{dt}{(1+t^2)^2} dt$;

(4) $\int_{-\infty}^{+\infty} \dfrac{t^2}{(1+t^2)^2} dt$.

17. 求关于 $y(x)$ 的积分方程

$$\int_{-\infty}^{+\infty} \frac{y(x)}{(t-x)^2 + 1} dx = \frac{1}{t^2 + 4}$$

的解.

18. 计算下列函数的傅里叶变换:

(1) $\cos t \sin t$;

(2) $\sin^3 t$;

(3) $\cos \omega_0 t \cdot u(t)$;

(4) $e^{i\omega_0 t} u(t)$.

19. 证明周期为 T 的非正弦函数 $f(t)$ 的傅里叶变换为

$$F(\omega) = 2\pi \sum_{n=-\infty}^{+\infty} C_n \delta(\omega - n\omega_0).$$

其中, C_n 为 $f(t)$ 傅里叶级数的系数, $\omega_0 = \dfrac{2\pi}{T}$.

附录Ⅰ 拉普拉斯变换简表

序号	$f(t)$	$F(s)$
1	1	$\dfrac{1}{s}$
2	e^{at}	$\dfrac{1}{s-a}$
3	$t^m\,(m>-1)$	$\dfrac{\Gamma(m+1)}{s^{m+1}}$
4	$t^m e^{at}\,(m>-1)$	$\dfrac{\Gamma(m+1)}{(s-a)^{m+1}}$
5	$\sin at$	$\dfrac{a}{s^2+a^2}$
6	$\cos at$	$\dfrac{s}{s^2+a^2}$
7	$\sinh at$	$\dfrac{a}{s^2-a^2}$
8	$\cosh at$	$\dfrac{s}{s^2-a^2}$
9	$t\sin at$	$\dfrac{2as}{(s^2+a^2)^2}$
10	$t\cos at$	$\dfrac{s^2-a^2}{(s^2+a^2)^2}$
11	$t\sinh at$	$\dfrac{2as}{(s^2-a^2)^2}$

序号	$f(t)$	$F(s)$
12	$t\cosh at$	$\dfrac{s^2+a^2}{(s^2-a^2)^2}$
13	$t^m \sin at\,(m>-1)$	$\dfrac{\Gamma(m+1)}{2\mathrm{i}(s^2+a^2)^{m+1}}[(s+\mathrm{i}a)^{m+1}-(s-\mathrm{i}a)^{m+1}]$
14	$t^m \cos at\,(m>-1)$	$\dfrac{\Gamma(m+1)}{2(s^2+a^2)^{m+1}}[(s+\mathrm{i}a)^{m+1}+(s-\mathrm{i}a)^{m+1}]$
15	$\mathrm{e}^{-bt}\sin at$	$\dfrac{a}{(s+b)^2+a^2}$
16	$\mathrm{e}^{-bt}\cos at$	$\dfrac{s+b}{(s+b)^2+a^2}$
17	$\mathrm{e}^{-bt}\sin(at+c)$	$\dfrac{(s+b)\sin c+a\cos c}{(s+b)^2+a^2}$
18	$\sin^2 t$	$\dfrac{1}{2}\left(\dfrac{1}{s}-\dfrac{s}{s^2+4}\right)$
19	$\cos^2 t$	$\dfrac{1}{2}\left(\dfrac{1}{s}+\dfrac{s}{s^2+4}\right)$
20	$\sin at \sin bt$	$\dfrac{2abs}{[s^2+(a+b)^2][s^2+(a-b)^2]}$
21	$\mathrm{e}^{at}-\mathrm{e}^{bt}$	$\dfrac{a-b}{(s-a)(s-b)}$
22	$a\mathrm{e}^{at}-b\mathrm{e}^{bt}$	$\dfrac{(a-b)s}{(s-a)(s-b)}$
23	$\dfrac{1}{a}\sin at-\dfrac{1}{b}\sin bt$	$\dfrac{b^2-a^2}{(s^2+a^2)(s^2+b^2)}$
24	$\cos at-\cos bt$	$\dfrac{(b^2-a^2)s}{(s^2+a^2)(s^2+b^2)}$

序号	$f(t)$	$F(s)$
25	$\dfrac{1}{a^2}(1-\cos at)$	$\dfrac{1}{s(s^2+a^2)}$
26	$\dfrac{1}{a^3}(at-\sin at)$	$\dfrac{1}{s^2(s^2+a^2)}$
27	$\dfrac{1}{a^4}(\cos at-1)+\dfrac{1}{2a^2}t^2$	$\dfrac{1}{s^3(s^2+a^2)}$
28	$\dfrac{1}{a^4}(\cosh at-1)-\dfrac{1}{2a^2}t^2$	$\dfrac{1}{s^3(s^2-a^2)}$
29	$\dfrac{1}{2a^3}(\sin at-at\cos at)$	$\dfrac{1}{(s^2+a^2)^2}$
30	$\dfrac{1}{2a}(\sin at+at\cos at)$	$\dfrac{s^2}{(s^2+a^2)^2}$
31	$\dfrac{1}{a^4}(1-\cos at)-\dfrac{1}{2a^3}t\sin at$	$\dfrac{1}{s(s^2+a^2)^2}$
32	$(1-at)\mathrm{e}^{-at}$	$\dfrac{s}{(s+a)^2}$
33	$t(1-\dfrac{a}{2}t)\mathrm{e}^{-at}$	$\dfrac{s}{(s+a)^3}$
34	$\dfrac{1}{a}(1-\mathrm{e}^{-at})$	$\dfrac{1}{s(s+a)}$
35[①]	$\dfrac{1}{ab}+\dfrac{1}{b-a}(\dfrac{\mathrm{e}^{-bt}}{b}-\dfrac{\mathrm{e}^{-at}}{a})$	$\dfrac{1}{s(s+a)(s+b)}$
36[①]	$\dfrac{\mathrm{e}^{-at}}{(b-a)(c-a)}+\dfrac{\mathrm{e}^{-bt}}{(a-b)(c-b)}+\dfrac{\mathrm{e}^{-ct}}{(a-c)(b-c)}$	$\dfrac{1}{(s+a)(s+b)(s+c)}$

序号	$f(t)$	$F(s)$
37①	$\dfrac{a\mathrm{e}^{-at}}{(b-a)(c-a)}+\dfrac{b\mathrm{e}^{-bt}}{(a-b)(c-b)}+\dfrac{c\mathrm{e}^{-ct}}{(a-c)(b-c)}$	$\dfrac{-s}{(s+a)(s+b)(s+c)}$
38①	$\dfrac{a^2\mathrm{e}^{-at}}{(b-a)(c-a)}+\dfrac{b^2\mathrm{e}^{-bt}}{(a-b)(c-b)}+\dfrac{c^2\mathrm{e}^{-ct}}{(a-c)(b-c)}$	$\dfrac{s^2}{(s+a)(s+b)(s+c)}$
39①	$\dfrac{\mathrm{e}^{-at}-\mathrm{e}^{-bt}[1-(a-b)t]}{(a-b)^2}$	$\dfrac{1}{(s+a)(s+b)^2}$
40①	$\dfrac{[a-b(b-a)t]\mathrm{e}^{-bt}-a\mathrm{e}^{-at}}{(a-b)^2}$	$\dfrac{s}{(s+a)(s+b)^2}$
41	$\mathrm{e}^{-at}-\mathrm{e}^{\frac{at}{2}}(\cos\dfrac{\sqrt{3}at}{2})-\sqrt{3}\sin\dfrac{\sqrt{3}at}{2}$	$\dfrac{3a^2}{s^3+a^3}$
42	$\sin at \cosh at - \cos at \sinh at$	$\dfrac{4a^3}{s^4+4a^4}$
43	$\dfrac{1}{2a^2}\sin at \sinh at$	$\dfrac{s}{s^4+4a^4}$
44	$\dfrac{1}{2a^3}(\sinh at - \sin at)$	$\dfrac{1}{s^4-a^4}$
45	$\dfrac{1}{2a^2}(\cosh at - \cos at)$	$\dfrac{s}{s^4-a^4}$
46	$\dfrac{1}{\sqrt{\pi t}}$	$\dfrac{1}{\sqrt{s}}$
47	$2\dfrac{t}{\sqrt{\pi t}}$	$\dfrac{1}{s\sqrt{s}}$

序号	$f(t)$	$F(s)$
48	$\dfrac{1}{\sqrt{\pi t}}e^{at}(1+2at)$	$\dfrac{s}{(s-a)\sqrt{s-a}}$
49	$\dfrac{1}{2\sqrt{\pi t^3}}(e^{bt}-e^{at})$	$\sqrt{s-a}-\sqrt{s-b}$
50	$\dfrac{1}{\sqrt{\pi t}}\cos 2\sqrt{at}$	$\dfrac{1}{\sqrt{s}}e^{-\frac{a}{s}}$
51	$\dfrac{1}{\sqrt{\pi t}}\cosh 2\sqrt{at}$	$\dfrac{1}{\sqrt{s}}e^{\frac{a}{s}}$
52	$\dfrac{1}{\sqrt{\pi t}}\sin 2\sqrt{at}$	$\dfrac{1}{s\sqrt{s}}e^{-\frac{a}{s}}$
53	$\dfrac{1}{\sqrt{\pi t}}\sinh 2\sqrt{at}$	$\dfrac{1}{s\sqrt{s}}e^{\frac{a}{s}}$
54	$\dfrac{1}{t}(e^{bt}-e^{at})$	$\ln\dfrac{s-a}{s-b}$
55	$\dfrac{2}{t}\sinh at$	$\ln\dfrac{s+a}{s-a}=2\operatorname{artanh}\dfrac{a}{s}$
56	$\dfrac{2}{t}(1-\cos at)$	$\ln\dfrac{s^2+a^2}{s^2}$
57	$\dfrac{2}{t}(1-\cosh at)$	$\ln\dfrac{s^2-a^2}{s^2}$
58	$\dfrac{1}{t}\sin at$	$\arctan\dfrac{a}{s}$
59	$\dfrac{1}{t}(\cosh at-\cos bt)$	$\ln\sqrt{\dfrac{s^2+b^2}{s^2-a^2}}$
60[②]	$\dfrac{1}{\pi t}\sin(2a\sqrt{t})$	$\operatorname{erf}(\dfrac{a}{\sqrt{s}})$

序号	$f(t)$	$F(s)$
61[2]	$\dfrac{1}{\sqrt{\pi t}} e^{-2a\sqrt{t}}$	$\dfrac{1}{\sqrt{s}} e^{\frac{a^2}{s}} \operatorname{erfc}(\dfrac{a}{\sqrt{s}})$
62	$\operatorname{erfc}(\dfrac{a}{2\sqrt{t}})$	$\dfrac{1}{s} e^{-a\sqrt{s}}$
63	$\operatorname{erf}(\dfrac{t}{2a})$	$\dfrac{1}{s} e^{a^2 s^2} \operatorname{erfc}(as)$
64	$\dfrac{1}{\sqrt{\pi t}} e^{-2\sqrt{at}}$	$\dfrac{1}{\sqrt{s}} e^{\frac{a}{s}} \operatorname{erfc}(\dfrac{a}{\sqrt{s}})$
65	$\dfrac{1}{\sqrt{\pi(t+a)}}$	$\dfrac{1}{\sqrt{s}} e^{as} \operatorname{erfc}(\sqrt{as})$
66	$\dfrac{1}{\sqrt{a}} \operatorname{erf}(\sqrt{at})$	$\dfrac{1}{s\sqrt{s+a}}$
67	$\dfrac{1}{\sqrt{a}} e^{at} \operatorname{erf}(\sqrt{at})$	$\dfrac{1}{\sqrt{s}(s-a)}$
68	$u(t)$	$\dfrac{1}{s}$
69	$tu(t)$	$\dfrac{1}{s^2}$
70	$t^m u(t)(m>-1)$	$\dfrac{1}{s^{m+1}} \Gamma(m+1)$
71	$\delta(t)$	1
72	$\delta^{(n)}(t)$	s^n
73	$\operatorname{sgn}(t)$	$\dfrac{1}{s}$
74[3]	$J_0(at)$	$\dfrac{1}{\sqrt{s^2+a^2}}$
75[3]	$I_0(at)$	$\dfrac{1}{\sqrt{s^2-a^2}}$

序号	$f(t)$	$F(s)$
76	$J_0(2\sqrt{at})$	$\dfrac{1}{s}e^{-\frac{a}{s}}$
77	$e^{-bt}I_0(at)$	$\dfrac{1}{\sqrt{(s+b)^2-a^2}}$
78	$t\,J_0(at)$	$\dfrac{s}{(s^2+a^2)^{3/2}}$
79	$t\,I_0(at)$	$\dfrac{s}{(s^2-a^2)^{3/2}}$
80	$J_0(a\sqrt{t(t+2b)})$	$\dfrac{1}{\sqrt{s^2+a^2}}e^{b(s-\sqrt{s^2+a^2})}$

①式中 a,b,c 是互不相等的常数.

②$\mathrm{erf}(x)=\dfrac{2}{\sqrt{\pi}}\int_0^x e^{-t^2}dt$　称为误差函数,

　$\mathrm{erfc}(x)=1-\mathrm{erf}(x)=\dfrac{2}{\sqrt{\pi}}\int_x^{+\infty}e^{-t^2}dt$　称为余误差函数。

③$I_n(x)=\mathrm{i}^{-n}J_n(\mathrm{i}x)$，$J_n$ 称为第一类 n 阶贝塞尔（Bessel）函数，I_n 称为第一类 n 阶变形的贝塞尔函数，或称为虚宗量的贝塞尔函数。

附录 II 傅里叶变换简表

序号	$f(t)$	$F(\omega)$
1	矩形脉冲 $f(t)=\begin{cases}E, |t|\leqslant\dfrac{\tau}{2}\\ 0,\quad 其他\end{cases}$	$\dfrac{2E}{\omega}\sin\dfrac{\omega\tau}{2}$
2	指数衰减函数 $f(t)=\begin{cases}\mathrm{e}^{-\beta t},t\geqslant 0;\\ 0,\quad t<0.\end{cases}$	$\dfrac{\beta-\mathrm{i}\omega}{\beta^2+\omega^2}$
3	三角形脉冲 $f(t)=\begin{cases}\dfrac{2A}{\tau}(\dfrac{\tau}{2}+t),-\dfrac{\tau}{2}\leqslant t<0;\\ \dfrac{2A}{\tau}(\dfrac{\tau}{2}-t),0\leqslant t<\dfrac{\tau}{2}.\end{cases}$	$\dfrac{4A}{\tau\omega^2}(1-\cos\dfrac{\omega\tau}{2})$
4	钟形脉冲 $f(t)=A\mathrm{e}^{-\beta t^2}$	$\sqrt{\dfrac{\pi}{\beta}}A\mathrm{e}^{-\dfrac{\omega^2}{4\beta}}$
5	傅里叶核 $f(t)=\dfrac{\sin\omega_0 t}{\pi t}$	$F(\omega)=\begin{cases}1,|\omega|\leqslant\omega_0;\\ 0,\quad 其他\end{cases}$
6	高斯分布函数 $f(t)=\dfrac{1}{\sqrt{2\pi}\sigma}\mathrm{e}^{-\dfrac{t^2}{2\sigma^2}}$	$\mathrm{e}^{-\dfrac{\sigma^2\omega^2}{2}}$
7	矩形射频脉冲 $f(t)=\begin{cases}E\cos\omega_0 t,|t|\leqslant\dfrac{\tau}{2};\\ 0,\quad 其他\end{cases}$	$\dfrac{E\tau}{2}(\dfrac{\sin(\omega-\omega_0)\dfrac{\tau}{2}}{(\omega-\omega_0)\dfrac{\tau}{2}}+\dfrac{\sin(\omega+\omega_0)\dfrac{\tau}{2}}{(\omega+\omega_0)\dfrac{\tau}{2}})$
8	单位脉冲函数 $\delta(t)$	$F(\omega)=1$

序号	$f(t)$	$F(\omega)$
9	周期性脉冲函数，T 为周期 $$f(t)=\sum_{n=-\infty}^{+\infty}\delta(t-nT)$$	$$\frac{2\pi}{T}\sum_{n=-\infty}^{+\infty}\delta(\omega-\frac{2n\pi}{T})$$
10	$f(t)=\cos\omega_0 t$	$\pi[\delta(\omega+\omega_0)+\delta(\omega-\omega_0)]$
11	$f(t)=\sin\omega_0 t$	$i\pi[\delta(\omega+\omega_0)-\delta(\omega-\omega_0)]$
12	单位阶跃函数 $u(t)=\begin{cases}1,t\geqslant 0;\\0,t<0.\end{cases}$	$\dfrac{1}{i\omega}+\pi\,\delta(\omega)$
13	$u(t-c)$	$\dfrac{1}{i\omega}e^{-i\omega c}+\pi\,\delta(\omega)$
14	$u(t)t$	$-\dfrac{1}{\omega^2}+\pi i\delta'(\omega)$
15	$u(t)t^n$	$\dfrac{n!}{(i\omega)^{n+1}}+\pi\,i^n\delta^{(n)}(\omega)$
16	$u(t)\sin at$	$\dfrac{a}{a^2-\omega^2}+\dfrac{\pi}{2i}[\delta(\omega-\omega_0)-\delta(\omega+\omega_0)]$
17	$u(t)\cos at$	$\dfrac{i\omega}{a^2-\omega^2}+\dfrac{\pi}{2}[\delta(\omega+\omega_0)+\delta(\omega-\omega_0)]$
18	$u(t)e^{iat}$	$\dfrac{1}{i(\omega-a)}+\pi\,\delta(\omega-a)$
19	$u(t-c)e^{iat}$	$\dfrac{1}{i(\omega-a)}e^{-i(\omega-a)c}+\pi\,\delta(\omega-a)$
20	$u(t)e^{iat}t^n$	$\dfrac{n!}{[i(\omega-a)]^{n+1}}+\pi i^n\delta^{(n)}(\omega-a)$
21	$e^{a|t|},\operatorname{Re}a<0$	$\dfrac{-2a}{\omega^2+a^2}$
22	$\delta(t-c)$	$e^{-i\omega c}$
23	$\delta'(t)$	$i\omega$
24	$\delta^{(n)}(t)$	$(i\omega)^n$

序号	$f(t)$	$F(\omega)$
25	$\delta^{(n)}(t-c)$	$(i\omega)^n e^{-i\omega c}$
26	1	$2\pi\delta(\omega)$
27	t	$2\pi i\delta'(\omega)$
28	t^n	$2\pi i^n \delta^{(n)}(\omega)$
29	e^{iat}	$2\pi\delta(\omega-a)$
30	$t^n e^{iat}$	$2\pi i^n \delta^{(n)}(\omega-a)$
31	$\dfrac{1}{a^2+t^2}, \operatorname{Re} a<0$	$-\dfrac{\pi}{a} e^{a|\omega|}$
32	$\dfrac{t}{(a^2+t^2)^2}, \operatorname{Re} a<0$	$\dfrac{i\omega\pi}{2a} e^{a|\omega|}$
33	$\dfrac{e^{ibt}}{a^2+t^2}, \operatorname{Re} a<0, b\text{ 为实数}$	$-\dfrac{\pi}{a} e^{a|\omega-b|}$
34	$\dfrac{\cos bt}{a^2+t^2}, \operatorname{Re} a<0, b\text{ 为实数}$	$-\dfrac{\pi}{2a}[e^{a|\omega-b|}+e^{a|\omega+b|}]$
35	$\dfrac{\sin bt}{a^2+t^2}, \operatorname{Re} a<0, b\text{ 为实数}$	$-\dfrac{\pi}{2ai}[e^{a|\omega-b|}-e^{a|\omega+b|}]$
36	$\dfrac{\sinh at}{\sinh \pi t}, -\pi<a<\pi$	$\dfrac{\sin a}{\cosh\omega+\cos a}$
37	$\dfrac{\sinh at}{\cosh \pi t}, -\pi<a<\pi$	$-2i\dfrac{\sin\dfrac{a}{2}\sinh\dfrac{\omega}{2}}{\cosh\omega+\cos a}$
38	$\dfrac{\cosh at}{\cosh \pi t}, -\pi<a<\pi$	$\dfrac{2\cos\dfrac{a}{2}\cosh\dfrac{\omega}{2}}{\cosh\omega+\cos a}$
39	$\dfrac{1}{\cosh at}, -\pi<a<\pi$	$\dfrac{\pi}{a}\dfrac{1}{\cosh\dfrac{\pi\omega}{2a}}$
40	$\sin at^2$	$\sqrt{\dfrac{\pi}{a}}\cos\left(\dfrac{\omega^2}{4a}+\dfrac{\pi}{4}\right)$

序号	$f(t)$	$F(\omega)$
41	$\cos at^2$	$\sqrt{\dfrac{\pi}{a}}\cos(\dfrac{\omega^2}{4a}-\dfrac{\pi}{4})$
42	$\dfrac{1}{t}\sin at$	$\begin{cases}\pi, & |\omega|\leqslant a\\ 0, & |\omega|> a\end{cases}$
43	$\dfrac{1}{t^2}\sin^2 at$	$\begin{cases}\pi(a-\dfrac{|\omega|}{2}), & |\omega|\leqslant 2a\\ 0, & |\omega|> 2a\end{cases}$
44	$\dfrac{\sin at}{\sqrt{|t|}}$	$\mathrm{i}\sqrt{\dfrac{\pi}{2}}(\dfrac{1}{\sqrt{|\omega+a|}}-\dfrac{1}{\sqrt{|\omega-a|}})$
45	$\dfrac{\cos at}{\sqrt{|t|}}$	$\sqrt{\dfrac{\pi}{2}}(\dfrac{1}{\sqrt{|\omega+a|}}+\dfrac{1}{\sqrt{|\omega-a|}})$
46	$\dfrac{1}{\sqrt{|t|}}$	$\sqrt{\dfrac{2\pi}{|\omega|}}$
47	$\operatorname{sgn} t$	$\dfrac{2}{\mathrm{i}\omega}$
48	$\mathrm{e}^{-at^2},\operatorname{Re} a>0$	$\sqrt{\dfrac{\pi}{2}}\mathrm{e}^{-\dfrac{\omega^2}{4a}}$
49	$|t|$	$-\dfrac{2}{\omega^2}$
50	$\dfrac{1}{|t|}$	$\dfrac{\sqrt{2\pi}}{|\omega|}$

附录 III 习题参考答案

第一章 习题

1. (1) $\text{Re}\,z = \dfrac{1}{2}$, $\text{Im}\,z = -\dfrac{\sqrt{3}}{2}$, $|z| = 1$,

   $\text{Arg}\,z = -\dfrac{\pi}{3} + 2k\pi$ $(k = 0, \pm 1, ...)$;

   (2) $\text{Re}\,z = \dfrac{6}{25}$, $\text{Im}\,z = -\dfrac{12}{25}$, $|z| = \dfrac{6}{5\sqrt{5}}$,

   $\text{Arg}\,z = -\arctan z + 2k\pi$, $(k = 0, \pm 1, ...)$;

8. (1) 过点 $(-3,0)$ 平行于虚轴的直线;

   (2) 过点 $(0,3)$ 平行于实轴的直线;

   (3) 椭圆 $\dfrac{x^2}{(\frac{5}{2})^2} + \dfrac{y^2}{(\frac{3}{2})^2} = 1$;

   (4) 以 i 为起点的射线 $y = x + 1$ $(x > 0)$

9. (1) 组成以 i 为圆心, $\sqrt{3}$ 为半径的闭圆域, 不是区域;

   (2) 双曲线 $4x^2 - \dfrac{4}{15}y^2 = 1$ 的左边分支的内部区域, 是一个单连通区域;

   (3) 是一个单连通区域;

   (4) 非区域;

   (5) 椭圆 $\dfrac{x^2}{(\frac{5}{2})^2} + \dfrac{y^2}{(\frac{3}{2})^2} = 1$ 的外部区域, 是一个多连通区域;

(6) $\left|\dfrac{z-a}{1+\bar{a}z}\right|<1$ 时,对应单位圆周的内部,是一个单连通区域;

$\left|\dfrac{z-a}{1+\bar{a}z}\right|=1$ 时,不是区域;

$\left|\dfrac{z-a}{1+\bar{a}z}\right|>1$ 时,对应单位圆周的外部,是多连通区域.

10. (1)真;　　　　　　　(2)不真;
    (3)真;　　　　　　　(4)不真;
    (5)真;　　　　　　　(6)真;
    (7)真;　　　　　　　(8)真.

11. $\mathrm{Re}(\dfrac{z-1}{z+1})=\dfrac{x^2+y^2-1}{(x+1)^2+y^2}$;　　　　$\mathrm{Im}(\dfrac{z-1}{z+1})=\dfrac{2y}{(x+1)^2+y^2}$.

12. (1)设 $w=\rho e^{i\varphi}$,线段映射成线段 $0<\rho<4(\varphi=\dfrac{\pi}{2})$;

(2) 设 $w=u+iv$,当 $C_1=0$ 时,映射成 w 平面上的负实轴及原点;当 $C_1\neq 0$ 时,映射成 w 平面上的抛物线 $v^2=-4C_1^2(u-C_1^2)$;

(3) 设 $w=u+iv$,当 $C_2=0$ 时,映射成 w 平面上的正实轴及原点;当 $C_2\neq 0$ 时,映射 w 平面上的抛物线 $v^2=4C_2^2(u+C_2^2)$;

(4) 映射成 w 平面上的直线 $v=2u$.

第二章　习题

1. (1)只在原点可微;

   (2)只在直线 $y=x$ 上可微;

   (3)只在 $\sqrt{2}x\pm\sqrt{3}y=0$ 上可微;

   (4)处处可微.

7. (1) $z=k\pi$　　　　$(k=0,\pm 1,\cdots)$;

(2) $z = (\frac{1}{2} + k)\pi$ $(k = 0, \pm 1, \cdots)$;

(3) $z = i(2k+1)\pi$ $(k = 0, \pm 1, \cdots)$;

(4) $z = i$;

(5) $z = (k - \frac{1}{4})\pi$ $(k = 0, \pm 1, \cdots)$;

9. $(1+i)^i = e^{i\ln\sqrt{2}} e^{(\frac{\pi}{4} + 2k\pi)}$ $(k = 0, \pm 1, \cdots)$;

$3^i = e^{i\ln 3 - 2k\pi}$.

10. (1) $(\sqrt{(-1)})^2 \neq \sqrt{(-1)^2}$;   (2) $\text{Ln}z + \text{Ln}z \neq 2\text{Ln}z$;

(3) $\text{Ln}\left[(\frac{i-1}{i+1})^2\right]^{\frac{1}{2}} \neq \frac{1}{2}\text{Ln}(\frac{i-1}{i+1})^2$.

第三章 习题

1. (1) $\frac{1}{2} + \frac{2}{3}i$

4. (1) 0;   (2) 0;   (3) 0;

(4) 0.

5. (1) $2\pi i e^2$;   (2) 0;   (3) $\frac{\pi}{e}$;

(4) 0;   (5) 0;   (6) 0;

6. (1) 4;   (2) 0;   (3) $2\pi i$;

(4) 0.

7. (1) $\frac{\sqrt{2}}{2}\pi i$;   (2) $\frac{\sqrt{2}}{2}\pi i$;   (3) $\sqrt{2}\pi i$;

8. (1) 1;   (2) $-\frac{e}{2}$;   (3) $1 - \frac{e}{2}$;

10. 0.

11. $\int_0^{2\pi} \cos^{2m}\theta \, d\theta = \dfrac{(2m-1)!!}{(2m)!!}$ $(m=1,2,\cdots)$;

$\int_0^{2\pi} \cos^{2m-1}\theta \, d\theta = 0$ $(m=1,2,\cdots)$;

12. (1) $f(z) = -i(z-1)^2$; (2) $f(z) = ze^z + (1+i)z$.

第四章 习题

1. (1)收敛; (2)收敛;
   (3)收敛; (4)发散.

2. (1) $\sum\limits_{n=0}^{\infty} \dfrac{(-1)^n}{(2n)!} z^{4n}$, $|z|<+\infty$;

   (2) $\sum\limits_{n=0}^{\infty} (-1)^n (n+1) z^{2n}$, $|z|<1$;

   (3) $\sum\limits_{n=0}^{\infty} \dfrac{z^{2n+1}}{(2n+1)n!}$, $|z|<+\infty$;

   (4) $\sum\limits_{n=0}^{\infty} \dfrac{(-1)^n z^{2n+1}}{(2n+1)(2n+1)!}$.

3. (1) $\sum\limits_{n=1}^{\infty} \dfrac{(-1)^{n-1}}{2^n} (z-1)^n$, $|z-1|<2$;

   (2) $\sum\limits_{n=1}^{\infty} n(z+1)^{n-1}$, $|z+1|<1$;

   (3) $\sum\limits_{n=0}^{\infty} \dfrac{3^n}{(1+3i)^{n+1}} [z-(1+i)]^n$, $|z-(1+i)|<\dfrac{\sqrt{10}}{3}$;

   (4) $\dfrac{1}{3} \sum\limits_{n=0}^{\infty} (-1)^n (\dfrac{1}{3^{n+1}} - \dfrac{1}{4^{n+1}})(z-2)^n$, $|z-2|<3$;

   (5) $\dfrac{1}{4}\left[\sum\limits_{n=0}^{\infty} (-\dfrac{1}{4})^n (z-1)^{2n} + \sum\limits_{n=0}^{\infty} (-\dfrac{1}{4})(z-1)^{2n+1}\right]$, $|z-1|<2$;

(6) $\sum_{n=0}^{\infty} \dfrac{\sin(\dfrac{n\pi}{4}+1)}{n!}(z-1)^n$, $|z-1|<+\infty$.

4. (1) z^3 (2) ze^z

5. (1) $-\dfrac{1}{10}\sum_{n=0}^{\infty}\dfrac{1}{2n}z^n - \dfrac{1}{5}(z+2)\sum_{n=0}^{\infty}\dfrac{(-1)^n}{z^{2(n+1)}}z^n$;

(2) $-\dfrac{1}{(z-1)^2}\sum_{n=0}^{\infty}(-1)^n(z-1)^n$;

(3) $\sum_{n=0}^{\infty}\dfrac{(-1)^n}{n!(z-1)^n}$;

(4) $\sum_{n=0}^{\infty}\dfrac{(-1)^{n+1}}{(2n+1)!(z-1)^{2n+1}}$;

(5) $-\sum_{n=1}^{\infty}\dfrac{(-1)^{n+1}n}{i^{n+1}}(z-i)^{n-2}$;

8. (1) $z=0$ 是其一阶极点；$z=\pm i$ 是其 2 阶极点；

(2) $z=1$ 是其 2 阶极点；$z=-1$ 是其一阶极点；

(3) $z=0$ 是其可去奇点；

(4) $z_k = e^{\dfrac{i\pi}{n}(2k+1)}$ $(k=0,\pm 1,\cdots)$ 均为其一阶极点；

(5) $z=0$ 是其二阶极点，$z=\sqrt{k\pi}$ $(k=\pm 1,\pm 2,\cdots)$ 均是其一阶极点；

(6) $z=\pm i$ 是其二阶极点，$z=(2k+1)i$ $(k=1,\pm 2,\cdots)$ 是其一阶极点.

10. (1)不能；   (2)不对；   (3)不能；

(4)(a) $z=a$ 是 $\varphi(z)+\psi(z)$ 的 $\min\{m,n\}$ 阶极点；(b) $m<n$ 时，$z=a$ 是 $\dfrac{\varphi(z)}{\psi(z)}$ 的 $n-m$ 阶极点，$m>n$ 时，$z=a$ 是 $\dfrac{\varphi(z)}{\psi(z)}$ 的 $m-n$ 阶极点，$m=n$ 时，$z=a$ 是 $\dfrac{\varphi(z)}{\psi(z)}$ 的可去奇点；(c) $z=a$ 是 $\varphi(z)\psi(z)$ 的 $m+n$ 阶极

点.

(5)不对.

第五章 习题

1. (1) $\text{Res}(f,0) = -\dfrac{1}{2}$; $\text{Res}(f,2) = \dfrac{3}{2}$;

   (2) $\text{Res}(f,0) = -\dfrac{4}{3}$;   (3) $\text{Res}(f,i) = -\dfrac{3}{8}i$;

   (4) $\text{Res}[f,(\dfrac{\pi}{2}+k\pi)] = (-1)^{n+1}(\dfrac{\pi}{2}+k\pi)$ $(k=0,\pm 1,\cdots)$;

   (5) $\text{Res}(f,1) = 0$;   (6) $\text{Res}(f,0) = -\dfrac{1}{6}$;

   (7) $\text{Res}(f,0) = 0$; $\text{Res}(f,k\pi) = \dfrac{(-1)^k}{k\pi}$ $(k=0,\pm 1,\cdots)$;

   (8) $\text{Res}[f,(\dfrac{\pi}{2}+k\pi)i] = 1$ $(k=0,\pm 1,\cdots)$.

2. (1) 0;   (2) $4\pi i e^2$;

   (3) $2\pi i$;   (4) $-2\pi i \dfrac{5}{\pi} = 10i$;

   (5) $|a|<|b|<1$ 时,积分为 0, $|a|<1<|b|$ 时,积分为
   $$2\pi i \dfrac{(-1)^n(2n-2)!}{(b-a)^{2n-1}[(n-1)!]^2},$$
   $1<|a|<|b|$ 时,积分为 0.

   (6) 0;   (7) $2\pi i \lim\limits_{z \to z_0} f(z)$.

3. (1) $z=\infty$ 是 $e^{\frac{1}{z^2}}$ 的可去奇点, $\text{Res}(e^{\frac{1}{z^2}},\infty) = 0$;

   (2) $z=\infty$ 是 $\cos z - \sin z = f(z)$ 的本性奇点, $\text{Res}(f,\infty) = 0$;

   (3) $z=\infty$ 是 $\dfrac{2z}{3+z^2} = f(z)$ 的可去奇点, $\text{Res}(f,\infty) = -2$.

4. (1) $\text{Res}(\dfrac{e^z}{z^2-1},\infty)=-\text{sh}1$;

   (2) $\text{Res}(\dfrac{1}{z(z+1)^4(z-4)},\infty)=0$

5. (1) $2\pi\text{i}$; (2) $-\dfrac{2}{3}\pi\text{i}$; (3) $2\pi\text{i}\begin{cases}1, n=1;\\ 0, n\neq 1.\end{cases}$

7. (1) $2\pi\text{i}$; (2) $2\pi\text{i}$;
   (3) 0.

8. (1) 1; (2) n;
   (3) 5.

第六章 习题

1. 伸缩率为 2，旋转角为 $\dfrac{\pi}{2}$.

2. $|c|=|d|, ad-bc\neq 0$.

3. (1) $w=\text{i}\dfrac{\text{i}-z}{z+\text{i}}$; (2) $w=e^{\text{i}\frac{\pi}{2}}\dfrac{z-\text{i}}{z+\text{i}}$.

4. (1) $w=\dfrac{2z-1}{2-z}$; (2) $w=e^{-\text{i}\frac{\pi}{2}}z$.

5. $w=Re^{\text{i}\theta}\dfrac{z-\text{i}}{z+\text{i}}$, $w=2\text{i}\dfrac{z-\text{i}}{z+\text{i}}$.

6. $w=\dfrac{z^4-\text{i}}{z^4+\text{i}}$ （非唯一的）.

7. $w=R\rho e^{\text{i}\theta}\dfrac{z-a}{\rho^2-\bar{a}z}$ （θ 为实参数）.

8. $w=\dfrac{z-2\text{i}}{z+2\text{i}}$.

9. (1) $\text{Im}\,w>1$; (2) $\text{Im}\,w>\text{Re}\,w$;

(3) $|w+i|>1$ 且 $\operatorname{Im} w<0$.

10. $w=-\dfrac{z^2+2}{3z^2}$.

11. (1) $w=\left[\dfrac{z-(-\sqrt{3}+i)}{z+(\sqrt{3}+i)}\right]^3$;

(2) $w=\left[\dfrac{z-\sqrt{2}(1-i)}{z-\sqrt{2}(1+i)}\right]^4$;

(3) $w=\left(\dfrac{z^4+16}{z^4-16}\right)^2$;

(4) $w=\left(\dfrac{z^{\frac{2}{3}}-2^{\frac{2}{3}}}{z^{\frac{2}{3}}+2^{\frac{2}{3}}}\right)^2$;

(5) $w=\sqrt{z^2+a^2}$;

(6) $w=\sqrt{1-\left(\dfrac{z-i}{z+i}\right)^2}$;

(7) $w=\left(\dfrac{\sqrt{z}+1}{\sqrt{z}-1}\right)^2$;

(8) $w=e^{2\pi i\frac{z}{z-2}}$.

第八章　习题

1. (1) $\dfrac{1}{s}\left(3-4e^{-2s}+e^{-4s}\right)$;

(2) $\dfrac{1}{1+s^2}\operatorname{cth}\dfrac{\pi s}{2}$;

(3) $\dfrac{1}{\left(1-e^{-\pi s}\right)\left(1+s^2\right)}$;

(4) $\dfrac{1+bs}{s^2}-\dfrac{b}{s\left(1-e^{-bs}\right)}$;

(5) $\dfrac{3}{s}\left(1-e^{-\frac{\pi}{2}s}\right)-\dfrac{1}{s^2+1}e^{-\frac{\pi}{2}s}$.

2. (1) $\dfrac{3}{s^3}\left(2s^2+3s+2\right)$;

(2) $\dfrac{1}{s}-\dfrac{1}{(s-1)^2}$;

(3) $\dfrac{2}{(s-1)^3}-\dfrac{2}{(s-1)^2}+\dfrac{1}{s-1}$;

(4) $\dfrac{s^2-a^2}{(s^2+a^2)^2}$;

(5) $\dfrac{6}{(s+2)^2+36}$;

(6) $\dfrac{n!}{(s-a)^{n+1}}$;

(7) $\dfrac{1}{2}\left(\dfrac{1}{s}+\dfrac{s}{s^2+4}\right)$ (8) $\dfrac{2}{s}\left(4-e^{-2s}\right)$

4. (1) $\dfrac{4(s+3)}{\left[(s+3)^2+4\right]^2}$;   (2) $\dfrac{4(s+3)}{s\left[(s+3)^2+4\right]^2}$

(3) $\dfrac{2}{t}\sinh t$.

5. (1) $\operatorname{arc\,cot}\dfrac{s+3}{2}$,   (2) $\dfrac{1}{s}\operatorname{arc\,cot}\dfrac{s+3}{2}$

(3) $\dfrac{t}{2}\sinh t$

6. (1) $\dfrac{1}{2}\ln 2$;   (2) $\dfrac{3}{13}$;   (3) $\dfrac{1}{4}$;

(4) $\dfrac{1}{4}\ln 5$;   (5) 0 ;   (6) $\dfrac{\pi}{2}$.

7. (1) $\dfrac{1}{5}\left(3e^{2t}+2e^{-3t}\right)$;   (2) $2\cos 3t$;

(3) $-2+\dfrac{1}{2}e^{-t}+\dfrac{3}{2}e^{t}$;   (4) $\sinh t - t$

(5) $-1+2e^{t}+2te^{t}$;   (6) $\dfrac{1}{2a^3}\left(\sinh at-\sin at\right)$.

8. (1) $\dfrac{1}{16}\left(\sin 2t-2t\cos 2t\right)$;   (2) $\dfrac{2}{t}(1-\cosh t)$;

(3) $e^{-t}-\dfrac{3}{2}e^{-2t}+\dfrac{1}{2}$;   (4) $\dfrac{1}{3}\left(\sin t-\dfrac{1}{2}\sin 2t\right)$;

(5) $\dfrac{1}{9}e^{-\frac{1}{3}t}\left(\cos\dfrac{2}{3}t+\sin\dfrac{2}{3}t\right)$;   (6) $\dfrac{1}{2}e^{-t}\left(\sin t-t\cos t\right)$

10. (1) t ;   (2) $\dfrac{1}{6}t^3$;

(3) $\dfrac{m!n!}{(m+n+1)!}t^{m+n+1}$;

(5) $\frac{1}{2}(\sin t - t\cos t)$; (6) $\sinh t - t$.

12. (1) $-\frac{3}{4}e^{-3t} + \frac{1}{2}te^{-t} + \frac{7}{4}e^{-t}$;

    (2) $e^{-t} - e^{-2t} + \left(\frac{1}{2} - e^{-(t-1)} + \frac{1}{2}e^{-2(t-1)}\right)u(t-1)$;

    (3) $-2\sin t - \cos 2t$; (4) $1 - \left(\frac{1}{2}t^2 + t + 1\right)e^{-t}$

    (5) $\frac{1}{2}t\sin t$.

13. (1) $x(t) = -t + te^t$, $y(t) = 1 - e^t + te^t$;

    (2) $x(t) = \frac{2}{3}\cos 2t + \frac{1}{3}\sin 2t + \frac{1}{3}e^t$,

    $y(t) = -\frac{2}{3}\cos 2t - \frac{1}{3}\sin 2t + \frac{2}{3}e^t$;

    (3) $x(t) = \frac{2}{3}\cosh(\sqrt{2}t) + \frac{1}{3}\cos t$,

    $y(t) = -\frac{1}{3}\cosh(\sqrt{2}t) + \frac{1}{3}\cos t = z(t)$

14. (1) $\varphi(t) = e^t$; (2) $\varphi(t) = 1$; (3) $\varphi(t) = e^{2t}$.

第九章 习题

1. $F(\omega) = \begin{cases} \dfrac{2i}{\omega}(\cos\omega - 1), & \omega \neq 0 \\ 0, & \omega = 0 \end{cases}$;

   $|F(\omega)| = \begin{cases} \dfrac{2}{\omega}(\cos\omega - 1), & \omega \neq 0 \\ 0, & \omega = 0 \end{cases}$.

2. $F(\omega) = \begin{cases} \dfrac{A\mathrm{i}}{\omega}(\mathrm{e}^{-\mathrm{i}\omega\tau} - 1), & \omega \neq 0 ; \\ A\tau, & \omega = 0 . \end{cases}$

3. (1) $\dfrac{2\mathrm{i}\sin\omega\pi}{\omega^2 - 1}$; (2) $\dfrac{\pi}{a}\mathrm{e}^{-a|\omega|}$

5. $f(t) = \begin{cases} \dfrac{1}{2}, & |t| < 1; \\ \dfrac{1}{4}, & |t| = 1; \\ 0, & |t| > 1; \end{cases}$

6. $F_S(\omega) = \dfrac{a\cos\omega a - b\cos\omega b}{\omega} + \dfrac{\sin\omega b - \sin\omega a}{\omega^2}$

7. $y(x) = \dfrac{2(1 - \cos x)}{\pi x^2}, \quad x > 0$.

8. 1.

10. $\mathscr{F}\left[\dfrac{\sin t}{t}\right] = 2\pi f(-\omega) = \begin{cases} \pi, & |\omega| \leqslant 1; \\ 0, & |\omega| > 1. \end{cases}$

11. $f(t) = \begin{cases} \mathrm{e}^{-(\mathrm{i}+1)t}, & t > 0; \\ \dfrac{1}{2}, & t = 0; \\ 0, & t < 0. \end{cases}$

14. (1) $f_1(t) * f_2(t) = \begin{cases} 2 + t, & -2 < t \leqslant 0; \\ 2 - t, & 0 < t < 2; \\ 0, & 其他;. \end{cases}$

(2) $f_1(t) * f_2(t) = \begin{cases} 0, & t \leq 0; \\ \dfrac{1}{2}\left(\sin t - \cos t + e^{-t}\right), & 0 < t \leq \dfrac{\pi}{2}; \\ \dfrac{1}{2} e^{-t}\left(1 + e^{\frac{\pi}{2}}\right), & t > \dfrac{\pi}{2}. \end{cases}$

15. $q_{f_1 f_2}(t) = \begin{cases} 0, & |t| > a; \\ \dfrac{b}{2a}(a^2 - t^2), & -a < t \leq 0; \\ \dfrac{b}{2a}(a - t)^2, & 0 < t \leq a. \end{cases}$

16. (1) π; (2) $\dfrac{\pi}{2}$; (3) $\dfrac{\pi}{2}$; (4) $\dfrac{\pi}{2}$.

17. $y(t) = \dfrac{1}{2\pi} \dfrac{1}{t^2 + 1}$.

18. (1) $\dfrac{i\pi}{2}[\delta(\omega + 2) - \delta(\omega - 2)]$;

(2) $\dfrac{i\pi}{4}[\delta(\omega - 3) - 3\delta(\omega - 1) + 3\delta(\omega + 1) - \delta(\omega + 3)]$;

(3) $\dfrac{1}{2i}\left(\dfrac{1}{\omega - \omega_0} + \dfrac{1}{\omega + \omega_0}\right) + \dfrac{\pi}{2}[\delta(\omega - \omega_0) + \delta(\omega + \omega_0)]$;

(4) $\dfrac{1}{i(\omega - \omega_0)} + \pi\, \delta(\omega - \omega_0)$.